图谱理论

主　编　卜长江
副主编　周　江　孙丽珠　王　烨

哈尔滨工程大学出版社
Harbin Engineering University Press

内容简介

本书主要介绍图谱理论领域的基础理论和若干研究专题,整理了图的一些基础性的谱性质和一些经典的结果,以及同行专家和编者近年来的一些研究成果和新进展。全书共7章,内容包括矩阵理论基础、图的谱、图矩阵的特征多项式、图的独立数、图的谱刻画、图的生成树计数、图的电阻距离等。

本书既可以作为高等院校高年级本科生和研究生的学习用书,也可以为数学和工程领域的研究人员提供理论参考。

图书在版编目(CIP)数据

图谱理论 / 卜长江主编. -- 哈尔滨 : 哈尔滨工程大学出版社, 2025. 2. -- ISBN 978-7-5661-4635-9

Ⅰ. O157.5

中国国家版本馆 CIP 数据核字第 20258QP191 号

图谱理论
TUPU LILUN

选题策划 宗盼盼
责任编辑 宗盼盼
封面设计 李海波

出版发行 哈尔滨工程大学出版社
社　　址 哈尔滨市南岗区南通大街 145 号
邮政编码 150001
发行电话 0451-82519328
传　　真 0451-82519699
经　　销 新华书店
印　　刷 哈尔滨午阳印刷有限公司
开　　本 787 mm×1 092 mm　1/16
印　　张 10.25
字　　数 176 千字
版　　次 2025 年 2 月第 1 版
印　　次 2025 年 2 月第 1 次印刷
书　　号 ISBN 978-7-5661-4635-9
定　　价 45.00 元

http://www.hrbeupress.com
E-mail:heupress@hrbeu.edu.cn

前　言

图与矩阵之间存在自然的对应关系。常见的图矩阵包括图的邻接矩阵、拉普拉斯矩阵、无符号拉普拉斯矩阵、规范拉普拉斯矩阵、距离矩阵、距离拉普拉斯矩阵等。图谱理论是图论的重要分支，主要关注各种图矩阵的图与谱的结构、图参数之间的关系，在复杂网络、理论计算机科学、量子计算、信息论和化学等领域有广泛应用。

本书梳理了图的一些基础性的谱性质和一些经典的结果，以及同行专家和编者近年来的一些研究成果和新进展。书中部分内容已经在哈尔滨工程大学的本科生和研究生课程上多次讲解。本书既可以作为高等院校高年级本科生和研究生的学习用书，也可以为数学和工程领域的研究人员提供理论参考。

本书第 1 章主要介绍了图谱理论需要的矩阵理论的基础知识，第 2 章介绍了图的特征值在图的通路计数、连通性、二部性、正则性、直径、生成树等方面的应用，第 3 章介绍了图的各种特征多项式的经典结论，第 4 章介绍了图的独立数的代数界及其应用，第 5 章介绍了同谱图的构造以及图的谱确定问题，第 6 章介绍了图的生成树计数的矩阵方法，第 7 章介绍了图的电阻距离的基本理论。

本书是在黑龙江省自然科学基金（批准号 YQ2022A002）和黑龙江省高等教育学会高等教育研究课题（新工科背景下图谱理论课程建设研究，批准号 23GJYBF020）的资助下完成的。本书的出版得到了哈尔滨工程大学出版社的大力支持和帮助，在此表示诚挚的谢意。我们衷心感谢同行专家对我们的指导与帮助，感谢哈尔滨工程大学出版社的编辑宗盼盼对书稿的校对加工。

由于编者水平有限，内容难免有不当之处，敬请读者批评指正。

编　者

2024 年 10 月

目　　录

第 1 章　矩阵理论基础

本章主要介绍矩阵分解、特征值包含集、实对称矩阵、非负矩阵、矩阵广义逆和分块矩阵等图谱理论中需要的矩阵代数方面的一些基础理论，为后续章节提供理论支撑。

1.1　矩阵分解

令$\mathbb{C}^{m\times n}$和$\mathbb{R}^{m\times n}$分别表示复数域$\mathbb{C}$和实数域$\mathbb{R}$上所有 $m\times n$ 矩阵的集合，$\mathbb{C}^n$和$\mathbb{R}^n$分别表示 n 维复向量空间和 n 维实向量空间。令 $\boldsymbol{I}$ 和 $\boldsymbol{I}_n$ 分别表示单位阵和 n 阶单位阵，令 $\mathrm{rank}(\boldsymbol{A})$ 表示矩阵 $\boldsymbol{A}$ 的秩。下面是矩阵的等价分解。

引理 1.1　对任意 $\boldsymbol{A}\in\mathbb{C}^{m\times n}$，存在非奇异矩阵 $\boldsymbol{P}\in\mathbb{C}^{m\times m}$，$\boldsymbol{Q}\in\mathbb{C}^{n\times n}$使得

$$\boldsymbol{A}=\boldsymbol{P}\begin{pmatrix}\boldsymbol{I}_r & \boldsymbol{O}\\ \boldsymbol{O} & \boldsymbol{O}\end{pmatrix}\boldsymbol{Q}$$

其中，$r=\mathrm{rank}(\boldsymbol{A})$。

对于 $\boldsymbol{A}\in\mathbb{C}^{m\times n}$，令$\boldsymbol{A}^{\mathrm{T}}$ 和$\boldsymbol{A}^*$ 分别表示 $\boldsymbol{A}$ 的转置和共轭转置。设 $\lambda_1,\lambda_2,\cdots,\lambda_r$ 是 $\boldsymbol{AA}^*$ 的所有非零特征值（$r=\mathrm{rank}(\boldsymbol{A})$）。由于 $\boldsymbol{AA}^*$ 是半正定的，因此 $\lambda_1,\lambda_2,\cdots,\lambda_r>0$。称$\sqrt{\lambda_1}$，$\sqrt{\lambda_2}$，$\cdots$，$\sqrt{\lambda_r}$为 $\boldsymbol{A}$ 的奇异值。

对于 $\boldsymbol{A}\in\mathbb{C}^{n\times n}$，如果 $\boldsymbol{AA}^*=\boldsymbol{A}^*\boldsymbol{A}=\boldsymbol{I}_n$，则称 $\boldsymbol{A}$ 为酉阵。实的酉阵即为正交矩阵。下面是矩阵的奇异值分解。

引理 1.2　对任意 $\boldsymbol{A}\in\mathbb{C}^{m\times n}$，存在酉阵 $\boldsymbol{U}\in\mathbb{C}^{m\times m}$，$\boldsymbol{V}\in\mathbb{C}^{n\times n}$使得

$$\boldsymbol{A}=\boldsymbol{U}\begin{pmatrix}\boldsymbol{\Delta} & \boldsymbol{O}\\ \boldsymbol{O} & \boldsymbol{O}\end{pmatrix}\boldsymbol{V}$$

其中，$\boldsymbol{\Delta}$ 是由 $\boldsymbol{A}$ 的所有奇异值构成的对角矩阵。

对于方阵 $\boldsymbol{N}$,如果存在非负整数 k 使得 $\boldsymbol{N}^k=\boldsymbol{O}$,则称 $\boldsymbol{N}$ 是幂零阵。由方阵的若当标准形可得到如下引理,即方阵的核心-幂零分解。

引理 1.3 对任意 $\boldsymbol{A}\in\mathbb{C}^{n\times n}$,存在非奇异矩阵 $\boldsymbol{P}\in\mathbb{C}^{n\times n}$ 使得

$$\boldsymbol{A}=\boldsymbol{P}\begin{pmatrix}\boldsymbol{\Delta} & \boldsymbol{O}\\ \boldsymbol{O} & \boldsymbol{N}\end{pmatrix}\boldsymbol{P}^{-1}$$

其中,$\boldsymbol{\Delta}$ 可逆;$\boldsymbol{N}$ 是幂零阵。

下面介绍方阵的 Schur 引理。

引理 1.4 对任意 $\boldsymbol{A}\in\mathbb{C}^{n\times n}$,存在酉阵 $\boldsymbol{U}\in\mathbb{C}^{n\times n}$ 使得 $\boldsymbol{A}=\boldsymbol{U}\boldsymbol{B}\boldsymbol{U}^*$,其中,$\boldsymbol{B}$ 是一个上三角阵。

一个实对称矩阵能通过正交相似变换化成对角矩阵。

引理 1.5 对任意实对称矩阵 $\boldsymbol{A}$,存在正交矩阵 $\boldsymbol{P}$ 使得 $\boldsymbol{A}=\boldsymbol{P}\boldsymbol{B}\boldsymbol{P}^{\mathrm{T}}$,其中 $\boldsymbol{B}$ 是实的对角矩阵。

引理 1.5 中的分解形式既是实对称矩阵 $\boldsymbol{A}$ 的奇异值分解,也是 $\boldsymbol{A}$ 的核心-幂零分解。实对称矩阵还有如下形式的谱分解。

引理 1.6 任意实对称矩阵 $\boldsymbol{A}$ 有谱分解

$$\boldsymbol{A}=\theta_1\boldsymbol{P}_1+\cdots+\theta_m\boldsymbol{P}_m$$

其中,$\theta_1,\cdots,\theta_m$ 是 $\boldsymbol{A}$ 的所有相异特征值;$\boldsymbol{P}_i$ 表示 θ_i 的特征子空间上的正交投影矩阵,并且 $\boldsymbol{P}_1,\cdots,\boldsymbol{P}_m$ 满足

$$\sum_{i=1}^{m}\boldsymbol{P}_i=\boldsymbol{I},\boldsymbol{P}_i^2=\boldsymbol{P}_i=\boldsymbol{P}_i^{\mathrm{T}}\quad(i=1,\cdots,m)$$

$$\boldsymbol{P}_i\boldsymbol{P}_j=\boldsymbol{O}\quad(i\neq j)$$

最后介绍整数矩阵的 Smith 标准形。

引理 1.7 设 $\boldsymbol{A}$ 是一个 n 阶整数矩阵,则存在行列式为±1 的整数矩阵 $\boldsymbol{P},\boldsymbol{Q}$ 和整数 $s_1,\cdots,s_n$ 使得 $\boldsymbol{PAQ}=\mathrm{diag}(s_1,\cdots,s_n)$, 其中 $s_1,\cdots,s_n$ 满足如下性质:

(1) s_i 能整除 $s_{i+1}(i=1,\cdots,\mathrm{rank}(\boldsymbol{A})-1)$,并且 $s_i=0\ (i>\mathrm{rank}(\boldsymbol{A}))$。

(2) $\prod_{i=1}^{k}s_i$ 是 $\boldsymbol{A}$ 的所有 k 阶子式的最大公因数($k=1,\cdots,\mathrm{rank}(\boldsymbol{A})$)。

1.2　特征值包含集

对于 $\boldsymbol{A}=(a_{ij})\in\mathbb{C}^{n\times n}$，令 $R_i(\boldsymbol{A})=\sum\limits_{j\neq i}|a_{ij}|$ 表示 $\boldsymbol{A}$ 的第 i 行所有非对角元素的模的和，并且令 $\sigma(\boldsymbol{A})$ 表示 $\boldsymbol{A}$ 的所有特征值的集合。下面是矩阵特征值的 Gersgorin 圆盘定理，它通过矩阵的元素给出了特征值的一个分布区域。

定理 1.1　令矩阵 $\boldsymbol{A}=(a_{ij})\in\mathbb{C}^{n\times n}$，则

$$\sigma(\boldsymbol{A})\subseteq G=\bigcup_{i=1}^{n}\{z\in\mathbb{C}:|z-a_{ii}|\leqslant R_i(\boldsymbol{A})\}$$

证明　设 λ 是 $\boldsymbol{A}$ 的一个特征值，并且 $\boldsymbol{x}=(x_1,\cdots,x_n)^{\mathrm{T}}\in\mathbb{C}^n$ 为 λ 对应的特征向量。令 $|x_i|=\max\limits_{1\leqslant j\leqslant n}|x_j|$。由特征方程 $\boldsymbol{Ax}=\lambda\boldsymbol{x}$ 可得

$$(\lambda-a_{ii})x_i=\sum_{j\neq i}a_{ij}x_j$$

由于 $|x_i|=\max\limits_{1\leqslant j\leqslant n}|x_j|>0$，因此

$$|\lambda-a_{ii}||x_i|\leqslant R_i(\boldsymbol{A})|x_i|$$

$$|\lambda-a_{ii}|\leqslant R_i(\boldsymbol{A})$$

故 $\sigma(\boldsymbol{A})\subseteq G$。 □

令 $\det(\boldsymbol{A})$ 表示方阵 $\boldsymbol{A}$ 的行列式。对于 $\boldsymbol{A}=(a_{ij})\in\mathbb{C}^{n\times n}$，如果 $|a_{ii}|\geqslant R_i(\boldsymbol{A})$ $(|a_{ii}|>R_i(\boldsymbol{A}))$ 对所有 i 都成立，则称 $\boldsymbol{A}$ 对角占优（强对角占优）。由定理 1.1 可得到以下两个推论。

推论 1.1　如果 $\boldsymbol{A}=(a_{ij})\in\mathbb{C}^{n\times n}$ 是强对角占优矩阵，则 $\det(\boldsymbol{A})\neq 0$。

推论 1.2　设 $\boldsymbol{A}=(a_{ij})\in\mathbb{C}^{n\times n}$ 是具有非负对角元素的实对称矩阵。如果 $\boldsymbol{A}$ 对角占优（强对角占优），则 $\boldsymbol{A}$ 半正定（正定）。

下面是 Gersgorin 圆盘定理的一个改进。

定理 1.2　设矩阵 $\boldsymbol{A}=(a_{ij})\in\mathbb{C}^{n\times n}$ 的每一行都至少有一个非对角的非零元素，则

$$\sigma(\boldsymbol{A})\subseteq B=\bigcup_{i\neq j,a_{ij}\neq 0}\{z\in\mathbb{C}:|z-a_{ii}||z-a_{jj}|\leqslant R_i(\boldsymbol{A})R_j(\boldsymbol{A})\}\subseteq G$$

其中，G 是定理 1.1 中定义的集合。

证明　设 λ 是 $\boldsymbol{A}$ 的一个特征值。当 λ 等于 $\boldsymbol{A}$ 的某个对角元素时，有 $\lambda\in B$。我们只需要考虑 λ 不等于 $\boldsymbol{A}$ 的任意对角元素的情况。令 $\boldsymbol{x}=(x_1,\cdots,x_n)^{\mathrm{T}}\in\mathbb{C}^n$ 为 λ 对应的特征向量，由特征方程 $\boldsymbol{Ax}=\lambda\boldsymbol{x}$ 可得

$$(\lambda - a_{kk})x_k = \sum_{r \neq k} a_{kr}x_r \quad (k = 1, \cdots, n)$$

令 x_i 为模最大的分量，则 $|x_i|>0$。由于 λ 不等于 $\boldsymbol{A}$ 的任意对角元素，因此存在分量 $x_j(j\neq i)$ 使得 $a_{ij}\neq 0$ 且

$$|x_i| \geq |x_j| = \max_{k\neq i, a_{ik}\neq 0} |x_k| > 0$$

因此

$$|\lambda - a_{ii}||x_i| \leq R_i(\boldsymbol{A})|x_j|$$

$$|\lambda - a_{jj}||x_j| \leq R_j(\boldsymbol{A})|x_i|$$

$$|\lambda - a_{ii}||\lambda - a_{jj}| \leq R_i(\boldsymbol{A})R_j(\boldsymbol{A})$$

故 $\sigma(\boldsymbol{A}) \subseteq B$。

接下来证明 $B\subseteq G$。对任意 $z\in B$，如果 $z\notin G$，则

$$|z-a_{ii}| > R_i(\boldsymbol{A}) \quad (i=1, \cdots, n)$$

此时对任意 $i\neq j$，有

$$|z-a_{ii}||z-a_{jj}| > R_i(\boldsymbol{A})R_j(\boldsymbol{A})$$

与 $z\in B$ 矛盾。因此 $z\in G$，即 $B\subseteq G$。 □

由定理 1.2 可得到以下两个推论。

推论 1.3 设矩阵 $\boldsymbol{A}=(a_{ij})\in\mathbb{C}^{n\times n}$ 的每一行都至少有一个非对角的非零元素。如果对任意 $a_{ij}\neq 0(i\neq j)$ 均有 $|a_{ii}||a_{jj}|>R_i(\boldsymbol{A})R_j(\boldsymbol{A})$，则 $\det(\boldsymbol{A})\neq 0$。

推论 1.4 设 $\boldsymbol{A}=(a_{ij})\in\mathbb{R}^{n\times n}$ 是具有非负对角元素的对称矩阵，且每一行都至少有一个非对角的非零元素。如果对任意 $a_{ij}\neq 0(i\neq j)$ 均有 $a_{ii}a_{jj}>R_i(\boldsymbol{A})R_j(\boldsymbol{A})$，则 $\boldsymbol{A}$ 正定。

设 V 和 E 分别是有向图 $\mathcal{D}$ 的顶点集和弧集。对于 $u\in V$，它的出邻域表示为

$$N_u(\mathcal{D}) = \{v\in V: uv\in E\}$$

有向图 $\mathcal{D}$ 的有向路是由互不相同的顶点构成的序列 $i_0, i_1, \cdots, i_k$，其中 $i_{p-1}i_p\in E\ (p=1, \cdots, k-1)$。$\mathcal{D}$ 的有向圈是一个顶点序列 $j_1, j_2, \cdots, j_k, j_{k+1}=j_1$，其中 $j_1, j_2, \cdots, j_k$ 是互不相同的顶点，并且 $j_qj_{q+1}\in E\ (q=1, \cdots, k)$。对于 $\mathcal{D}$ 的任意两个顶点 u 和 v，如果从 u 到 v 和从 v 到 u 都存在有向路，则称 $\mathcal{D}$ 强连通。如果 $\mathcal{D}$ 的每个顶点都属于 $\mathcal{D}$ 的某个有向圈，则称 $\mathcal{D}$ 弱连通。

矩阵 $\boldsymbol{A}=(a_{ij})\in\mathbb{C}^{n\times n}$ 的伴随有向图 $\mathcal{D}(\boldsymbol{A})$ 具有顶点集 $V=\{1, \cdots, n\}$ 和弧集 $E=\{ij\,|\,a_{ij}\neq 0, i\neq j\}$。令 $C(\boldsymbol{A})$ 表示 $\mathcal{D}(\boldsymbol{A})$ 的所有有向圈的集合。

1982 年，Brualdi 利用矩阵的伴随有向图给出了如下特征值包含集。

定理 1.3 设 $\boldsymbol{A}=(a_{ij})\in\mathbb{C}^{n\times n}$，并且 $\mathcal{D}(\boldsymbol{A})$ 弱连通，则

$$\sigma(\boldsymbol{A}) \subseteq D = \cup_{\gamma \in C(\boldsymbol{A})}\left\{z \in \mathbb{C} : \prod_{i \in \gamma} |z - a_{ii}| \leqslant \prod_{i \in \gamma} R_i(\boldsymbol{A})\right\} \subseteq G$$

其中,G 是定理 1.1 中定义的集合。

证明　设 λ 是 $\boldsymbol{A}$ 的一个特征值。由于$\mathcal{D}(\boldsymbol{A})$弱连通,因此当 λ 等于 $\boldsymbol{A}$ 的某个对角元素时,有 $\lambda \in D$。我们只需要考虑 λ 不等于 $\boldsymbol{A}$ 的任意对角元素的情况。令 $\boldsymbol{x}=(x_1,\cdots,x_n)^{\mathrm{T}} \in \mathbb{C}^n$为 λ 对应的特征向量,令 Γ_0 为$\mathcal{D}(\boldsymbol{A})$的导出子图,其顶点集是所有满足 $x_i \neq 0$ 的顶点 i 的集合。由特征方程 $\boldsymbol{Ax}=\lambda\boldsymbol{x}$ 可得

$$(\lambda - a_{ii})x_i = \sum_{j \neq i} a_{ij}x_j \quad (i = 1,\cdots,n) \tag{1.1}$$

由于 $\lambda \neq a_{ii}$,由式(1.1)可知,对 Γ_0 的每个顶点 i,$N_i(\Gamma_0)$非空。Γ_0 中存在一个有向圈 $\gamma=\{i_1,\cdots,i_p,i_{p+1}=i_1\}$使得对任意 $k \in N_{i_j}(\Gamma_0)$,有

$$|x_{i_{j+1}}| \geqslant |x_k| \quad (j=1,\cdots,p)$$

由式(1.1)可得

$$|\lambda - a_{i_j i_j}||x_{i_j}| \leqslant R_{i_j}(\boldsymbol{A})|x_{i_{j+1}}| \quad (j=1,\cdots,p)$$

因此

$$\prod_{j=1}^{p} |\lambda - a_{i_j i_j}| \prod_{j=1}^{p} |x_{i_j}| \leqslant \prod_{j=1}^{p} R_{i_j}(\boldsymbol{A}) \prod_{j=1}^{p} |x_{i_{j+1}}|$$

由于 $i_{p+1}=i_1$ 并且 $x_{i_j} \neq 0 (j=1,\cdots,p)$,因此

$$\prod_{i \in \gamma} |\lambda - a_{ii}| \leqslant \prod_{i \in \gamma} R_i(\boldsymbol{A})$$

即 $\sigma(\boldsymbol{A}) \subseteq D$。

接下来证明 $D \subseteq G$。对任意 $z \in D$,如果 $z \notin G$,则对任意 i 均有

$$|\lambda - a_{ii}| > R_i(\boldsymbol{A})$$

此时对任意 $\gamma \in C(\boldsymbol{A})$,有

$$\prod_{i \in \gamma} |z - a_{ii}| > \prod_{i \in \gamma} R_i(\boldsymbol{A})$$

与 $z \in D$ 矛盾。因此,$z \in G$,即 $D \subseteq G$。□

由定理 1.3 可以得到关于矩阵非奇异性的如下判定条件。

推论 1.5　设 $\boldsymbol{A}=(a_{ij}) \in \mathbb{C}^{n \times n}$,并且$\mathcal{D}(\boldsymbol{A})$弱连通。如果对 $C(\boldsymbol{A})$中的每一个有向圈 γ,都有 $\prod_{i \in \gamma} |a_{ii}| > \prod_{i \in \gamma} R_i(\boldsymbol{A})$,则 $\det(\boldsymbol{A}) \neq 0$。

证明　假设 $\det(\boldsymbol{A})=0$,则 0 是 $\boldsymbol{A}$ 的特征值。由定理 1.3 可知,存在 $\gamma \in C(\boldsymbol{A})$使得

$$\prod_{i \in \gamma} |a_{ii}| \leqslant \prod_{i \in \gamma} R_i(\boldsymbol{A})$$

与 $\prod_{i\in\gamma}|a_{ii}| > \prod_{i\in\gamma}R_i(\boldsymbol{A})$ 矛盾。因此，$\det(\boldsymbol{A})\neq 0$。 □

由定理 1.3 还可以得到关于矩阵正定性的如下判定条件。

推论 1.6 设 $\boldsymbol{A}=(a_{ij})\in\mathbb{R}^{n\times n}$ 是具有非负对角元素的对称矩阵，并且 $\mathcal{D}(\boldsymbol{A})$ 弱连通。如果对每一个 $\gamma\in C(\boldsymbol{A})$，都有 $\prod_{i\in\gamma}a_{ii} > \prod_{i\in\gamma}R_i(\boldsymbol{A})$，则 $\boldsymbol{A}$ 正定。

证明 假设 $\boldsymbol{A}$ 不是正定阵，则 $\boldsymbol{A}$ 有一个特征值 $\lambda\leqslant 0$。由定理 1.3 可知，存在 $\gamma\in C(\boldsymbol{A})$ 使得

$$\prod_{i\in\gamma}|\lambda - a_{ii}|\leqslant \prod_{i\in\gamma}R_i(\boldsymbol{A})$$

由于 $\lambda\leqslant 0$ 并且 $\boldsymbol{A}$ 的所有对角元素非负，因此

$$\prod_{i\in\gamma}a_{ii}\leqslant \prod_{i\in\gamma}R_i(\boldsymbol{A})$$

与 $\prod_{i\in\gamma}a_{ii} > \prod_{i\in\gamma}R_i(\boldsymbol{A})$ 矛盾。故 $\boldsymbol{A}$ 是正定阵。 □

定理 1.4 设 $\boldsymbol{A}=(a_{ij})\in\mathbb{C}^{n\times n}$，并且 $\mathcal{D}(\boldsymbol{A})$ 强连通。如果对 $C(\boldsymbol{A})$ 中的每一个有向圈 γ 都有 $\prod_{i\in\gamma}|a_{ii}|\geqslant \prod_{i\in\gamma}R_i(\boldsymbol{A})$，并且至少有一个有向圈使得不等式严格成立，则 $\det(\boldsymbol{A})\neq 0$。

证明 由于 $\mathcal{D}(\boldsymbol{A})$ 强连通并且 $\prod_{i\in\gamma}|a_{ii}|\geqslant \prod_{i\in\gamma}R_i(\boldsymbol{A})\ (\gamma\in C(\boldsymbol{A}))$，因此 $\boldsymbol{A}$ 的所有对角元素均不为零。假设 $\det(\boldsymbol{A})=0$，即 0 是 $\boldsymbol{A}$ 的特征值。令 $\boldsymbol{x}=(x_1,\cdots,x_n)^{\mathrm{T}}\in\mathbb{C}^n$ 为特征值 0 对应的特征向量，令 Γ_0 为 $\mathcal{D}(\boldsymbol{A})$ 的诱导子图，其顶点集是所有满足 $x_i\neq 0$ 的顶点 i 的集合。由定理 1.3 的证明可知，Γ_0 有一个有向圈 $\gamma_1=\{i_1,\cdots,i_p,i_{p+1}=i_1\}$ 满足

$$\prod_{i\in\gamma_1}|a_{ii}|\leqslant \prod_{i\in\gamma_1}R_i(\boldsymbol{A})$$

并且对任意 $k\in N_{i_j}(\Gamma_0)$ 均有

$$|x_{i_{j+1}}|\geqslant |x_k|\quad (j=1,\cdots,p)$$

由于 $\prod_{i\in\gamma_1}|a_{ii}|\geqslant \prod_{i\in\gamma_1}R_i(\boldsymbol{A})$，因此

$$\prod_{i\in\gamma_1}|a_{ii}| = \prod_{i\in\gamma_1}R_i(\boldsymbol{A})$$

由定理 1.3 的证明可知，对每个 $k\in N_{i_j}(\mathcal{D}(\boldsymbol{A}))$ 均有

$$|x_k| = |x_{i_{j+1}}|\quad (j=1,\cdots,p)$$

由于对某个 $\gamma\in C(\boldsymbol{A})$ 有 $\prod_{i\in\gamma}|a_{ii}| > \prod_{i\in\gamma}R_i(\boldsymbol{A})$，因此 $\mathcal{D}(\boldsymbol{A})$ 至少有一个顶点不在 γ_1 中。由于 $\mathcal{D}(\boldsymbol{A})$ 强连通，因此 γ_1 的某个顶点 i_j 到 γ_1 外的某个顶点 v 有

弧。由于$|x_{i_{j+1}}|=|x_v|$,因此Γ_0有一个不同于γ_1的有向圈γ_2满足

$$\prod_{i\in\gamma_2}|a_{ii}|=\prod_{i\in\gamma_2}R_i(\boldsymbol{A})$$

并且对每个$i\in\gamma_2$和$j,k\in N_i(\mathcal{D}(\boldsymbol{A}))$,均有$|x_j|=|x_k|$。继续上述过程可知,对$\mathcal{D}(\boldsymbol{A})$的每个顶点$i$和$j,k\in N_i(\mathcal{D}(\boldsymbol{A}))$,均有$|x_j|=|x_k|$。因此,对每个$\gamma\in C(\boldsymbol{A})$,均有

$$\prod_{i\in\gamma}|a_{ii}|=\prod_{i\in\gamma}R_i(\boldsymbol{A})$$

与已知矛盾。故$\det(\boldsymbol{A})\neq 0$。 □

推论 1.7　设$\boldsymbol{A}=(a_{ij})\in\mathbb{R}^{n\times n}$是具有非负对角元素的对称矩阵,并且$\mathcal{D}(\boldsymbol{A})$强连通。如果对每个$\gamma\in C(\boldsymbol{A})$,都有$\prod_{i\in\gamma}a_{ii}\geqslant\prod_{i\in\gamma}R_i(\boldsymbol{A})$,并且至少有一个有向圈使得不等式严格成立,则$\boldsymbol{A}$是正定的。

证明　假设$\boldsymbol{A}$不是正定阵,则由定理 1.4 可知,$\boldsymbol{A}$有一个特征值$\lambda<0$。由定理 1.3 可知,存在$\gamma\in C(\boldsymbol{A})$使得

$$\prod_{i\in\gamma}|\lambda-a_{ii}|\leqslant\prod_{i\in\gamma}R_i(\boldsymbol{A})$$

由于$\lambda<0$并且$\boldsymbol{A}$的所有对角元素非负,因此

$$\prod_{i\in\gamma}a_{ii}<\prod_{i\in\gamma}R_i(\boldsymbol{A})$$

与$\prod_{i\in\gamma}a_{ii}\geqslant\prod_{i\in\gamma}R_i(\boldsymbol{A})$矛盾。故$\boldsymbol{A}$是正定的。 □

1.3　实对称矩阵

由于实对称矩阵的特征值都是实数,因此其特征值可以按照数值大小进行排序。对于一个$n\times n$的实对称矩阵$\boldsymbol{A}$,令$\lambda_1(\boldsymbol{A})\geqslant\cdots\geqslant\lambda_n(\boldsymbol{A})$表示$\boldsymbol{A}$的$n$个特征值,即$\lambda_i(\boldsymbol{A})$表示$\boldsymbol{A}$的第$i$大特征值。实对称矩阵$\boldsymbol{A}$关于非零实向量$\boldsymbol{x}$的瑞利商定义为

$$\frac{\boldsymbol{x}^{\mathrm{T}}\boldsymbol{A}\boldsymbol{x}}{\boldsymbol{x}^{\mathrm{T}}\boldsymbol{x}}$$

设$\boldsymbol{x}_1,\cdots,\boldsymbol{x}_n$分别是$\lambda_1(\boldsymbol{A}),\cdots,\lambda_n(\boldsymbol{A})$对应的单位实特征向量,并且$\boldsymbol{x}_1,\cdots,\boldsymbol{x}_n$两两正交。如果$\boldsymbol{x}=\sum_{i=1}^{n}c_i\boldsymbol{x}_i\neq\boldsymbol{0}$,则

$$\frac{\boldsymbol{x}^{\mathrm{T}}\boldsymbol{A}\boldsymbol{x}}{\boldsymbol{x}^{\mathrm{T}}\boldsymbol{x}}=\frac{\sum_{i=1}^{n}c_i^2\lambda_i(\boldsymbol{A})}{\sum_{i=1}^{n}c_i^2}$$

令$\langle \boldsymbol{x}_{i_1},\cdots,\boldsymbol{x}_{i_k}\rangle$表示向量$\boldsymbol{x}_{i_1},\cdots,\boldsymbol{x}_{i_k}$生成的线性子空间。由以上论述可得到如下结论。

定理 1.5 设$\boldsymbol{A}$是n阶实对称矩阵,$\boldsymbol{x}_1,\cdots,\boldsymbol{x}_n$分别是$\lambda_1(\boldsymbol{A}),\cdots,\lambda_n(\boldsymbol{A})$对应的单位实特征向量,并且$\boldsymbol{x}_1,\cdots,\boldsymbol{x}_n$两两正交。以下命题成立:

(1) 如果非零实向量$\boldsymbol{x}\in\langle \boldsymbol{x}_1,\cdots,\boldsymbol{x}_i\rangle$,则

$$\lambda_i(\boldsymbol{A})\leqslant\frac{\boldsymbol{x}^{\mathrm{T}}\boldsymbol{A}\boldsymbol{x}}{\boldsymbol{x}^{\mathrm{T}}\boldsymbol{x}}$$

取等号当且仅当$\boldsymbol{x}$是$\lambda_i(\boldsymbol{A})$的特征向量。

(2) 如果非零实向量$\boldsymbol{x}\in\langle \boldsymbol{x}_i,\cdots,\boldsymbol{x}_n\rangle$,则

$$\lambda_i(\boldsymbol{A})\geqslant\frac{\boldsymbol{x}^{\mathrm{T}}\boldsymbol{A}\boldsymbol{x}}{\boldsymbol{x}^{\mathrm{T}}\boldsymbol{x}}$$

取等号当且仅当$\boldsymbol{x}$是$\lambda_i(\boldsymbol{A})$的特征向量。

由定理 1.5 可得到如下推论。

推论 1.8 设$\boldsymbol{A}$是n阶实对称矩阵,则

$$\lambda_1(\boldsymbol{A})=\max_{\boldsymbol{0}\neq\boldsymbol{x}\in\mathbb{R}^n}\frac{\boldsymbol{x}^{\mathrm{T}}\boldsymbol{A}\boldsymbol{x}}{\boldsymbol{x}^{\mathrm{T}}\boldsymbol{x}},\lambda_n(\boldsymbol{A})=\min_{\boldsymbol{0}\neq\boldsymbol{x}\in\mathbb{R}^n}\frac{\boldsymbol{x}^{\mathrm{T}}\boldsymbol{A}\boldsymbol{x}}{\boldsymbol{x}^{\mathrm{T}}\boldsymbol{x}}$$

如果$\boldsymbol{x}\in\mathbb{R}^n$满足$\lambda_1(\boldsymbol{A})=\frac{\boldsymbol{x}^{\mathrm{T}}\boldsymbol{A}\boldsymbol{x}}{\boldsymbol{x}^{\mathrm{T}}\boldsymbol{x}}$,则$\boldsymbol{x}$是$\lambda_1(\boldsymbol{A})$对应的特征向量。如果$\boldsymbol{x}\in\mathbb{R}^n$满足$\lambda_n(\boldsymbol{A})=\frac{\boldsymbol{x}^{\mathrm{T}}\boldsymbol{A}\boldsymbol{x}}{\boldsymbol{x}^{\mathrm{T}}\boldsymbol{x}}$,则$\boldsymbol{x}$是$\lambda_n(\boldsymbol{A})$对应的特征向量。

下面是实对称矩阵特征值的交错性质。

定理 1.6 设$\boldsymbol{A}$是n阶实对称矩阵,$\boldsymbol{S}$是$n\times m$实矩阵,并且$\boldsymbol{S}^{\mathrm{T}}\boldsymbol{S}=\boldsymbol{I}$,$\boldsymbol{B}=\boldsymbol{S}^{\mathrm{T}}\boldsymbol{A}\boldsymbol{S}$,则

$$\lambda_{n-m+i}(\boldsymbol{A})\leqslant\lambda_i(\boldsymbol{B})\leqslant\lambda_i(\boldsymbol{A})\quad(i=1,\cdots,m)$$

证明 设$\boldsymbol{x}_1,\cdots,\boldsymbol{x}_n$分别是$\lambda_1(\boldsymbol{A}),\cdots,\lambda_n(\boldsymbol{A})$对应的单位特征向量,并且$\boldsymbol{x}_1,\cdots,\boldsymbol{x}_n$两两正交。设$\boldsymbol{y}_1,\cdots,\boldsymbol{y}_m$分别是$\lambda_1(\boldsymbol{B}),\cdots,\lambda_m(\boldsymbol{B})$对应的单位特征向量,并且$\boldsymbol{y}_1,\cdots,\boldsymbol{y}_m$两两正交。对于$i\in\{1,\cdots,m\}$,令$\boldsymbol{z}_i$是子空间

$$\langle \boldsymbol{y}_1,\cdots,\boldsymbol{y}_i\rangle\cap\langle \boldsymbol{S}^{\mathrm{T}}\boldsymbol{x}_1,\cdots,\boldsymbol{S}^{\mathrm{T}}\boldsymbol{x}_{i-1}\rangle^{\perp}$$

中的一个非零向量,则$\boldsymbol{S}\boldsymbol{z}_i\in\langle \boldsymbol{x}_1,\cdots,\boldsymbol{x}_{i-1}\rangle^{\perp}$。由定理 1.5 可得

$$\lambda_i(\boldsymbol{A}) \geqslant \frac{(\boldsymbol{S}\boldsymbol{z}_i)^{\mathrm{T}}\boldsymbol{A}(\boldsymbol{S}\boldsymbol{z}_i)}{(\boldsymbol{S}\boldsymbol{z}_i)^{\mathrm{T}}(\boldsymbol{S}\boldsymbol{z}_i)} = \frac{\boldsymbol{z}_i^{\mathrm{T}}\boldsymbol{B}\boldsymbol{z}_i}{\boldsymbol{z}_i^{\mathrm{T}}\boldsymbol{z}_i} \geqslant \lambda_i(\boldsymbol{B})$$

以上证明应用到 $-\boldsymbol{A}$ 和 $-\boldsymbol{B}$ 上可得

$$\lambda_{n-m+i}(\boldsymbol{A}) \leqslant \lambda_i(\boldsymbol{B})$$ □

一个分块矩阵的每个子块的行和的算术平均值构成的矩阵称为该分块矩阵的商矩阵。

定理 1.7　设 n 阶实对称矩阵 $\boldsymbol{A}$ 由如下分块表示

$$\boldsymbol{A} = \begin{pmatrix} A_{11} & A_{12} & \cdots & A_{1m} \\ A_{12}^{\mathrm{T}} & A_{22} & \cdots & A_{2m} \\ \vdots & \vdots & & \vdots \\ A_{1m}^{\mathrm{T}} & A_{2m}^{\mathrm{T}} & \cdots & A_{mm} \end{pmatrix}$$

该分块表示的商矩阵 $\boldsymbol{B} = (b_{ij})_{m\times m}$，其中 b_{ij} 是子块 A_{ij} 的所有行和的算术平均值。那么 $\boldsymbol{B}$ 的特征值都是实数，且 $\boldsymbol{A}$ 和 $\boldsymbol{B}$ 的特征值满足定理 1.6 中的交错不等式。

在定理 1.6 中，如果 $\boldsymbol{S} = \begin{pmatrix} \boldsymbol{I} \\ \boldsymbol{O} \end{pmatrix}$，则 $\boldsymbol{B}$ 是 $\boldsymbol{A}$ 的主子阵。因此实对称矩阵及其主子阵的特征值具有如下交错不等式。

定理 1.8　设 $\boldsymbol{A}$ 是 n 阶实对称矩阵。如果 $\boldsymbol{B}$ 是 $\boldsymbol{A}$ 的 m 阶主子阵，则

$$\lambda_{n-m+i}(\boldsymbol{A}) \leqslant \lambda_i(\boldsymbol{B}) \leqslant \lambda_i(\boldsymbol{A}) \quad (i=1,\cdots,m)$$

由上述交错不等式可得到下面的不等式。

定理 1.9　设 $\boldsymbol{A}$ 是 n 阶实对称矩阵，并且其对角元为 $d_1 \geqslant \cdots \geqslant d_n$，则

$$\sum_{i=1}^{s} \lambda_i(\boldsymbol{A}) \geqslant \sum_{i=1}^{s} d_i \quad (s = 1,\cdots,n)$$

证明　设 $\boldsymbol{B}$ 是将 $\boldsymbol{A}$ 的对角元 $d_{s+1},\cdots,d_n$ 对应的行列删去得到的主子阵，由定理 1.8 可得

$$\sum_{i=1}^{s} \lambda_i(\boldsymbol{A}) \geqslant \sum_{i=1}^{s} \lambda_i(\boldsymbol{B}) = \sum_{i=1}^{s} d_i$$ □

下面是关于实对称矩阵加和的特征值不等式。

定理 1.10　设 $\boldsymbol{A}$ 和 $\boldsymbol{B}$ 是两个 n 阶实对称矩阵。对任意 $1\leqslant i\leqslant n$ 和 $1\leqslant j\leqslant n$ 有

$$\lambda_i(\boldsymbol{A})+\lambda_j(\boldsymbol{B}) \geqslant \lambda_{i+j-1}(\boldsymbol{A}+\boldsymbol{B}) \quad (i+j\leqslant n+1)$$

$$\lambda_i(\boldsymbol{A})+\lambda_j(\boldsymbol{B}) \leqslant \lambda_{i+j-n}(\boldsymbol{A}+\boldsymbol{B}) \quad (i+j\geqslant n+1)$$

两个不等式取等号的充分必要条件都是不等式中三个特征值有一个共同的特

征向量。

仅有一个正特征值的实对称矩阵有如下性质。

定理 1.11 设 $\boldsymbol{A}$ 是具有 1 个正特征值和 $n-1$ 个负特征值的 n 阶实对称矩阵。对于正向量 $\boldsymbol{x}\in\mathbb{R}^n$ 和任意向量 $\boldsymbol{y}\in\mathbb{R}^n$ 有

$$(\boldsymbol{x}^{\mathrm{T}}\boldsymbol{A}\boldsymbol{y})^2\geqslant(\boldsymbol{x}^{\mathrm{T}}\boldsymbol{A}\boldsymbol{x})(\boldsymbol{y}^{\mathrm{T}}\boldsymbol{A}\boldsymbol{y})$$

取等号当且仅当存在常数 c，使得 $\boldsymbol{y}=c\boldsymbol{x}$。

秩为 r 的矩阵一定有一个 r 阶的非奇异子矩阵。对于实对称矩阵，这样的子矩阵一定能在主子阵中取到。

定理 1.12 设 $\boldsymbol{A}$ 是秩为 r 的实对称矩阵，则 $\boldsymbol{A}$ 有一个 r 阶的非奇异主子阵。

证明 存在置换矩阵 $\boldsymbol{P}$ 使得

$$\boldsymbol{A}=\boldsymbol{P}\begin{pmatrix}\boldsymbol{B} & \boldsymbol{C}\\ \boldsymbol{C}^{\mathrm{T}} & \boldsymbol{D}\end{pmatrix}\boldsymbol{P}^{\mathrm{T}}$$

其中，行块 $(\boldsymbol{B}\quad\boldsymbol{C})$ 是秩为 r 的行满秩矩阵。故 $\boldsymbol{C}^{\mathrm{T}}$ 的每个行向量都是 $\boldsymbol{B}$ 的行向量的线性组合。由于 $\boldsymbol{B}$ 实对称，因此 $\boldsymbol{C}$ 的每个列向量都是 $\boldsymbol{B}$ 的列向量的线性组合。由于行块 $(\boldsymbol{B}\quad\boldsymbol{C})$ 是秩为 r 的行满秩矩阵，因此 $\boldsymbol{B}$ 是 $\boldsymbol{A}$ 的一个秩为 r 的 r 阶主子阵。 □

1.4 非负矩阵

如果矩阵 $\boldsymbol{A}$ 的所有元素非负，则称 $\boldsymbol{A}$ 为非负矩阵。非负矩阵在图论、概率统计、复杂网络等领域都有重要应用。关于非负矩阵理论的更多细节可参考 Berman 和 Plemmons 的专著。

方阵 $\boldsymbol{A}$ 的特征值的模的最大值 $\rho(\boldsymbol{A})=\max\{|\lambda|:\lambda\in\sigma(\boldsymbol{A})\}$ 称为 A 的谱半径。非负矩阵的谱半径有如下性质。

定理 1.13 设 $\boldsymbol{A}$ 是 n 阶非负矩阵，则 $\rho(\boldsymbol{A})$ 是 $\boldsymbol{A}$ 的特征值，并且对应 $\rho(\boldsymbol{A})$ 有一个非负特征向量。

对于方阵 $\boldsymbol{A}$，如果存在置换矩阵 $\boldsymbol{P}$ 使得

$$\boldsymbol{A}=\boldsymbol{P}\begin{pmatrix}\boldsymbol{A}_1 & \boldsymbol{O}\\ \boldsymbol{A}_2 & \boldsymbol{A}_3\end{pmatrix}\boldsymbol{P}^{\mathrm{T}}\quad(\boldsymbol{A}_1\text{ 是方阵})$$

则称 $\boldsymbol{A}$ 是可约的;若 $\boldsymbol{A}$ 不是可约的,则称 $\boldsymbol{A}$ 不可约。

下面给出非负矩阵理论的重要定理,即 Perron-Frobenius 定理。

定理 1.14　设 $\boldsymbol{A}$ 是不可约非负矩阵,则

(1)$\rho(\boldsymbol{A})>0$ 是 $\boldsymbol{A}$ 的特征值,且 $\rho(\boldsymbol{A})$ 有一个正特征向量。

(2)$\rho(\boldsymbol{A})$ 的代数重数与几何重数均为 1。

(3)如果 $\boldsymbol{A}$ 的特征值 λ 有一个非负特征向量,则 $\lambda=\rho(\boldsymbol{A})$。

矩阵的不可约性可由它的伴随有向图来刻画。

定理 1.15　设 $\boldsymbol{A}$ 是非负方阵,则 $\boldsymbol{A}$ 不可约当且仅当它的伴随有向图 $\mathcal{D}(\boldsymbol{A})$ 强连通。

令 $r_i(\boldsymbol{A})$ 表示矩阵 $\boldsymbol{A}=(a_{ij})$ 的第 i 行的行和,即 $r_i(\boldsymbol{A})=\sum_{j=1}^{n}a_{ij}$。下面的定理用行和给出了非负矩阵谱半径的界。

定理 1.16　设 $\boldsymbol{A}$ 是 n 阶不可约非负矩阵,则

$$\min_{1\leqslant i\leqslant n} r_i(\boldsymbol{A})\leqslant\rho(\boldsymbol{A})\leqslant\max_{1\leqslant i\leqslant n} r_i(\boldsymbol{A})$$

两边不等式取等号的充分必要条件都是 $r_1(\boldsymbol{A})=\cdots=r_n(\boldsymbol{A})$。

证明　设 $\boldsymbol{x}$ 是对应 $\rho(\boldsymbol{A})$ 的正特征向量,令

$$x_u=\max_{1\leqslant k\leqslant n}x_k, x_v=\min_{1\leqslant k\leqslant n}x_k$$

由 $\boldsymbol{Ax}=\rho(\boldsymbol{A})\boldsymbol{x}$ 可得

$$\rho(\boldsymbol{A})x_u=\sum_{k=1}^{n}a_{uk}x_k\leqslant r_i(\boldsymbol{A})x_u$$

$$\rho(\boldsymbol{A})x_v=\sum_{k=1}^{n}a_{vk}x_k\geqslant r_j(\boldsymbol{A})x_v$$

因此

$$\min_{1\leqslant i\leqslant n} r_i(\boldsymbol{A})\leqslant\rho(\boldsymbol{A})\leqslant\max_{1\leqslant i\leqslant n} r_i(\boldsymbol{A})$$

如果 $\rho(\boldsymbol{A})=\max_{1\leqslant i\leqslant n} r_i(\boldsymbol{A})$,则对任意 $a_{uk}\neq0$ 均有 $x_k=x_u$。由于 $\boldsymbol{A}$ 不可约,根据定理 1.15 可得 $x_1=\cdots=x_n$。由 $\boldsymbol{Ax}=\rho(\boldsymbol{A})\boldsymbol{x}$ 可知 $\boldsymbol{A}$ 的所有的行和都相等。如果 $\rho(\boldsymbol{A})=\min_{1\leqslant i\leqslant n} r_i(\boldsymbol{A})$,则类似可证 $\boldsymbol{A}$ 的所有的行和都相等。

如果 $\boldsymbol{A}$ 的所有行和都相等,则全 1 列向量是 $\boldsymbol{A}$ 的特征向量。由 Frobenius 定理可知此时 $\boldsymbol{A}$ 的谱半径等于行和。　□

令 $\mathbb{R}_{++}^n$ 表示所有正的 n 维列向量的集合。下面是定理 1.16 的一个推广。

定理 1.17　设 $\boldsymbol{A}=(a_{ij})$ 是 n 阶不可约非负矩阵,则对任意 $\boldsymbol{x}\in\mathbb{R}_{++}^n$,有

$$\min_{1\leqslant i\leqslant n}\frac{(\boldsymbol{A}\boldsymbol{x})_i}{x_i}\leqslant\rho(\boldsymbol{A})\leqslant\max_{1\leqslant i\leqslant n}\frac{(\boldsymbol{A}\boldsymbol{x})_i}{x_i}$$

证明 对于 $\boldsymbol{x}=(x_1,\cdots,x_n)^{\mathrm{T}}\in\mathbb{R}_{++}^n$，令 $\boldsymbol{P}=\mathrm{diag}(x_1,\cdots,x_n)$，$\boldsymbol{B}=\boldsymbol{P}^{-1}\boldsymbol{A}\boldsymbol{P}$。显然 $\rho(\boldsymbol{A})=\rho(\boldsymbol{B})$。矩阵 $\boldsymbol{B}$ 的第 i 行的行和为

$$r_i(\boldsymbol{B})=\sum_{j=1}^n a_{ij}x_jx_i^{-1}=\frac{(\boldsymbol{A}\boldsymbol{x})_i}{x_i}$$

由定理 1.16 可知

$$\min_{1\leqslant i\leqslant n}\frac{(\boldsymbol{A}\boldsymbol{x})_i}{x_i}\leqslant\rho(\boldsymbol{A})\leqslant\max_{1\leqslant i\leqslant n}\frac{(\boldsymbol{A}\boldsymbol{x})_i}{x_i}$$ □

下面是非负矩阵谱半径的 Collatz-Wielandt 定理。

定理 1.18 设 $\boldsymbol{A}$ 是 n 阶不可约非负矩阵，则

$$\min_{\boldsymbol{x}\in\mathbb{R}_{++}^n}\max_{1\leqslant i\leqslant n}\frac{(\boldsymbol{A}\boldsymbol{x})_i}{x_i}=\rho(\boldsymbol{A})=\max_{\boldsymbol{x}\in\mathbb{R}_{++}^n}\min_{1\leqslant i\leqslant n}\frac{(\boldsymbol{A}\boldsymbol{x})_i}{x_i}$$

证明 由定理 1.14 可知，存在 $\boldsymbol{x}\in\mathbb{R}_{++}^n$ 使得 $\boldsymbol{A}\boldsymbol{x}=\rho(\boldsymbol{A})\boldsymbol{x}$。由定理 1.17 可知

$$\min_{\boldsymbol{x}\in\mathbb{R}_{++}^n}\max_{1\leqslant i\leqslant n}\frac{(\boldsymbol{A}\boldsymbol{x})_i}{x_i}=\rho(\boldsymbol{A})=\max_{\boldsymbol{x}\in\mathbb{R}_{++}^n}\min_{1\leqslant i\leqslant n}\frac{(\boldsymbol{A}\boldsymbol{x})_i}{x_i}$$ □

设 V 和 E 分别是有向图$\mathcal{D}$的顶点集和弧集。对于 $u\in V$，令 $N_u(\mathcal{D})=\{v\in V: uv\in E\}$。令 $C(\boldsymbol{A})$ 表示矩阵 $\boldsymbol{A}$ 的伴随有向图$\mathcal{D}(\boldsymbol{A})$的所有有向圈的集合。

定理 1.19 设 $\boldsymbol{A}$ 是 n 阶不可约非负矩阵，则

$$\min_{\gamma\in C(\boldsymbol{A})}\left(\prod_{i\in\gamma}r_i(\boldsymbol{A})\right)^{\frac{1}{|\gamma|}}\leqslant\rho(\boldsymbol{A})\leqslant\max_{\gamma\in C(\boldsymbol{A})}\left(\prod_{i\in\gamma}r_i(\boldsymbol{A})\right)^{\frac{1}{|\gamma|}}$$

证明 谱半径 $\rho(\boldsymbol{A})$ 有一个正特征向量 $\boldsymbol{x}=(x_1,\cdots,x_n)^{\mathrm{T}}$。伴随有向图 $\mathcal{D}(\boldsymbol{A})$ 中存在一个有向圈 $\gamma_1=\{i_1,\cdots,i_p,i_{p+1}=i_1\}$ 使得对任意 $k\in N_{i_j}(\mathcal{D}(\boldsymbol{A}))$，有

$$x_{i_{j+1}}\geqslant x_k\quad(j=1,\cdots,p)$$

由 $\boldsymbol{A}\boldsymbol{x}=\rho(\boldsymbol{A})\boldsymbol{x}$ 可得

$$\rho(\boldsymbol{A})x_{i_j}=\sum_{k=1}^n a_{i_jk}x_k\leqslant\left(\sum_{k=1}^n a_{i_jk}\right)x_{i_{j+1}}=r_{i_j}(\boldsymbol{A})x_{i_{j+1}}$$

其中，$j=1,\cdots,p$。故

$$\rho(\boldsymbol{A})^p\prod_{j=1}^p x_{i_j}\leqslant\prod_{j=1}^p r_{i_j}(\boldsymbol{A})x_{i_{j+1}}$$

$$\rho(\boldsymbol{A})\leqslant\left(\prod_{j=1}^p r_{i_j}(\boldsymbol{A})\right)^{\frac{1}{p}}=\left(\prod_{i\in\gamma_1}r_i(\boldsymbol{A})\right)^{\frac{1}{|\gamma_1|}}$$

伴随有向图$\mathcal{D}(\boldsymbol{A})$中存在一个有向圈 $\gamma_2=\{t_1,\cdots,t_s,t_{s+1}=t_1\}$ 使得对任意 $k\in N_{t_j}(\mathcal{D}(\boldsymbol{A}))$，有 $x_{t_{j+1}}\leqslant x_k(j=1,\cdots,s)$。类似前面的证明可得

$$\rho(\boldsymbol{A})\geqslant\left(\prod_{i\in\gamma_2}r_i(\boldsymbol{A})\right)^{\frac{1}{|\gamma_2|}}$$

因此

$$\min_{\gamma\in C(\boldsymbol{A})}\left(\prod_{i\in\gamma}r_i(\boldsymbol{A})\right)^{\frac{1}{|\gamma|}}\leqslant\rho(\boldsymbol{A})\leqslant\max_{\gamma\in C(\boldsymbol{A})}\left(\prod_{i\in\gamma}r_i(\boldsymbol{A})\right)^{\frac{1}{|\gamma|}}$$ □

定理 1.20　设 $\boldsymbol{A}$ 是 n 阶不可约非负矩阵，则对任意 $\boldsymbol{x}\in\mathbb{R}_{++}^n$，有

$$\min_{\gamma\in C(\boldsymbol{A})}\left(\prod_{i\in\gamma}\frac{(\boldsymbol{Ax})_i}{x_i}\right)^{\frac{1}{|\gamma|}}\leqslant\rho(\boldsymbol{A})\leqslant\max_{\gamma\in C(\boldsymbol{A})}\left(\prod_{i\in\gamma}\frac{(\boldsymbol{Ax})_i}{x_i}\right)^{\frac{1}{|\gamma|}}$$

证明　对于 $\boldsymbol{x}=(x_1,\cdots,x_n)^{\mathrm{T}}\in\mathbb{R}_{++}^n$，令 $\boldsymbol{P}=\mathrm{diag}(x_1,\cdots,x_n)$，$\boldsymbol{B}=\boldsymbol{P}^{-1}\boldsymbol{AP}$。显然 $\rho(\boldsymbol{A})=\rho(\boldsymbol{B})$。矩阵 $\boldsymbol{B}$ 的第 i 行的行和为

$$r_i(\boldsymbol{B})=\sum_{j=1}^n a_{ij}x_jx_i^{-1}=\frac{(\boldsymbol{Ax})_i}{x_i}$$

由定理 1.19 可知

$$\min_{\gamma\in C(\boldsymbol{A})}\left(\prod_{i\in\gamma}\frac{(\boldsymbol{Ax})_i}{x_i}\right)^{\frac{1}{|\gamma|}}\leqslant\rho(\boldsymbol{A})\leqslant\max_{\gamma\in C(\boldsymbol{A})}\left(\prod_{i\in\gamma}\frac{(\boldsymbol{Ax})_i}{x_i}\right)^{\frac{1}{|\gamma|}}$$ □

下面是有向图形式的 Collatz-Wielandt 定理。

定理 1.21　设 $\boldsymbol{A}$ 是 n 阶不可约非负矩阵，则

$$\min_{\boldsymbol{x}\in\mathbb{R}_{++}^n}\max_{\gamma\in C(\boldsymbol{A})}\left(\prod_{i\in\gamma}\frac{(\boldsymbol{Ax})_i}{x_i}\right)^{\frac{1}{|\gamma|}}=\rho(\boldsymbol{A})=\max_{\boldsymbol{x}\in\mathbb{R}_{++}^n}\min_{\gamma\in C(\boldsymbol{A})}\left(\prod_{i\in\gamma}\frac{(\boldsymbol{Ax})_i}{x_i}\right)^{\frac{1}{|\gamma|}}$$

证明　由定理 1.14 可知，存在 $\boldsymbol{x}\in\mathbb{R}_{++}^n$ 使得 $\boldsymbol{Ax}=\rho(\boldsymbol{A})\boldsymbol{x}$。由定理 1.20 可知

$$\min_{\boldsymbol{x}\in\mathbb{R}_{++}^n}\max_{\gamma\in C(\boldsymbol{A})}\left(\prod_{i\in\gamma}\frac{(\boldsymbol{Ax})_i}{x_i}\right)^{\frac{1}{|\gamma|}}=\rho(\boldsymbol{A})=\max_{\boldsymbol{x}\in\mathbb{R}_{++}^n}\min_{\gamma\in C(\boldsymbol{A})}\left(\prod_{i\in\gamma}\frac{(\boldsymbol{Ax})_i}{x_i}\right)^{\frac{1}{|\gamma|}}$$ □

下面用矩阵乘积的行和给出非负矩阵谱半径的界。

定理 1.22　设 $\boldsymbol{A}$ 是 n 阶不可约非负矩阵，$\boldsymbol{B}$ 是行和都大于零的 n 阶非负矩阵，则

$$\min_{1\leqslant i\leqslant n}\frac{r_i(\boldsymbol{AB})}{r_i(\boldsymbol{B})}\leqslant\rho(\boldsymbol{A})\leqslant\max_{1\leqslant i\leqslant n}\frac{r_i(\boldsymbol{AB})}{r_i(\boldsymbol{B})}$$

证明　令 $(\boldsymbol{M})_{ij}$ 表示矩阵 $\boldsymbol{M}$ 的 (i,j) 位置元素。经计算有

$$r_i(\boldsymbol{AB}) = \sum_{j=1}^{n}\sum_{k=1}^{n}(\boldsymbol{A})_{ik}(\boldsymbol{B})_{kj} = \sum_{k=1}^{n}(\boldsymbol{A})_{ik}r_k(\boldsymbol{B})$$

令 $\boldsymbol{x}=(x_1,\cdots,x_n)^{\mathrm{T}}$,其中 $x_i=r_i(\boldsymbol{B})$,则

$$\frac{(\boldsymbol{Ax})_i}{x_i}=\frac{r_i(\boldsymbol{AB})}{r_i(\boldsymbol{B})}$$

由定理 1.17 可得

$$\min_{1\leqslant i\leqslant n}\frac{r_i(\boldsymbol{AB})}{r_i(\boldsymbol{B})}\leqslant\rho(\boldsymbol{A})\leqslant\max_{1\leqslant i\leqslant n}\frac{r_i(\boldsymbol{AB})}{r_i(\boldsymbol{B})}$$ □

在定理 1.22 中取 $\boldsymbol{B}=\boldsymbol{A}^k$ 可得到如下推论。

推论 1.9 设 $\boldsymbol{A}$ 是 n 阶不可约非负矩阵,则

$$\min_{1\leqslant i\leqslant n}\frac{r_i(\boldsymbol{A}^{k+1})}{r_i(\boldsymbol{A}^k)}\leqslant\rho(\boldsymbol{A})\leqslant\max_{1\leqslant i\leqslant n}\frac{r_i(\boldsymbol{A}^{k+1})}{r_i(\boldsymbol{A}^k)}$$

我们用符号 $\boldsymbol{B}\leqslant\boldsymbol{A}$ 表示 $\boldsymbol{A}-\boldsymbol{B}$ 是非负矩阵。

定理 1.23 设 $\boldsymbol{A}$ 是不可约非负矩阵,如果非负矩阵 $\boldsymbol{B}$ 满足 $\boldsymbol{B}\leqslant\boldsymbol{A}$ 且 $\boldsymbol{B}\neq\boldsymbol{A}$,则 $\rho(\boldsymbol{B})<\rho(\boldsymbol{A})$。

如果 $\boldsymbol{B}$ 是方阵 $\boldsymbol{A}$ 的主子阵且 $\boldsymbol{B}\neq\boldsymbol{A}$,则称 $\boldsymbol{B}$ 是 $\boldsymbol{A}$ 的真主子阵。

定理 1.24 设 $\boldsymbol{A}$ 是不可约非负矩阵,如果 $\boldsymbol{B}$ 是 $\boldsymbol{A}$ 的真主子阵,则 $\rho(\boldsymbol{B})<\rho(\boldsymbol{A})$。

对于实方阵 $\boldsymbol{A}$,如果 $\boldsymbol{A}$ 的所有非对角元素都小于或等于零,则称 $\boldsymbol{A}$ 是一个 Z 矩阵。Z 矩阵 $\boldsymbol{A}$ 可以写成 $\boldsymbol{A}=s\boldsymbol{I}-\boldsymbol{B}$,其中 $s>0$ 并且 $\boldsymbol{B}$ 是一个非负矩阵。如果 $s\geqslant\rho(\boldsymbol{B})$,则称 $\boldsymbol{A}$ 是一个 M 矩阵。显然,$\boldsymbol{A}$ 是非奇异 M 矩阵当且仅当 $s>\rho(\boldsymbol{B})$。如果 $s=\rho(\boldsymbol{B})$,则称 $\boldsymbol{A}$ 是奇异 M 矩阵。

非奇异 M 矩阵有如下判定准则。

定理 1.25 设 $\boldsymbol{A}$ 是一个 Z 矩阵,则以下命题等价:

(1)$\boldsymbol{A}$ 是非奇异 M 矩阵。

(2)$\boldsymbol{A}$ 的所有对角元素大于零,并且存在正对角阵 $\boldsymbol{D}$ 使得 $\boldsymbol{D}^{-1}\boldsymbol{AD}$ 严格对角占优。

(3)$\boldsymbol{A}$ 的所有实特征值是正的。

(4)$\boldsymbol{A}$ 非奇异并且$\boldsymbol{A}^{-1}$ 非负。

一般 M 矩阵有如下判定准则。

定理 1.26 设 $\boldsymbol{A}$ 是一个 Z 矩阵,则以下命题等价:

(1)$\boldsymbol{A}$ 是 M 矩阵。

(2)$\boldsymbol{A}$ 的所有对角元素非负,并且存在正对角阵 $\boldsymbol{D}$ 使得 $\boldsymbol{D}^{-1}\boldsymbol{A}\boldsymbol{D}$ 对角占优。

(3)$\boldsymbol{A}$ 的所有实特征值非负。

(4)对任意 $\varepsilon>0$,$\boldsymbol{A}+\varepsilon\boldsymbol{I}$ 是非奇异 M 矩阵。

奇异 M 矩阵有如下性质。

定理 1.27　设 $\boldsymbol{A}$ 是不可约奇异 M 矩阵,则 $\boldsymbol{A}$ 的所有真主子阵都是非奇异 M 矩阵。

1982 年,Brualdi 给出了 M 矩阵的有向图刻画。

定理 1.28　设 $\boldsymbol{A}$ 是一个 n 阶 Z 矩阵并且 $\mathcal{D}(\boldsymbol{A})$ 弱连通,则以下命题成立:

(1)$\boldsymbol{A}$ 是非奇异 M 矩阵当且仅当 $\boldsymbol{A}$ 的所有对角元素大于零,并且存在正数 $x_1,\cdots,x_n$ 使得

$$\prod_{i\in\gamma} a_{ii} > \prod_{i\in\gamma} x_i^{-1}\sum_{j\neq i} |a_{ij}| x_j(\gamma \in C(\boldsymbol{A})) \tag{1.2}$$

(2)$\boldsymbol{A}$ 是 M 矩阵当且仅当 $\boldsymbol{A}$ 的所有对角元素非负,并且存在正数 $x_1,\cdots,x_n$ 使得

$$\prod_{i\in\gamma} a_{ii} \geqslant \prod_{i\in\gamma} x_i^{-1}\sum_{j\neq i} |a_{ij}| x_j(\gamma \in C(\boldsymbol{A}))$$

证明　如果 $\boldsymbol{A}$ 是非奇异 M 矩阵,则由定理 1.25 可知,$\boldsymbol{A}$ 的所有对角元素大于零,并且存在正对角阵 $\boldsymbol{D}=\mathrm{diag}(x_1,\cdots,x_n)$ 使得 $\boldsymbol{D}^{-1}\boldsymbol{A}\boldsymbol{D}$ 严格对角占优。则

$$a_{ii} > x_i^{-1}\sum_{j\neq i} |a_{ij}| x_j \quad (i=1,\cdots,n)$$

因此,式(1.2)成立。如果 $\boldsymbol{A}$ 的所有对角元素大于零并且式(1.2)成立,则令 $\boldsymbol{B}=\boldsymbol{D}^{-1}\boldsymbol{A}\boldsymbol{D}$,其中 $\boldsymbol{D}=\mathrm{diag}(x_1,\cdots,x_n)$。由于 $\mathcal{D}(\boldsymbol{A})$ 弱连通,因此 $\mathcal{D}(\boldsymbol{B})$ 也弱连通。由式(1.2)和定理 1.25 可知,$\boldsymbol{B}$ 的所有实特征值为正。由定理 1.25 可知 $\boldsymbol{A}$ 是非奇异 M 矩阵。因此定理 1.28 的(1)成立。

由定理 1.26 可知,$\boldsymbol{A}$ 是 M 矩阵当且仅当 $\boldsymbol{A}+\varepsilon\boldsymbol{I}$ 是非奇异 M 矩阵,其中 ε 是任意正数。由定理 1.28 的(1)成立可知定理 1.28 的(2)成立。 □

1.5　矩阵广义逆

1920 年,Moore 在美国数学会通报上利用投影算子定义了一种矩阵广义逆。1955 年,Penrose 用矩阵方程的形式给出了它的等价定义。下面是 Penrose 给出的矩阵广义逆定义。

定义 1.1 设 $A\in\mathbb{C}^{m\times n}$，如果 $X\in\mathbb{C}^{n\times m}$ 满足下面四个矩阵方程

$$AXA=A, XAX=X, (AX)^*=AX, (XA)^*=XA$$

则称 X 是 A 的 Moore-Penrose 逆（简称 M-P 逆），记为 A^+。

显然，若 A 为可逆方阵，则 $A^+=A^{-1}$。因此 M-P 逆是矩阵逆的推广。下面给出 M-P 逆的存在性与唯一性。

定理 1.29 对任意 $A\in\mathbb{C}^{m\times n}$，$A^+$ 存在且唯一。

证明 由矩阵的奇异值分解知，存在酉阵 U 和 V，使得

$$A=U\begin{pmatrix}\Delta & O\\ O & O\end{pmatrix}V$$

其中，Δ 为可逆的正对角阵。令 $X=V^*\begin{pmatrix}\Delta^{-1} & O\\ O & O\end{pmatrix}U^*$，下面证明 X 满足 M-P 逆定义的四个矩阵方程。经计算可得

$$AXA=U\begin{pmatrix}I & O\\ O & O\end{pmatrix}U^*U\begin{pmatrix}\Delta & O\\ O & O\end{pmatrix}V=U\begin{pmatrix}\Delta & O\\ O & O\end{pmatrix}V=A$$

$$XAX=V^*\begin{pmatrix}I & O\\ O & O\end{pmatrix}VV^*\begin{pmatrix}\Delta^{-1} & O\\ O & O\end{pmatrix}U^*=V^*\begin{pmatrix}\Delta^{-1} & O\\ O & O\end{pmatrix}U^*=X$$

$$(AX)^*=\left(U\begin{pmatrix}I & O\\ O & O\end{pmatrix}U^*\right)^*=U\begin{pmatrix}I & O\\ O & O\end{pmatrix}U^*=AX$$

$$(XA)^*=\left(V^*\begin{pmatrix}I & O\\ O & O\end{pmatrix}V\right)^*=V^*\begin{pmatrix}I & O\\ O & O\end{pmatrix}V=XA$$

因此，A^+ 存在。

下面证明 A^+ 的唯一性。假设 X_1 和 X_2 都是 A 的 M-P 逆，则

$$\begin{aligned}X_1&=X_1AX_1=X_1(AX_2A)X_1\\&=X_1(AX_2)(AX_1)=X_1(AX_2)^*(AX_1)^*\\&=X_1(AX_1AX_2)^*=X_1(AX_2)^*=X_1AX_2\\&=X_1AX_2AX_2=(X_1A)^*(X_2A)^*X_2\\&=(X_2AX_1A)^*X_2=(X_2A)^*X_2=X_2AX_2=X_2\end{aligned}$$

因此，A^+ 存在且唯一。 □

由矩阵的奇异值分解可以得到 M-P 逆的如下表示。

定理 1.30 设 $A\in\mathbb{C}^{m\times n}$ 的奇异值分解为 $A=U\begin{pmatrix}\Delta & O\\ O & O\end{pmatrix}V$，其中 U,V 为酉

阵,$\boldsymbol{\Delta}$ 为可逆的正对角阵,则

$$\boldsymbol{A}^{+}=\boldsymbol{V}^{*}\begin{pmatrix}\boldsymbol{\Delta}^{-1} & \boldsymbol{O}\\ \boldsymbol{O} & \boldsymbol{O}\end{pmatrix}\boldsymbol{U}^{*}$$

矩阵的 M-P 逆具有如下性质。

定理 1.31　设 $\boldsymbol{A}\in\mathbb{C}^{m\times n}$,则

(1) $(\boldsymbol{A}^{+})^{+}=\boldsymbol{A}$。

(2) $(\boldsymbol{A}^{*})^{+}=(\boldsymbol{A}^{+})^{*}$。

(3) $(\lambda\boldsymbol{A})^{+}=\lambda^{-1}\boldsymbol{A}^{+}, 0\neq\lambda\in\mathbb{C}$。

(4) $(\boldsymbol{A}^{*}\boldsymbol{A})^{+}=\boldsymbol{A}^{+}(\boldsymbol{A}^{*})^{+}, (\boldsymbol{A}\boldsymbol{A}^{*})^{+}=(\boldsymbol{A}^{*})^{+}\boldsymbol{A}^{+}$。

(5) $(\boldsymbol{PAQ})^{+}=\boldsymbol{Q}^{*}\boldsymbol{A}^{+}\boldsymbol{P}^{*}$,其中 $\boldsymbol{P}\in\mathbb{C}^{m\times m}, \boldsymbol{Q}\in\mathbb{C}^{n\times n}$ 都是酉阵。

(6) 若 $\boldsymbol{A}$ 列满秩,则 $\boldsymbol{A}^{+}\boldsymbol{A}=\boldsymbol{I}_n$;若 $\boldsymbol{A}$ 行满秩,则 $\boldsymbol{A}\boldsymbol{A}^{+}=\boldsymbol{I}_m$。

下面给出矩阵$\{1\}$-逆的定义。

定义 1.2　对于一个矩阵 $\boldsymbol{A}$,如果矩阵 $\boldsymbol{X}$ 满足 $\boldsymbol{AXA}=\boldsymbol{A}$,则称 $\boldsymbol{X}$ 是 $\boldsymbol{A}$ 的$\{1\}$-逆,记为 $\boldsymbol{A}^{(1)}$。

由定义 1.1 和定义 1.2 可知,$\boldsymbol{A}^{+}$是 $\boldsymbol{A}$ 的一个$\{1\}$-逆。如果 $\boldsymbol{A}$ 可逆,则 $\boldsymbol{A}^{(1)}$ 一定等于其逆阵 $\boldsymbol{A}^{-1}$。如果 $\boldsymbol{A}$ 不可逆,则它有无限多个$\{1\}$-逆。

定理 1.32　设 $\boldsymbol{A}=\boldsymbol{PBQ}$,其中 $\boldsymbol{P},\boldsymbol{Q}$ 是非奇异矩阵。令 $A\{1\}$ 表示 $\boldsymbol{A}$ 的所有$\{1\}$-逆的集合,则

$$A\{1\}=\{\boldsymbol{Q}^{-1}\boldsymbol{B}^{(1)}\boldsymbol{P}^{-1}:\boldsymbol{B}^{(1)}\in B\{1\}\}$$

由矩阵的等价分解可以得到$\{1\}$-逆的如下表示。

定理 1.33　设 $\boldsymbol{A}\in\mathbb{C}^{m\times n}$ 的等价分解为 $\boldsymbol{PAQ}=\begin{pmatrix}\boldsymbol{I}_r & \boldsymbol{O}\\ \boldsymbol{O} & \boldsymbol{O}\end{pmatrix}$,其中 $\boldsymbol{P},\boldsymbol{Q}$ 为非奇异矩阵,则

$$\boldsymbol{A}^{(1)}=\boldsymbol{Q}\begin{pmatrix}\boldsymbol{I}_r & \boldsymbol{X}\\ \boldsymbol{Y} & \boldsymbol{Z}\end{pmatrix}\boldsymbol{P}$$

其中,$\boldsymbol{X},\boldsymbol{Y},\boldsymbol{Z}$ 是任意复矩阵。

证明　设 $\boldsymbol{M}=\boldsymbol{Q}\begin{pmatrix}\boldsymbol{M}_1 & \boldsymbol{X}\\ \boldsymbol{Y} & \boldsymbol{Z}\end{pmatrix}\boldsymbol{P}$ 是 $\boldsymbol{A}$ 的一个$\{1\}$-逆,$\boldsymbol{M}_1$ 为 r 阶方阵,则

$$\begin{aligned}\boldsymbol{AMA}&=\boldsymbol{P}^{-1}\begin{pmatrix}\boldsymbol{I}_r & \boldsymbol{O}\\ \boldsymbol{O} & \boldsymbol{O}\end{pmatrix}\boldsymbol{Q}^{-1}\boldsymbol{Q}\begin{pmatrix}\boldsymbol{M}_1 & \boldsymbol{X}\\ \boldsymbol{Y} & \boldsymbol{Z}\end{pmatrix}\boldsymbol{P}\boldsymbol{P}^{-1}\begin{pmatrix}\boldsymbol{I}_r & \boldsymbol{O}\\ \boldsymbol{O} & \boldsymbol{O}\end{pmatrix}\boldsymbol{Q}^{-1}\\&=\boldsymbol{P}^{-1}\begin{pmatrix}\boldsymbol{M}_1 & \boldsymbol{O}\\ \boldsymbol{O} & \boldsymbol{O}\end{pmatrix}\boldsymbol{Q}^{-1}=\boldsymbol{P}^{-1}\begin{pmatrix}\boldsymbol{I}_r & \boldsymbol{O}\\ \boldsymbol{O} & \boldsymbol{O}\end{pmatrix}\boldsymbol{Q}^{-1}=\boldsymbol{A}\end{aligned}$$

因此 $M_1=I_r$，X,Y,Z 是任意矩阵。 □

由定理 1.33 可得到满秩矩阵的{1}-逆的如下性质。

定理 1.34 如果矩阵 A 列满秩，则 $A^{(1)}A=I$。如果矩阵 A 行满秩，则 $AA^{(1)}=I$。

如果线性方程组 $Ax=b$ 有解，则称它是相容的。相容线性方程组的通解可由系数矩阵的{1}-逆来表示。

定理 1.35 相容线性方程组 $Ax=b$ 的通解为

$$x=A^{(1)}b+(I-A^{(1)}A)u$$

其中，u 是维数等于 A 的列数的任意列向量。

1958 年，M. P. Drazin 在研究结合环的代数结构时提出了一种伪逆的概念，后来学者们把 M. P. Drazin 提出的这种伪逆称为 Drazin 逆。为了介绍矩阵 Drazin 逆的概念，首先需要引入方阵的 Drazin 指标的概念。

定义 1.3 对于 $A\in\mathbb{C}^{n\times n}$，使得 $\mathrm{rank}(A^k)=\mathrm{rank}(A^{k+1})$ 成立的最小的非负整数 k 称为 A 的 Drazin 指标，记为 $\mathrm{ind}(A)$。

下面是矩阵 Drazin 逆的定义。

定义 1.4 设 $A\in\mathbb{C}^{n\times n}$，$\mathrm{ind}(A)=k$。如果 $X\in\mathbb{C}^{n\times n}$ 满足

$$A^kXA=A^k,XAX=X,AX=XA$$

则称 X 是 A 的 Drazin 逆，记为 A^{D}。

下面给出 Drazin 逆的存在性与唯一性。

定理 1.36 对任意 $A\in\mathbb{C}^{n\times n}$，$A^{\mathrm{D}}$ 存在且唯一。

证明 设 A 的核心-幂零分解为

$$A=P\begin{pmatrix}\Delta & O\\ O & N\end{pmatrix}P^{-1}$$

其中，Δ 可逆，且 $N^k=O$，$N^{k-1}\neq O$。

根据 Drazin 指标的定义，有 $k=\mathrm{ind}(A)=\mathrm{ind}(N)$。令 $X=P\begin{pmatrix}\Delta^{-1} & O\\ O & O\end{pmatrix}P^{-1}$，下面证明 X 是 A 的 Drazin 逆。经计算可得

$$\begin{aligned}A^kXA&=P\begin{pmatrix}\Delta^k & O\\ O & O\end{pmatrix}P^{-1}P\begin{pmatrix}\Delta^{-1} & O\\ O & O\end{pmatrix}P^{-1}P\begin{pmatrix}\Delta & O\\ O & N\end{pmatrix}P^{-1}\\&=P\begin{pmatrix}\Delta^k & O\\ O & O\end{pmatrix}P^{-1}=A^k\end{aligned}$$

$$\begin{aligned} XAX &= P\begin{pmatrix} \Delta^{-1} & O \\ O & O \end{pmatrix}P^{-1}P\begin{pmatrix} \Delta & O \\ O & N \end{pmatrix}P^{-1}P\begin{pmatrix} \Delta^{-1} & O \\ O & O \end{pmatrix}P^{-1} \\ &= P\begin{pmatrix} \Delta^{-1} & O \\ O & O \end{pmatrix}P^{-1} = X \end{aligned}$$

$$\begin{aligned} AX &= P\begin{pmatrix} \Delta & O \\ O & N \end{pmatrix}P^{-1}P\begin{pmatrix} \Delta^{-1} & O \\ O & O \end{pmatrix}P^{-1} = P\begin{pmatrix} I & O \\ O & O \end{pmatrix}P^{-1} \\ &= P\begin{pmatrix} \Delta^{-1} & O \\ O & O \end{pmatrix}P^{-1}P\begin{pmatrix} \Delta & O \\ O & N \end{pmatrix}P^{-1} = XA \end{aligned}$$

因此 X 是 A 的 Drazin 逆。

下面证明A^{D} 的唯一性。设 X, Y 都是 A 的 Drazin 逆，令 $E = AX = XA$，$F = AY = YA$，则 $E^2 = E$，$F^2 = F$。因此

$$E = AX = A^k X^k = A^k YAX^k = AYA^k X^k = FAX = FE$$

$$F = YA = Y^k A^k = Y^k A^k XA = YAE = FE$$

故 $E = F$。所以

$$X = AX^2 = EX = FX = YAX = YE = YF = Y^2 A = AY^2 = Y$$

即A^{D} 唯一。 □

由矩阵的核心–幂零分解可以得到 Drazin 逆的如下表示。

定理 1.37　设 $A \in \mathbb{C}^{n\times n}$的核心–幂零分解为 $A = P\begin{pmatrix} \Delta & O \\ O & N \end{pmatrix}P^{-1}$，其中 Δ 非奇异，N 幂零，则

$$A^{\mathrm{D}} = P\begin{pmatrix} \Delta^{-1} & O \\ O & O \end{pmatrix}P^{-1}$$

由定理 1.37 可得到 Drazin 逆的如下性质。

定理 1.38　设 $A \in \mathbb{C}^{n\times n}$，则

(1) $(\lambda A)^{\mathrm{D}} = \lambda^{-1} A^{\mathrm{D}}$，$0 \neq \lambda \in \mathbb{C}$。

(2) $(PAP^{-1})^{\mathrm{D}} = PA^{\mathrm{D}} P^{-1}$，其中 $P \in \mathbb{C}^{n\times n}$为非奇异矩阵。

(3) $(A^{\mathrm{D}})^{\prime} = (A^{\prime})^{\mathrm{D}}$。

(4) $A^{\mathrm{D}} = O$ 当且仅当 A 是幂零阵。

(5) $\lambda \neq 0$ 是 A 的代数重数为 k 的特征值当且仅当 λ^{-1} 是A^{D} 的代数重数为 k 的特征值。

下面证明方阵 A 的 Drazin 逆是 A 的多项式。

定理 1.39 设 $\boldsymbol{A}\in\mathbb{C}^{n\times n}$，则存在多项式 $f(x)$ 使得 $\boldsymbol{A}^{\mathrm{D}}=f(\boldsymbol{A})$。

证明 设 $\boldsymbol{A}$ 的核心-幂零分解为

$$\boldsymbol{A}=\boldsymbol{P}\begin{pmatrix}\boldsymbol{\Delta} & \boldsymbol{O}\\ \boldsymbol{O} & \boldsymbol{N}\end{pmatrix}\boldsymbol{P}^{-1}$$

其中，$\boldsymbol{\Delta}$ 非奇异；$\boldsymbol{N}$ 为 k 次幂零阵。存在多项式 $g(\boldsymbol{x})$ 使得 $\boldsymbol{\Delta}^{-1}=g(\boldsymbol{\Delta})$，因此

$$\begin{aligned}\boldsymbol{A}^{k}g(\boldsymbol{A})^{k+1}&=\boldsymbol{P}\begin{pmatrix}\boldsymbol{\Delta}^{k} & \boldsymbol{O}\\ \boldsymbol{O} & \boldsymbol{O}\end{pmatrix}\boldsymbol{P}^{-1}\boldsymbol{P}\begin{pmatrix}g(\boldsymbol{\Delta})^{k+1} & \boldsymbol{O}\\ \boldsymbol{O} & g(\boldsymbol{N})^{k+1}\end{pmatrix}\boldsymbol{P}^{-1}\\ &=\boldsymbol{P}\begin{pmatrix}\boldsymbol{\Delta}^{-1} & \boldsymbol{O}\\ \boldsymbol{O} & \boldsymbol{O}\end{pmatrix}\boldsymbol{P}^{-1}=\boldsymbol{A}^{\mathrm{D}}\end{aligned}$$

故 $\boldsymbol{A}^{\mathrm{D}}$ 是 $\boldsymbol{A}$ 的多项式。 □

下面介绍矩阵群逆的概念。

定义 1.5 设 $\boldsymbol{A}\in\mathbb{C}^{n\times n}$，如果 $\boldsymbol{X}\in\mathbb{C}^{n\times n}$ 满足

$$\boldsymbol{AXA}=\boldsymbol{A},\boldsymbol{XAX}=\boldsymbol{X},\boldsymbol{AX}=\boldsymbol{XA}$$

则称 $\boldsymbol{X}$ 是 $\boldsymbol{A}$ 的群逆，记为 $\boldsymbol{A}^{\#}$。

如果 $\boldsymbol{A}^{\#}$ 存在，则 $\boldsymbol{A}^{\#}$ 是 $\boldsymbol{A}$ 的一个 $\{1\}$-逆。下面给出群逆的存在性与唯一性。

定理 1.40 对任意 $\boldsymbol{A}\in\mathbb{C}^{n\times n}$，$\boldsymbol{A}^{\#}$ 存在当且仅当 $\mathrm{rank}(\boldsymbol{A})=\mathrm{rank}(\boldsymbol{A}^{2})$。若 $\boldsymbol{A}^{\#}$ 存在，则 $\boldsymbol{A}^{\#}$ 是唯一的。

由定理 1.40 易知，Drazin 指标不超过 1 的方阵的 Drazin 逆即为群逆。若 $\boldsymbol{A}\in\mathbb{C}^{n\times n}$ 可逆，则 $\boldsymbol{A}^{\mathrm{D}}=\boldsymbol{A}^{\#}=\boldsymbol{A}^{-1}$。由矩阵的核心-幂零分解，不难得到如下结论。

定理 1.41 对任意 $\boldsymbol{A}\in\mathbb{C}^{n\times n}$，$\boldsymbol{A}^{\#}$ 存在当且仅当存在可逆阵 $\boldsymbol{P}$ 和 $\boldsymbol{\Delta}$，使得

$$\boldsymbol{A}=\boldsymbol{P}\begin{pmatrix}\boldsymbol{\Delta} & \boldsymbol{O}\\ \boldsymbol{O} & \boldsymbol{O}\end{pmatrix}\boldsymbol{P}^{-1}$$

此时 $\boldsymbol{A}^{\#}=\boldsymbol{P}\begin{pmatrix}\boldsymbol{\Delta}^{-1} & \boldsymbol{O}\\ \boldsymbol{O} & \boldsymbol{O}\end{pmatrix}\boldsymbol{P}^{-1}$。

由定理 1.41 可得到群逆的如下性质。

定理 1.42 设 $\boldsymbol{A}\in\mathbb{C}^{n\times n}$ 并且 $\boldsymbol{A}^{\#}$ 存在，则

(1) $(\lambda\boldsymbol{A})^{\#}=\lambda^{-1}\boldsymbol{A}^{\#}$，其中 $0\neq\lambda\in\mathbb{C}$。

(2) $(\boldsymbol{PAP}^{-1})^{\#}=\boldsymbol{PA}^{\#}\boldsymbol{P}^{-1}$，其中 $\boldsymbol{P}\in\mathbb{C}^{n\times n}$ 为非奇异矩阵。

(3) $(\boldsymbol{A}^{\#})^{r}=(\boldsymbol{A}^{r})^{\#}$。

(4) $\boldsymbol{A}^{\#}=\boldsymbol{O}$ 当且仅当 $\boldsymbol{A}=\boldsymbol{O}$。

(5) $\mathrm{rank}(\boldsymbol{A})=\mathrm{rank}(\boldsymbol{A}^{\#})$。

(6)$\lambda\neq 0$ 是 $\boldsymbol{A}$ 的代数重数为 k 的特征值当且仅当 λ^{-1} 是 $\boldsymbol{A}^{\#}$ 的代数重数为 k 的特征值。

定理 1.43　设 $\boldsymbol{M}$ 是一个群逆存在的方阵，且 $\boldsymbol{x}$ 是 $\boldsymbol{M}$ 的特征值 $\lambda\neq 0$ 对应的一个特征向量，则

$$\boldsymbol{M}^{\#}\boldsymbol{x}=\lambda^{-1}\boldsymbol{x}$$

令 $R(\boldsymbol{M})=\{\boldsymbol{x}:\boldsymbol{x}=\boldsymbol{M}\boldsymbol{y},\boldsymbol{y}\in\mathbb{R}^n\}$ 表示 $m\times n$ 阶实矩阵 $\boldsymbol{M}$ 的值域。

引理 1.8　令 $\boldsymbol{A}$ 是一个实矩阵，则

$$R(\boldsymbol{A}\boldsymbol{A}^{\mathrm{T}})=R(\boldsymbol{A})=R(\boldsymbol{A}\boldsymbol{A}^{+})$$

$$(\boldsymbol{A}^{\mathrm{T}}\boldsymbol{A})^{\#}\boldsymbol{A}^{\mathrm{T}}=\boldsymbol{A}^{+}$$

引理 1.9　令 $\boldsymbol{A}$ 是一个 $n\times m$ 实矩阵，并且 $\boldsymbol{x}$ 是 n 维单位实向量，则

$$\boldsymbol{x}^{\mathrm{T}}\boldsymbol{A}\boldsymbol{A}^{+}\boldsymbol{x}\leqslant 1$$

等号成立当且仅当 $\boldsymbol{x}$ 属于 $\boldsymbol{A}$ 的值域。

证明　由于 $\boldsymbol{A}\boldsymbol{A}^{+}$ 是实对称的幂等矩阵，因此 $\boldsymbol{A}\boldsymbol{A}^{+}$ 的每个特征值是 0 或者 1。故对于单位实向量 $\boldsymbol{x}$，有 $\boldsymbol{x}^{\mathrm{T}}\boldsymbol{A}\boldsymbol{A}^{+}\boldsymbol{x}\leqslant 1$，等号成立当且仅当 $\boldsymbol{x}\in R(\boldsymbol{A}\boldsymbol{A}^{+})$。由引理 1.8 可知，$\boldsymbol{x}\in R(\boldsymbol{A}\boldsymbol{A}^{+})$ 等价于 $\boldsymbol{x}$ 属于 $\boldsymbol{A}$ 的值域。　□

由于群逆是一种特殊的 Drazin 逆，因此由定理 1.39 可得到如下结论。

定理 1.44　设 $\boldsymbol{A}\in\mathbb{C}^{n\times n}$ 并且 $\boldsymbol{A}^{\#}$ 存在，则存在多项式 $f(\boldsymbol{x})$ 使得 $\boldsymbol{A}^{\#}=f(\boldsymbol{A})$。

由谱分解可以得到实对称矩阵的群逆的如下表示。

定理 1.45　设实对称矩阵 $\boldsymbol{A}$ 有谱分解 $\boldsymbol{A}=\mu_1\boldsymbol{E}_1+\cdots+\mu_m\boldsymbol{E}_m$，其中 $\boldsymbol{E}_i$ 是特征值 μ_i 的特征子空间上的正交投影矩阵，则

$$\boldsymbol{A}^{\#}=\mu_1^{+}\boldsymbol{E}_1+\cdots+\mu_m^{+}\boldsymbol{E}_m$$

其中，$\mu_i^{+}=\mu_i^{-1}$，如果 $\mu_i\neq 0$；$\mu_i^{+}=0$，如果 $\mu_i=0$。

证明　令 $\boldsymbol{X}=\mu_1^{+}\boldsymbol{E}_1+\cdots+\mu_m^{+}\boldsymbol{E}_m$。由引理 1.6 可得

$$\boldsymbol{A}\boldsymbol{X}=\boldsymbol{X}\boldsymbol{A},\boldsymbol{A}\boldsymbol{X}\boldsymbol{A}=\boldsymbol{A},\boldsymbol{X}\boldsymbol{A}\boldsymbol{X}=\boldsymbol{X}$$

由群逆定义可知 $\boldsymbol{A}^{\#}=\boldsymbol{X}$。　□

引理 1.10　设 $\boldsymbol{S}$ 是一个实对称矩阵，并且 $\boldsymbol{S}\boldsymbol{e}=\boldsymbol{0}$，其中 $\boldsymbol{e}$ 是全 1 列向量，则

$$\boldsymbol{S}^{\#}\boldsymbol{e}=\boldsymbol{0}$$

证明　由于 $\boldsymbol{S}\boldsymbol{e}=0$，因此

$$\boldsymbol{S}^{\#}\boldsymbol{e}=\boldsymbol{S}^{\#}\boldsymbol{S}\boldsymbol{S}^{\#}\boldsymbol{e}=(\boldsymbol{S}^{\#})^{2}\boldsymbol{S}\boldsymbol{e}=\boldsymbol{0}$$　□

实对称矩阵的 M-P 逆、Drazin 逆和群逆全相等，并且具有如下形式。

定理 1.46　如果 $\boldsymbol{A}$ 是实对称矩阵，则存在正交阵 $\boldsymbol{P}$ 和可逆对角阵 $\boldsymbol{\Delta}$，使得

$$A = P\begin{pmatrix} \Delta & O \\ O & O \end{pmatrix} P^{\mathrm{T}}$$

并且

$$A^{+} = A^{\mathrm{D}} = A^{\#} = P\begin{pmatrix} \Delta^{-1} & O \\ O & O \end{pmatrix} P^{\mathrm{T}}$$

是实对称的。

1.6 分块矩阵

对于分块矩阵 $M = \begin{pmatrix} A & B \\ C & D \end{pmatrix}$,如果 A 非奇异,则称 $D-CA^{-1}B$ 为子块 A 对应的 Schur 补。如果 D 非奇异,则称 $A-BD^{-1}C$ 为子块 D 对应的 Schur 补。下面是分块矩阵秩的 Schur 补公式。

定理 1.47 设 $M = \begin{pmatrix} A & B \\ C & D \end{pmatrix}$,则以下命题成立:

(1)如果 A 非奇异,则

$$\operatorname{rank}(M) = \operatorname{rank}(A) + \operatorname{rank}(D-CA^{-1}B)$$

(2)如果 D 非奇异,则

$$\operatorname{rank}(M) = \operatorname{rank}(D) + \operatorname{rank}(A-BD^{-1}C)$$

证明 如果 A 非奇异,则

$$M = \begin{pmatrix} I & O \\ CA^{-1} & I \end{pmatrix} \begin{pmatrix} A & O \\ O & D-CA^{-1}B \end{pmatrix} \begin{pmatrix} I & A^{-1}B \\ O & I \end{pmatrix}$$

因此

$$\operatorname{rank}(M) = \operatorname{rank}(A) + \operatorname{rank}(D-CA^{-1}B)$$

如果 D 非奇异,则

$$M = \begin{pmatrix} I & BD^{-1} \\ O & I \end{pmatrix} \begin{pmatrix} A-BD^{-1}C & O \\ O & D \end{pmatrix} \begin{pmatrix} I & O \\ D^{-1}C & I \end{pmatrix}$$

因此

$$\operatorname{rank}(M) = \operatorname{rank}(D) + \operatorname{rank}(A-BD^{-1}C)$$ □

令 $\det(A)$ 表示矩阵 A 的行列式。下面是分块矩阵行列式的 Schur 补公式。

定理 1.48　设 $M=\begin{pmatrix} A & B \\ C & D \end{pmatrix}$ 是一个方阵，则以下命题成立：

(1) 如果 A 非奇异，则

$$\det(M)=\det(A)\det(D-CA^{-1}B)$$

(2) 如果 D 非奇异，则

$$\det(M)=\det(D)\det(A-BD^{-1}C)$$

证明　如果 A 非奇异，则

$$M=\begin{pmatrix} I & O \\ CA^{-1} & I \end{pmatrix}\begin{pmatrix} A & O \\ O & D-CA^{-1}B \end{pmatrix}\begin{pmatrix} I & A^{-1}B \\ O & I \end{pmatrix}$$

因此

$$\det(M)=\det(A)\det(D-CA^{-1}B)$$

如果 D 非奇异，则

$$M=\begin{pmatrix} I & BD^{-1} \\ O & I \end{pmatrix}\begin{pmatrix} A-BD^{-1}C & O \\ O & D \end{pmatrix}\begin{pmatrix} I & O \\ D^{-1}C & I \end{pmatrix}$$

因此

$$\det(M)=\det(D)\det(A-BD^{-1}C)$$ □

对于矩阵 E，令 $E[i_1,\cdots,i_s|j_1,\cdots,j_t]$ 表示取 E 的 $i_1,\cdots,i_s$ 行和 $j_1,\cdots,j_t$ 列得到的子矩阵。下面是关于 Schur 补的子矩阵的行列式恒等式。

定理 1.49　设 $M=\begin{pmatrix} A & B \\ C & D \end{pmatrix}$ 是 n 阶分块矩阵，其中 $A=M[1,\cdots,k|1,\cdots,k]$ 非奇异。如果 $k+1\leqslant i_1<\cdots<i_s\leqslant n$ 并且 $k+1\leqslant j_1<\cdots<j_s\leqslant n$，则

$$\frac{\det(M[1,\cdots,k,i_1,\cdots,i_s|1,\cdots,k,j_1,\cdots,j_s])}{\det(A)}=\det(S[i_1,\cdots,i_s|j_1,\cdots,j_s])$$

其中，$S=D-CA^{-1}B$。

对于一个实对称矩阵 M，令 $\mathrm{in}_+(M)$ 和 $\mathrm{in}_-(M)$ 分别表示 M 的正惯性指数和负惯性指数，即 M 的正特征值个数和负特征值个数。下面是惯性指数的 Schur 补公式。

定理 1.50　设 $M=\begin{pmatrix} A & B \\ B^{\mathrm{T}} & D \end{pmatrix}$ 是一个实对称矩阵，则以下命题成立：

(1) 如果 A 非奇异，则

$$\mathrm{in}_+(M)=\mathrm{in}_+(A)+\mathrm{in}_+(D-B^{\mathrm{T}}A^{-1}B)$$

$$\mathrm{in}_-(M)=\mathrm{in}_-(A)+\mathrm{in}_-(D-B^{\mathrm{T}}A^{-1}B)$$

(2)如果 $\boldsymbol{D}$ 非奇异,则

$$\mathrm{in}_+(\boldsymbol{M})=\mathrm{in}_+(\boldsymbol{D})+\mathrm{in}_+(\boldsymbol{A}-\boldsymbol{B}\boldsymbol{D}^{-1}\boldsymbol{B}^{\mathrm{T}})$$

$$\mathrm{in}_-(\boldsymbol{M})=\mathrm{in}_-(\boldsymbol{D})+\mathrm{in}_-(\boldsymbol{A}-\boldsymbol{B}\boldsymbol{D}^{-1}\boldsymbol{B}^{\mathrm{T}})$$

证明 如果 $\boldsymbol{A}$ 非奇异,则

$$\boldsymbol{M}=\begin{pmatrix}\boldsymbol{I} & \boldsymbol{O}\\ \boldsymbol{B}^{\mathrm{T}}\boldsymbol{A}^{-1} & \boldsymbol{I}\end{pmatrix}\begin{pmatrix}\boldsymbol{A} & \boldsymbol{O}\\ \boldsymbol{O} & \boldsymbol{D}-\boldsymbol{B}^{\mathrm{T}}\boldsymbol{A}^{-1}\boldsymbol{B}\end{pmatrix}\begin{pmatrix}\boldsymbol{I} & \boldsymbol{A}^{-1}\boldsymbol{B}\\ \boldsymbol{O} & \boldsymbol{I}\end{pmatrix}$$

因此

$$\mathrm{in}_+(\boldsymbol{M})=\mathrm{in}_+(\boldsymbol{A})+\mathrm{in}_+(\boldsymbol{D}-\boldsymbol{B}^{\mathrm{T}}\boldsymbol{A}^{-1}\boldsymbol{B})$$

$$\mathrm{in}_-(\boldsymbol{M})=\mathrm{in}_-(\boldsymbol{A})+\mathrm{in}_-(\boldsymbol{D}-\boldsymbol{B}^{\mathrm{T}}\boldsymbol{A}^{-1}\boldsymbol{B})$$

如果 $\boldsymbol{D}$ 非奇异,则

$$\boldsymbol{M}=\begin{pmatrix}\boldsymbol{I} & \boldsymbol{B}\boldsymbol{D}^{-1}\\ \boldsymbol{O} & \boldsymbol{I}\end{pmatrix}\begin{pmatrix}\boldsymbol{A}-\boldsymbol{B}\boldsymbol{D}^{-1}\boldsymbol{B}^{\mathrm{T}} & \boldsymbol{O}\\ \boldsymbol{O} & \boldsymbol{D}\end{pmatrix}\begin{pmatrix}\boldsymbol{I} & \boldsymbol{O}\\ \boldsymbol{D}^{-1}\boldsymbol{B}^{\mathrm{T}} & \boldsymbol{I}\end{pmatrix}$$

因此

$$\mathrm{in}_+(\boldsymbol{M})=\mathrm{in}_+(\boldsymbol{D})+\mathrm{in}_+(\boldsymbol{A}-\boldsymbol{B}\boldsymbol{D}^{-1}\boldsymbol{B}^{\mathrm{T}})$$

$$\mathrm{in}_-(\boldsymbol{M})=\mathrm{in}_-(\boldsymbol{D})+\mathrm{in}_-(\boldsymbol{A}-\boldsymbol{B}\boldsymbol{D}^{-1}\boldsymbol{B}^{\mathrm{T}})$$

□

下面是分块矩阵逆的 Schur 补公式。

定理 1.51 设 $\boldsymbol{M}=\begin{pmatrix}\boldsymbol{A} & \boldsymbol{B}\\ \boldsymbol{C} & \boldsymbol{D}\end{pmatrix}$ 是非奇异矩阵,则以下命题成立:

(1)如果 $\boldsymbol{A}$ 非奇异,则 $\boldsymbol{S}=\boldsymbol{D}-\boldsymbol{C}\boldsymbol{A}^{-1}\boldsymbol{B}$ 非奇异并且

$$\boldsymbol{M}^{-1}=\begin{pmatrix}\boldsymbol{A}^{-1}+\boldsymbol{A}^{-1}\boldsymbol{B}\boldsymbol{S}^{-1}\boldsymbol{C}\boldsymbol{A}^{-1} & -\boldsymbol{A}^{-1}\boldsymbol{B}\boldsymbol{S}^{-1}\\ -\boldsymbol{S}^{-1}\boldsymbol{C}\boldsymbol{A}^{-1} & \boldsymbol{S}^{-1}\end{pmatrix}$$

(2)如果 $\boldsymbol{D}$ 非奇异,则 $\boldsymbol{R}=\boldsymbol{A}-\boldsymbol{B}\boldsymbol{D}^{-1}\boldsymbol{C}$ 非奇异并且

$$\boldsymbol{M}^{-1}=\begin{pmatrix}\boldsymbol{R}^{-1} & -\boldsymbol{R}^{-1}\boldsymbol{B}\boldsymbol{D}^{-1}\\ -\boldsymbol{D}^{-1}\boldsymbol{C}\boldsymbol{R}^{-1} & \boldsymbol{D}^{-1}+\boldsymbol{D}^{-1}\boldsymbol{C}\boldsymbol{R}^{-1}\boldsymbol{B}\boldsymbol{D}^{-1}\end{pmatrix}$$

证明 如果 $\boldsymbol{A}$ 非奇异,则由定理 1.48 可知,$\boldsymbol{S}=\boldsymbol{D}-\boldsymbol{C}\boldsymbol{A}^{-1}\boldsymbol{B}$ 非奇异。由于

$$\boldsymbol{M}=\begin{pmatrix}\boldsymbol{I} & \boldsymbol{O}\\ \boldsymbol{C}\boldsymbol{A}^{-1} & \boldsymbol{I}\end{pmatrix}\begin{pmatrix}\boldsymbol{A} & \boldsymbol{O}\\ \boldsymbol{O} & \boldsymbol{D}-\boldsymbol{C}\boldsymbol{A}^{-1}\boldsymbol{B}\end{pmatrix}\begin{pmatrix}\boldsymbol{I} & \boldsymbol{A}^{-1}\boldsymbol{B}\\ \boldsymbol{O} & \boldsymbol{I}\end{pmatrix}$$

因此

$$\boldsymbol{M}^{-1}=\begin{pmatrix}\boldsymbol{I} & -\boldsymbol{A}^{-1}\boldsymbol{B}\\ \boldsymbol{O} & \boldsymbol{I}\end{pmatrix}\begin{pmatrix}\boldsymbol{A}^{-1} & \boldsymbol{O}\\ \boldsymbol{O} & \boldsymbol{S}^{-1}\end{pmatrix}\begin{pmatrix}\boldsymbol{I} & \boldsymbol{O}\\ -\boldsymbol{C}\boldsymbol{A}^{-1} & \boldsymbol{I}\end{pmatrix}$$

$$=\begin{pmatrix} A^{-1}+A^{-1}BS^{-1}CA^{-1} & -A^{-1}BS^{-1} \\ -S^{-1}CA^{-1} & S^{-1} \end{pmatrix}$$

如果 D 非奇异，则由定理 1.48 可知，$R=A-BD^{-1}C$ 非奇异。由于

$$M=\begin{pmatrix} I & BD^{-1} \\ O & I \end{pmatrix}\begin{pmatrix} A-BD^{-1}C & O \\ O & D \end{pmatrix}\begin{pmatrix} I & O \\ D^{-1}C & I \end{pmatrix}$$

因此

$$M^{-1}=\begin{pmatrix} I & O \\ -D^{-1}C & I \end{pmatrix}\begin{pmatrix} R^{-1} & O \\ O & D^{-1} \end{pmatrix}\begin{pmatrix} I & -BD^{-1} \\ O & I \end{pmatrix}$$

$$=\begin{pmatrix} R^{-1} & -R^{-1}BD^{-1} \\ -D^{-1}CR^{-1} & D^{-1}+D^{-1}CR^{-1}BD^{-1} \end{pmatrix}$$

□

利用 Schur 补可以给出分块矩阵{1}-逆的如下表达式。

定理 1.52　设 $M=\begin{pmatrix} A & B \\ B^{\mathrm{T}} & D \end{pmatrix}$ 是一个实对称矩阵，则以下命题成立：

(1) 如果 A 非奇异，则

$$N_1=\begin{pmatrix} A^{-1}+A^{-1}BS^{\#}B^{\mathrm{T}}A^{-1} & -A^{-1}BS^{\#} \\ -S^{\#}B^{\mathrm{T}}A^{-1} & S^{\#} \end{pmatrix}$$

是 M 的一个实对称的{1}-逆，其中 $S=D-B^{\mathrm{T}}A^{-1}B$。

(2) 如果 D 非奇异，则

$$N_2=\begin{pmatrix} R^{\#} & -R^{\#}BD^{-1} \\ -D^{-1}B^{\mathrm{T}}R^{\#} & D^{-1}+D^{-1}B^{\mathrm{T}}R^{\#}BD^{-1} \end{pmatrix}$$

是 M 的一个实对称的{1}-逆，其中 $R=A-BD^{-1}B^{\mathrm{T}}$。

证明　如果 A 非奇异，则 $S=D-B^{\mathrm{T}}A^{-1}B$ 是对称的，此时 $S^{\#}$ 存在并且也是实对称的。由于

$$M=\begin{pmatrix} I & O \\ B^{\mathrm{T}}A^{-1} & I \end{pmatrix}\begin{pmatrix} A & O \\ O & D-B^{\mathrm{T}}A^{-1}B \end{pmatrix}\begin{pmatrix} I & A^{-1}B \\ O & I \end{pmatrix}$$

因此由定理 1.37 可知

$$N_1=\begin{pmatrix} I & -A^{-1}B \\ O & I \end{pmatrix}\begin{pmatrix} A^{-1} & O \\ O & S^{\#} \end{pmatrix}\begin{pmatrix} I & O \\ -B^{\mathrm{T}}A^{-1} & I \end{pmatrix}$$

$$=\begin{pmatrix} A^{-1}+A^{-1}BS^{\#}B^{\mathrm{T}}A^{-1} & -A^{-1}BS^{\#} \\ -S^{\#}B^{\mathrm{T}}A^{-1} & S^{\#} \end{pmatrix}$$

是 M 的一个实对称的{1}-逆。

如果 $\boldsymbol{D}$ 非奇异，则 $\boldsymbol{R}=\boldsymbol{A}-\boldsymbol{B}\boldsymbol{D}^{-1}\boldsymbol{B}^{\mathrm{T}}$ 是对称的，此时 $\boldsymbol{R}^{\#}$ 存在并且也是对称的。由于

$$\boldsymbol{M}=\begin{pmatrix}\boldsymbol{I} & \boldsymbol{B}\boldsymbol{D}^{-1}\\ \boldsymbol{O} & \boldsymbol{I}\end{pmatrix}\begin{pmatrix}\boldsymbol{A}-\boldsymbol{B}\boldsymbol{D}^{-1}\boldsymbol{B}^{\mathrm{T}} & \boldsymbol{O}\\ \boldsymbol{O} & \boldsymbol{D}\end{pmatrix}\begin{pmatrix}\boldsymbol{I} & \boldsymbol{O}\\ \boldsymbol{D}^{-1}\boldsymbol{B}^{\mathrm{T}} & \boldsymbol{I}\end{pmatrix}$$

因此由定理 1. 37 可知

$$\begin{aligned}\boldsymbol{N}_2&=\begin{pmatrix}\boldsymbol{I} & \boldsymbol{O}\\ -\boldsymbol{D}^{-1}\boldsymbol{C} & \boldsymbol{I}\end{pmatrix}\begin{pmatrix}\boldsymbol{R}^{\#} & \boldsymbol{O}\\ \boldsymbol{O} & \boldsymbol{D}^{-1}\end{pmatrix}\begin{pmatrix}\boldsymbol{I} & -\boldsymbol{B}\boldsymbol{D}^{-1}\\ \boldsymbol{O} & \boldsymbol{I}\end{pmatrix}\\ &=\begin{pmatrix}\boldsymbol{R}^{\#} & -\boldsymbol{R}^{\#}\boldsymbol{B}\boldsymbol{D}^{-1}\\ -\boldsymbol{D}^{-1}\boldsymbol{B}^{\mathrm{T}}\boldsymbol{R}^{\#} & \boldsymbol{D}^{-1}+\boldsymbol{D}^{-1}\boldsymbol{B}^{\mathrm{T}}\boldsymbol{R}^{\#}\boldsymbol{B}\boldsymbol{D}^{-1}\end{pmatrix}\end{aligned}$$

是 $\boldsymbol{M}$ 的一个实对称的{1}-逆。 □

矩阵 $\boldsymbol{A}=(a_{ij})_{m\times n}$ 和 $\boldsymbol{B}=(b_{ij})_{p\times q}$ 的克罗内克积 $\boldsymbol{A}\otimes\boldsymbol{B}$ 是将 $\boldsymbol{A}$ 每个元素替换为 $a_{ij}\boldsymbol{B}$ 得到的 $mp\times nq$ 矩阵，即 $\boldsymbol{A}\otimes\boldsymbol{B}$ 是如下 $m\times n$ 分块矩阵

$$\boldsymbol{A}\otimes\boldsymbol{B}=\begin{pmatrix}a_{11}\boldsymbol{B} & \cdots & a_{1n}\boldsymbol{B}\\ \vdots & & \vdots\\ a_{m1}\boldsymbol{B} & \cdots & a_{mn}\boldsymbol{B}\end{pmatrix}$$

克罗内克积满足结合律，即 $(\boldsymbol{A}\otimes\boldsymbol{B})\otimes\boldsymbol{C}=\boldsymbol{A}\otimes(\boldsymbol{B}\otimes\boldsymbol{C})$。

例 1. 1 设 $\boldsymbol{A}=\begin{pmatrix}1 & 2 & 0\\ -1 & 0 & 1\end{pmatrix}$，则 $\boldsymbol{A}\otimes\boldsymbol{B}=\begin{pmatrix}\boldsymbol{B} & 2\boldsymbol{B} & \boldsymbol{O}\\ -\boldsymbol{B} & \boldsymbol{O} & \boldsymbol{B}\end{pmatrix}$。

下面给出克罗内克积的一些基本性质。

定理 1. 53 矩阵的克罗内克积满足如下性质：

(1) $(\boldsymbol{A}\otimes\boldsymbol{B})^{*}=\boldsymbol{A}^{*}\otimes\boldsymbol{B}^{*}$。

(2) $\mathrm{rank}(\boldsymbol{A}\otimes\boldsymbol{B})=\mathrm{rank}(\boldsymbol{A})\mathrm{rank}(\boldsymbol{B})$。

(3) 如果 $\boldsymbol{A}$ 和 $\boldsymbol{B}$ 都是方阵，则 $\mathrm{tr}(\boldsymbol{A}\otimes\boldsymbol{B})=\mathrm{tr}(\boldsymbol{A})\mathrm{tr}(\boldsymbol{B})$，其中符号 tr 表示取矩阵的迹(对角线元素和)。

(4) 如果乘积 $\boldsymbol{AC}$ 和 $\boldsymbol{BD}$ 都存在，则 $(\boldsymbol{A}\otimes\boldsymbol{B})(\boldsymbol{C}\otimes\boldsymbol{D})=\boldsymbol{AC}\otimes\boldsymbol{BD}$。

(5) 如果 $\boldsymbol{A}$ 和 $\boldsymbol{B}$ 都非奇异，则 $(\boldsymbol{A}\otimes\boldsymbol{B})^{-1}=\boldsymbol{A}^{-1}\otimes\boldsymbol{B}^{-1}$。

习　题

1. 设 $\boldsymbol{A}$ 是 n 阶实对称矩阵，$\boldsymbol{y}$ 是 $\lambda_1(\boldsymbol{A})$ 对应的实特征向量，证明

$$\lambda_2(\boldsymbol{A}) = \max_{0 \neq \boldsymbol{x} \in \mathbb{R}^n, \boldsymbol{x}^{\mathrm{T}}\boldsymbol{y}=0} \frac{\boldsymbol{x}^{\mathrm{T}}\boldsymbol{A}\boldsymbol{x}}{\boldsymbol{x}^{\mathrm{T}}\boldsymbol{x}}$$

2. 证明定理 1.15。

3. 证明定理 1.42。

4. 证明定理 1.43。

5. 证明定理 1.49。

6. 证明定理 1.53。

7. 对于任意矩阵 $\boldsymbol{A}$ 和 $\boldsymbol{B}$，证明 $(\boldsymbol{A}\otimes\boldsymbol{B})^{+} = \boldsymbol{A}^{+}\otimes\boldsymbol{B}^{+}$。

8. 对于两个方阵 $\boldsymbol{A}$ 和 $\boldsymbol{B}$，用 $\boldsymbol{A}$ 和 $\boldsymbol{B}$ 的特征值表示 $\boldsymbol{A}\otimes\boldsymbol{B}$ 的特征值。

9. 设向量 $\boldsymbol{x}$ 属于矩阵 $\boldsymbol{A}$ 的值域，证明 $\boldsymbol{A}\boldsymbol{A}^{(1)}\boldsymbol{x} = \boldsymbol{x}$（$\boldsymbol{A}^{(1)}$ 是 $\boldsymbol{A}$ 的任意 $\{1\}$-逆）。

第 2 章　图　的　谱

本章介绍了图的各种矩阵谱的基本概念和性质，讨论了图的谱在图的通路计数、连通性、二分性、正则性等方面的应用，并概述了独立数、团数、色数等各种图参数在谱刻画方面的经典结果。

2.1　图的矩阵表示

令 $V(G)$ 和 $E(G)$ 分别表示图 G 的顶点集和边集。如果图 G 的两个顶点之间有边相连，则称这两个顶点是邻接的。对于一个图 G，它的邻接矩阵 $\boldsymbol{A}_G$ 是一个 $|V(G)|\times|V(G)|$ 矩阵（行指标集和列指标集都对应于图 G 的顶点集），其元素定义为

$$(\boldsymbol{A}_G)_{ij}=\begin{cases}1 & \{i,j\}\in E(G)\\ 0 & \{i,j\}\notin E(G)\end{cases}$$

即图的邻接矩阵是一个实对称的(0,1)矩阵，(i,j) 位置元素为 1 当且仅当 i,j 对应的两个顶点是邻接的。

图的邻接矩阵的写法不唯一，但同一个图的两个不同形式的邻接矩阵是置换相似的。例如，$\boldsymbol{A}_1=\begin{pmatrix}0&1&0\\1&0&1\\0&1&0\end{pmatrix}$ 和 $\boldsymbol{A}_2=\begin{pmatrix}0&1&1\\1&0&0\\1&0&0\end{pmatrix}$ 都可以表示三个顶点的路的邻接矩阵，并且 $\boldsymbol{A}_2=\boldsymbol{P}\boldsymbol{A}_1\boldsymbol{P}^{\mathrm{T}}$，其中 $\boldsymbol{P}=\begin{pmatrix}0&1&0\\1&0&0\\0&0&1\end{pmatrix}$ 是置换矩阵。由图的邻接矩阵的定义不难看出，两个图是同构的当且仅当它们的邻接矩阵是置换相似的。

由于图的结构和它的邻接矩阵在置换意义下是一一对应的，因此用邻接矩

阵可以很方便地表示一个图。图 G 的邻接矩阵的特征值（谱，特征多项式）称为图 G 的特征值（谱，特征多项式）。由于图的邻接矩阵是实对称的，因此图的特征值都是实数。

图 G 的拉普拉斯矩阵和无符号拉普拉斯矩阵分别定义为 $\boldsymbol{L}_G=\boldsymbol{D}_G-\boldsymbol{A}_G$ 和 $\boldsymbol{Q}_G=\boldsymbol{D}_G+\boldsymbol{A}_G$，其中 $\boldsymbol{D}_G$ 表示 G 的顶点度构成的对角阵。$\boldsymbol{L}_G$ 和 $\boldsymbol{Q}_G$ 的特征值分别称为图 G 的拉普拉斯特征值和图 G 的无符号拉普拉斯特征值。

图 G 的点边关联矩阵 $\boldsymbol{B}=(b_{ie})$ 是一个 $|V(G)|\times|E(G)|$ 矩阵（行指标集和列指标集分别对应顶点集和边集），其中，$b_{ie}=1$，如果点 i 和边 e 关联；$b_{ie}=0$，如果点 i 和边 e 不关联。根据图矩阵的定义直接计算可知，图 G 的点边关联矩阵 $\boldsymbol{B}$ 满足 $\boldsymbol{B}\boldsymbol{B}^{\mathrm{T}}=\boldsymbol{D}_G+\boldsymbol{A}_G=\boldsymbol{Q}_G$。因此 $\boldsymbol{Q}_G$ 是半正定矩阵。$\boldsymbol{Q}_G$ 的谱（特征多项式）称为图 G 的无符号拉普拉斯谱（无符号拉普拉斯多项式）。

将图 G 的点边关联矩阵 $\boldsymbol{B}$ 的每列中的两个 1 替换为 1 和 -1 得到的矩阵 $\boldsymbol{R}$ 称为图 G 的一个点弧关联矩阵。虽然点弧关联矩阵 R 的形式不唯一，但它们都满足 $L_G=\boldsymbol{R}\boldsymbol{R}^{\mathrm{T}}$。因此 $\boldsymbol{L}_G$ 是半正定矩阵。$\boldsymbol{L}_G$ 的谱（特征多项式）称为图 G 的拉普拉斯谱（拉普拉斯多项式）。

标号图 G 如图 2.1 所示。

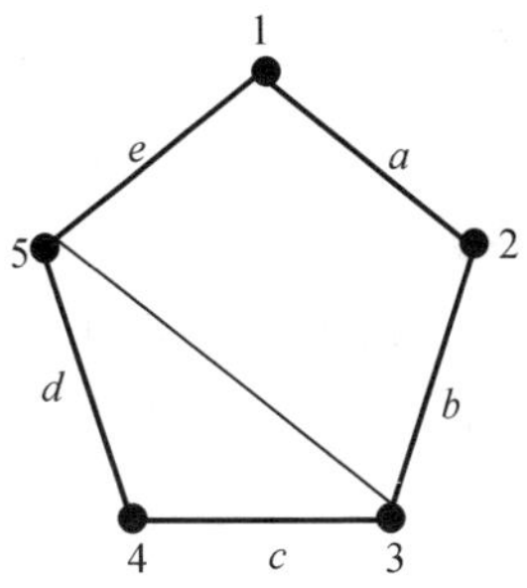

图 2.1　标号图 *G*

例 2.1　图 2.1 中图 G 的邻接矩阵、拉普拉斯矩阵、无符号拉普拉斯矩阵和点边关联矩阵分别为

$$\boldsymbol{A}_G=\begin{pmatrix}0&1&0&0&1\\1&0&1&0&0\\0&1&0&1&1\\0&0&1&0&1\\1&0&1&1&0\end{pmatrix}$$

$$L_G=\begin{pmatrix}2&-1&0&0&-1\\-1&2&-1&0&0\\0&-1&3&-1&-1\\0&0&-1&2&-1\\-1&0&-1&-1&3\end{pmatrix}$$

$$Q_G=\begin{pmatrix}2&1&0&0&1\\1&2&1&0&0\\0&1&3&1&1\\0&0&1&2&1\\1&0&1&1&3\end{pmatrix}$$

$$B=\begin{pmatrix}1&0&0&0&1&0\\1&1&0&0&0&0\\0&1&1&0&0&1\\0&0&1&1&0&0\\0&0&0&1&1&1\end{pmatrix}$$

对于 n 个顶点的图 G，令 $\lambda_1(G)\geqslant\cdots\geqslant\lambda_n(G)$ 表示 G 的 n 个特征值，即 $\lambda_i(G)$ 表示图 G 的第 i 大特征值。由 Perron-Frobenius 定理可知，$\lambda_1(G)\geqslant 0$ 是图 G 的特征值中绝对值最大的，因此图 G 的最大特征值 $\lambda_1(G)$ 也被称为图 G 的谱半径。

对于 G 的子图 H 的任意两点 i,j，如果 $ij\in E(H)$ 当且仅当 $ij\in E(G)$，则称 H 是 G 的诱导子图。我们也称 H 是由 G 的顶点子集 $V(H)$ 诱导出的子图。图 G 的特征值和它的诱导子图的特征值满足如下交错性质。

定理 2.1 设 G 是 n 个顶点的图，H 是 G 的 m 个顶点的诱导子图，则

$$\lambda_{n-m+i}(G)\leqslant\lambda_i(H)\leqslant\lambda_i(G)\quad(i=1,\cdots,m)$$

证明 图 H 的邻接矩阵是图 G 的邻接矩阵的主子阵。由定理 1.8 可知结论成立。 □

对于图 G 的顶点 u，令 $G-u$ 表示删去点 u 得到的诱导子图。由定理 2.1 可得到如下推论。

推论 2.1 设 G 是 n 个顶点的图。对 G 的任意顶点 u，有

$$\lambda_{i+1}(G)\leqslant\lambda_i(G-u)\leqslant\lambda_i(G)\quad(i=1,\cdots,n-1)$$

令 $q_1(G)$ 表示图 G 的无符号拉普拉斯矩阵的最大特征值。由 Perron-Frobenius 定理可知，$q_1(G)$ 等于 $\boldsymbol{Q}_G$ 的谱半径。由定理 1.23 和定理 1.24 可得到

如下结论,即图 G 的子图的谱半径(无符号拉普拉斯谱半径)不超过图 G 的谱半径(无符号拉普拉斯谱半径)。

定理 2.2　设 H 是连通图 G 的真子图,则 $\lambda_1(H)<\lambda_1(G)$ 并且 $q_1(H)<q_1(G)$。

2.2　通路计数

图 G 的点边交替序列

$$W=v_1e_1v_2\cdots v_ke_kv_{k+1}\quad(e_i=v_iv_{i+1}\in E(G),i=1,\cdots,k)$$

称为 G 的一条长度为 k 的通路。如果 $v_1=v_{k+1}$,则称 W 是一个闭通路。如果 W 中没有重复的顶点,则称 W 为 G 的一条道路。如果 $v_1,\cdots,v_k$ 是不同的顶点,且 $v_{k+1}=v_1$,则称 W 为 G 的一个圈。令 P_n 和 C_n 分别表示顶点数为 n 的道路和圈。

图中长度为 k 的通路个数可由图的邻接矩阵的 k 次幂得到。

定理 2.3　对任意图 G,$(A_G^k)_{uv}$ 等于 G 中从点 u 到点 v 长度为 k 的通路个数。

证明　设 $\boldsymbol{A}$ 是图 G 的邻接矩阵,则矩阵幂 $\boldsymbol{A}^k$ 的(u,v)位置元素可表示为

$$(\boldsymbol{A}^k)_{uv}=\sum_{i_1,\cdots,i_{k-1}\in V(G)}(\boldsymbol{A})_{ui_1}(\boldsymbol{A})_{i_1i_2}\cdots(\boldsymbol{A})_{i_{k-1}v}$$

因此该元素等于图 G 中从点 u 到点 v 长度为 k 的通路个数。　□

对于非负整数 k,图 G 的所有特征值的 k 次幂的和 $\sum_{i=1}^{|V(G)|}\lambda_i^k(G)$ 称为图 G 的 k 阶谱矩,记为 $S_k(G)$。图的谱矩与闭通路个数有如下关系。

定理 2.4　对任意图 G,谱矩 $S_k(G)$ 等于图 G 中长度为 k 的闭通路个数。

证明　令 $\lambda_i=\lambda_i(G)$,则 $\lambda_1^k,\cdots,\lambda_n^k$ 是 A_G^k 的谱,其中 $n=|V(G)|$。因此图 G 的 k 阶谱矩 $S_k(G)=\sum_{i=1}^{n}\lambda_i^k$ 等于 A_G^k 的对角线元素和。由定理 2.3 可知,$S_k(G)$ 等于图中长度为 k 的闭通路个数。　□

如果图 H 满足 $V(H)\subseteq V(G)$,$E(H)\subseteq E(G)$,则称 H 是图 G 的子图。对于一个图 F,令 $w_k(F)$ 表示在图 F 上走遍所有边且长度为 k 的闭通路个数,并且定义图集合 $\mathcal{F}_k=\{F:w_k(F)>0\}$。由于 G 的一个长度为 k 的闭通路覆盖的子图一定属于图集合 $\mathcal{F}_k$,因此 G 的 k 阶谱矩由如下子图表示

$$S_k(G)=\sum_{H\in\mathcal{F}_k} w_k(H)N_H(G) \tag{2.1}$$

其中,$N_H(G)$表示图 G 中同构于图 H 的子图的个数。

令 U_4,U_5,B_4,B_5 分别表示由式(2.1)得到的图的低阶谱矩的 4 个子图,如图 2.2 所示。

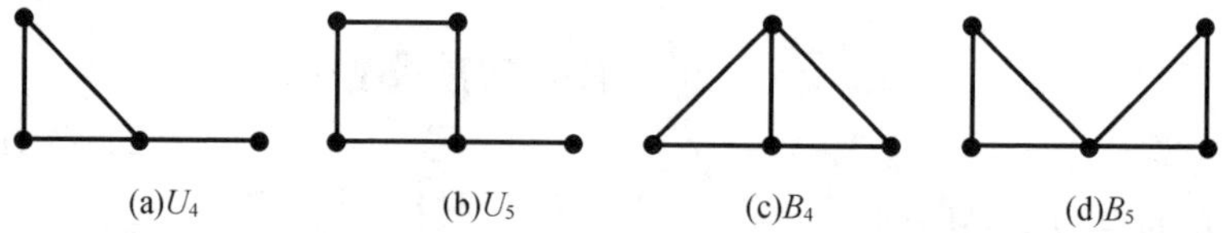

图 2.2　图U_4,U_5,B_4,B_5

定理 2.5　对于任意图 G,有

$$S_0(G)=|V(G)|$$

$$S_1(G)=0$$

$$S_2(G)=2|E(G)|$$

$$S_3(G)=6N_{C_3}(G)$$

$$S_4(G)=2N_{P_2}(G)+4N_{P_3}(G)+8N_{C_4}(G)$$

$$S_5(G)=30N_{C_3}(G)+10N_{U_4}(G)+10N_{C_5}(G)$$

$$S_6(G)=2N_{P_2}(G)+12N_{P_3}(G)+24N_{C_3}(G)+40N_{C_4}(G)+6N_{P_4}(G)+12N_{K_{1,3}}(G)+36N_{B_4}(G)+24N_{B_5}(G)+12N_{U_5}(G)+12N_{C_6}(G)$$

其中,$K_{1,3}$ 表示 4 个顶点的星。

长度为奇数的圈称为奇圈。图 G 中最短奇圈的长度称为 G 的奇围长。下面的定理说明图的奇围长以及长度等于奇围长的圈的个数可由谱确定,即同谱图有相同的奇围长并且长度等于奇围长的圈的个数也相同。

定理 2.6　图 G 的奇围长等于 $2k+1$ 当且仅当 $S_{2k+1}(G)\neq 0$ 且 $S_{2l+1}(G)=0$ $(l=1,\cdots,k-1)$。如果 G 的奇围长是 $2k+1$,则 G 包含$\frac{1}{4k+2}S_{2k+1}(G)$个长度为 $2k+1$ 的圈。

证明　图 G 中一个长度为奇数的闭通路至少覆盖了 G 的一个奇圈。由定理 2.4 可知结论成立。□

如果连通图 G 的谱半径的正特征向量 $\boldsymbol{x}$ 满足 $\boldsymbol{x}^{\mathrm{T}}\boldsymbol{x}=1$,则称 $\boldsymbol{x}$ 是 G 的主特征向量。根据 Perron-Frobenius 定理,连通图的主特征向量存在且唯一。

定理 2.7　设 G 是一个非二部连通图,并且令 $\boldsymbol{x}=(x_1,\cdots,x_n)^{\mathrm{T}}$ 为图 G 的主特征向量。

(1)对任意顶点 $i\in V(G)$,有 $\lim\limits_{k\to\infty}\dfrac{w_k(i)}{w_k(G)}=\dfrac{x_i}{x_1+\cdots+x_n}$, 其中,$w_k(i)$表示以 i 为起点的长度为 k 的通路个数;$w_k(G)$表示图 G 中长度为 k 的通路个数。

(2)令 $w_k(i,j)$表示从点 i 到点 j 长度为 k 的通路个数,则 $\lim\limits_{k\to\infty}\dfrac{w_k(i,j)}{\lambda_1(G)^k x_i x_j}=1$。

证明　设 $\boldsymbol{u}_1,\cdots,\boldsymbol{u}_n$ 是特征值 $\lambda_1(G),\cdots,\lambda_n(G)$ 对应的 n 个相互正交的单位特征向量,并且 $\boldsymbol{u}_1=\boldsymbol{x}$ 是图 G 的主特征向量。那么图 G 的邻接矩阵可表示为

$$\boldsymbol{A}=\sum_{i=1}^{n}\lambda_i(G)\boldsymbol{u}_i\boldsymbol{u}_i^{\mathrm{T}}$$

令 $\boldsymbol{e}$ 是全 1 向量,则

$$w_k(G)^{-1}\boldsymbol{A}^k\boldsymbol{e}=(\boldsymbol{e}^{\mathrm{T}}\boldsymbol{A}^k\boldsymbol{e})^{-1}\boldsymbol{A}^k\boldsymbol{e}=\frac{\sum\limits_{i=1}^{n}\alpha_i\lambda_i(G)^k\boldsymbol{u}_i}{\sum\limits_{i=1}^{n}\alpha_i^2\lambda_i(G)^k}$$

其中,$\alpha_i=\boldsymbol{u}_i^{\mathrm{T}}\boldsymbol{e}$。由于图 G 是非二部连通图,因此 $\lambda_1(G)>|\lambda_i(G)|\ (i=2,\cdots,n)$,并且

$$\lim_{k\to\infty}w_k(G)^{-1}\boldsymbol{A}^k\boldsymbol{e}=\alpha_1^{-1}\boldsymbol{u}_1=(x_1+\cdots+x_n)^{-1}\boldsymbol{x}$$

因此定理 2.7 的(1)成立。

从点 i 到点 j 长度为 k 的通路个数等于

$$w_k(i,j)=(\boldsymbol{A}^k)_{ij}=\sum_{t=1}^{n}\lambda_t(G)^k(u_t)_i(u_t)_j$$

由于 $\lambda_1(G)>|\lambda_i(G)|\ (i=2,\cdots,n)$,因此

$$\lim_{k\to\infty}\frac{w_k(i,j)}{\lambda_1(G)^k x_i x_j}=1$$

故定理 2.7 的(2)成立。　□

注　定理 2.7 说明图的主特征向量的分量与经过一个顶点的通路个数密切相关,它能反映顶点的重要程度。在网络分析中,图的主特征向量是一类经典的中心性度量。

对于图 G 的邻接矩阵 $\boldsymbol{A}$,相关文献引入矩阵函数 $\exp(\boldsymbol{A})=\sum\limits_{k=0}^{\infty}\dfrac{1}{k!}\boldsymbol{A}^k$ 来研

究网络中心性。该矩阵函数的对角元素为 $(\exp(\boldsymbol{A}))_{uu}=\sum_{k=0}^{\infty}\frac{1}{k!}(\boldsymbol{A}^k)_{uu}$,它被称为点 u 的子图中心性。点 u 的子图中心性是以点 u 为起点的闭通路的加权和,并且闭通路对子图中心性的影响随着长度增加不断衰减。

2.3 连 通 性

如果图 G 的任意两点之间都有道路相连,则称图 G 连通。本节主要介绍图的谱与连通性之间的关系。

命题 2.1 对于任意图 G,以下命题等价:

(1)图 G 是连通图。

(2)图 G 的邻接矩阵是不可约的。

(3)图 G 的拉普拉斯矩阵是不可约的。

(4)图 G 的无符号拉普拉斯矩阵是不可约的。

对于 n 个顶点的图 G,令 $\mu_1(G)\geqslant\cdots\geqslant\mu_n(G)$ 表示图 G 的 n 个拉普拉斯特征值。由于 $\boldsymbol{L}_G$ 半正定且所有行和都为零,因此 $\mu_n(G)=0$。图 G 的第二小拉普拉斯特征值 $\mu_{n-1}(G)$ 称为图 G 的代数连通度。1973 年,Fiedler 给出了图的连通性的如下特征值判定定理。

定理 2.8 图 G 是连通的当且仅当其代数连通度大于 0。

证明 如果 G 不连通,则 G 的拉普拉斯谱是其所有连通分支的拉普拉斯谱的并,此时 G 的代数连通度为 0。只需证明 G 连通时其代数连通度大于 0。令 $\boldsymbol{R}$ 为 G 的一个点弧关联矩阵,则 $\boldsymbol{L}_G=\boldsymbol{R}\boldsymbol{R}^{\mathrm{T}}$。对于列向量 $\boldsymbol{x}$,有

$$\boldsymbol{x}^{\mathrm{T}}\boldsymbol{L}_G\boldsymbol{x}=\|\boldsymbol{R}^{\mathrm{T}}\boldsymbol{x}\|^2$$

故 $\boldsymbol{L}_G\boldsymbol{x}=\boldsymbol{0}$ 等价于 $\boldsymbol{R}^{\mathrm{T}}\boldsymbol{x}=\boldsymbol{0}$。如果 G 连通,则 $\boldsymbol{R}^{\mathrm{T}}\boldsymbol{x}=\boldsymbol{0}$ 当且仅当 $\boldsymbol{x}$ 是全 1 列向量的倍数。因此拉普拉斯特征值 0 的重数为 1,即代数连通度大于 0。 □

由上述定理可得到如下结论。

推论 2.2 图 G 的最小拉普拉斯特征值等于 0,并且其重数等于 G 的连通分支的个数。

图 G 的点连通度是指将 G 变得不连通所需删去的最小顶点数,记为 $\kappa(G)$。图的代数连通度不仅能够判定图是否连通,并且和点连通度还有如下关系。

定理 2.9 设 G 是 n 个顶点的图,则 $\mu_{n-1}(G)\leqslant\kappa(G)$。

上述定理说明了图的代数连通度不超过点连通度，Kirkland 等人刻画了取等号的充分必要条件。

定理 2.10　设 $G \neq K_n$ 是 n 个顶点的连通图，则 $\mu_{n-1}(G)=\kappa(G)$ 当且仅当 $G=H_1 \vee H_2$，其中 H_1 是一个不连通图，$|V(H_2)|=\kappa(G)$ 并且 H_2 的代数连通度大于或等于 $2\kappa(G)-n$。

对于图 G 的顶点子集 $S \subseteq V(G)$，令 ∂S 表示边割集，有

$$\{uv \in E(G): u \in S, v \in V(G) \setminus S\}$$

图的代数连通度和 ∂S 之间满足如下关系。

定理 2.11　对于图 G 的顶点子集 $S \subseteq V(G)$，有

$$\mu_{n-1}(G) \leqslant \frac{n|\delta S|}{|S|(n-|S|)}$$

取等号当且仅当 $\boldsymbol{\chi}-\dfrac{|S|}{n}\boldsymbol{e}$ 是 $\mu_{n-1}(G)$ 的特征向量，其中 $\boldsymbol{\chi}$ 是 S 的指示向量，$\boldsymbol{e}$ 是全 1 列向量。

图 G 的补图 $\overline{G}$ 具有顶点集 $V(\overline{G})=V(G)$，并且 $\overline{G}$ 的两个顶点邻接当且仅当它们在 G 中不邻接。下面给出图 G 和它的补图的拉普拉斯特征值之间的关系。

定理 2.12　设 G 是有 n 个顶点的图，则

$$\mu_i(G)+\mu_{n-i}(\overline{G})=n \quad (i=1,\cdots,n-1)$$

证明　设 $\boldsymbol{x}_1,\cdots,\boldsymbol{x}_n$ 分别是 $\mu_1(G),\cdots,\mu_n(G)$ 的特征向量，其中 $\boldsymbol{x}_n$ 是全 1 向量并且这 n 个向量两两正交。令 $\boldsymbol{J}$ 表示全 1 矩阵。由于 $\boldsymbol{L}_{\overline{G}}=n\boldsymbol{I}-\boldsymbol{L}_G-\boldsymbol{J}$，因此

$$\boldsymbol{L}_{\overline{G}}\boldsymbol{x}_i=(n-\mu_i(G))\boldsymbol{x}_i \quad (i=1,\cdots,n-1)$$

所以

$$\mu_i(G)+\mu_{n-i}(\overline{G})=n \quad (i=1,\cdots,n-1)$$ □

令 $G_1 \vee G_2$ 表示将 G_1 的每个点与 G_2 的每个点之间都连边得到的联图。

推论 2.3　设图 G_1 和图 G_2 分别有 n_1 和 n_2 个顶点，则 $G_1 \vee G_2$ 的拉普拉斯特征值为

$$n_1+n_2, \mu_1(G_1)+n_2, \cdots, \mu_{n_1-1}(G_1)+n_2, \mu_1(G_2)+n_1, \cdots, \mu_{n_2-1}(G_2)+n_1, 0$$

证明　注意到 $\overline{G_1 \vee G_2}=\overline{G_1} \vee \overline{G_2}$。由定理 2.12 可证明结论成立。□

定理 2.13　设 G 是具有 n 个顶点的连通图，则 $\mu_1(G) \leqslant n$，取等号当且仅当 $\overline{G}$ 不连通。

证明　由定理 2.12 可知，$\overline{G}$ 的代数连通度为 $\mu_{n-1}(\overline{G})=n-\mu_1(G) \geqslant 0$。由定

理 2.9 可知 $\mu_1(G)=n$ 当且仅当 $\overline{G}$ 不连通。 □

2.4 二 分 性

如果图 G 的顶点集具有二划分 $V(G)=V_1\cup V_2$ 使得 G 的每条边都连接 V_1 中的一个点和 V_2 中的一个点,则称 G 是二部图。本节主要介绍图的谱与二分性之间的关系。

下面给出二部图的谱刻画,即图的二分性可由谱确定。

定理 2.14 对于任意图 G,以下命题等价。

(1)图 G 是二部图。

(2)图 G 的谱在实数轴上关于原点对称分布。

(3)图 G 的所有奇数阶谱矩 $S_{2k+1}(G)=0\ (k=1,2,\cdots)$。

证明 (1)⇒(2)。如果 G 是二部图,则它的邻接矩阵可表示为

$$\boldsymbol{A}_G=\begin{pmatrix}\boldsymbol{O} & \boldsymbol{B}\\ \boldsymbol{B}^{\mathrm{T}} & \boldsymbol{O}\end{pmatrix}$$

因此

$$\begin{pmatrix}\boldsymbol{I} & \boldsymbol{O}\\ \boldsymbol{O} & -\boldsymbol{I}\end{pmatrix}\begin{pmatrix}\boldsymbol{O} & \boldsymbol{B}\\ \boldsymbol{B}^{\mathrm{T}} & \boldsymbol{O}\end{pmatrix}\begin{pmatrix}\boldsymbol{I} & \boldsymbol{O}\\ \boldsymbol{O} & -\boldsymbol{I}\end{pmatrix}=-\boldsymbol{A}_G$$

故 $\boldsymbol{A}_G$ 和 $-\boldsymbol{A}_G$ 是相似的,它们有相同的谱。因此图 G 的谱在实数轴上关于原点对称分布。

(2)⇒(3)。如果 G 的谱在实数轴上关于原点对称分布,则

$$S_{2k+1}(G)=0,k=1,2,\cdots$$

(3)⇒(1)。如果 $S_{2k+1}(G)=0\ (k=1,2,\cdots)$,则由定理 2.4 可知,$G$ 中没有长度为奇数的闭通路。此时 G 不含奇圈,即 G 是二部图。 □

定理 2.15 连通图 G 是二部图当且仅当 $-\lambda_1(G)$ 是 G 的最小特征值。

证明 如果 G 是二部图,则由定理 2.14 可知,$-\lambda_1(G)$ 是 G 的最小特征值。下面证明充分性。

如果 $-\lambda_1(G)$ 是 G 的最小特征值,则 $\lambda_1(G)^2$ 是 $\boldsymbol{A}_G^2$ 的最大特征值,并且其重数至少为 2。由 Perron-Frobenius 定理可知,$\boldsymbol{A}_G^2$ 是可约的。因此连通图 G 的顶点集有一个二划分 $U\cup V$ 使得对于任意 $i\in U,j\in V$,均有 $(A_G^2)_{ij}=0$。由定理 2.3

可知，U 和 V 之间的顶点不存在长度为 2 的通路。因此 U 和 V 的内部都不含边，即 G 是二部图。□

二部图的拉普拉斯谱有如下性质。

定理 2.16　二部图的拉普拉斯矩阵和无符号拉普拉斯矩阵有相同的谱。

证明　二部图 G 的拉普拉斯矩阵和无符号拉普拉斯矩阵可分别表示为

$$\boldsymbol{L}_G=\begin{pmatrix}\boldsymbol{D}_1 & -\boldsymbol{B}\\ -\boldsymbol{B}^{\mathrm{T}} & \boldsymbol{D}_2\end{pmatrix}$$

$$\boldsymbol{Q}_G=\begin{pmatrix}\boldsymbol{D}_1 & \boldsymbol{B}\\ \boldsymbol{B}^{\mathrm{T}} & \boldsymbol{D}_2\end{pmatrix}$$

且 $\begin{pmatrix}\boldsymbol{O} & \boldsymbol{B}\\ \boldsymbol{B}^{\mathrm{T}} & \boldsymbol{O}\end{pmatrix}$ 是 G 的邻接矩阵，$\boldsymbol{D}_1,\boldsymbol{D}_2$ 是对角矩阵。由于

$$\begin{pmatrix}\boldsymbol{I} & \boldsymbol{O}\\ \boldsymbol{O} & -\boldsymbol{I}\end{pmatrix}\begin{pmatrix}\boldsymbol{D}_1 & \boldsymbol{B}\\ \boldsymbol{B}^{\mathrm{T}} & \boldsymbol{D}_2\end{pmatrix}\begin{pmatrix}\boldsymbol{I} & \boldsymbol{O}\\ \boldsymbol{O} & -\boldsymbol{I}\end{pmatrix}=\begin{pmatrix}\boldsymbol{D}_1 & -\boldsymbol{B}\\ -\boldsymbol{B}^{\mathrm{T}} & \boldsymbol{D}_2\end{pmatrix}$$

因此 $\boldsymbol{L}_G$ 和 $\boldsymbol{Q}_G$ 是相似的，它们有相同的谱。□

对于 n 个顶点的图 G，令 $q_1(G)\geqslant\cdots\geqslant q_n(G)$ 表示图 G 的 n 个无符号拉普拉斯特征值。图 G 的最大拉普拉斯特征值和最大无符号拉普拉斯特征值有如下关系。

定理 2.17　对任意图 G，有

$$q_1(G)\geqslant\mu_1(G)$$

如果 G 连通，则 $q_1(G)=\mu_1(G)$ 当且仅当 G 是二部图。

定理 2.18　设 G 是有 n 个顶点的连通图，$\boldsymbol{B}$ 是 G 的点边关联矩阵。

(1) 如果 G 是二部图，则 $\boldsymbol{B}$ 的秩为 $n-1$。

(2) 如果 G 是非二部图，则 $\boldsymbol{B}$ 的秩为 n。

证明　由点边关联矩阵的定义可知，向量 $\boldsymbol{x}$ 满足 $\boldsymbol{B}^{\mathrm{T}}\boldsymbol{x}=\boldsymbol{0}$ 当且仅当对每条边 $ij\in E(G)$ 均有 $x_i=-x_j$。

如果 G 是二部图，则线性子空间 $\{\boldsymbol{x}\in\mathbb{R}^n:\boldsymbol{B}^{\mathrm{T}}\boldsymbol{x}=\boldsymbol{0}\}$ 是 1 维的，此时 $\boldsymbol{B}$ 的秩为 $n-1$。

如果 G 是非二部图，则 $\boldsymbol{B}^{\mathrm{T}}\boldsymbol{x}=\boldsymbol{0}$ 没有非零解，即 $\boldsymbol{B}$ 的秩为 n。□

图的最小无符号拉普拉斯特征值和二部性有如下关系。

定理 2.19　一个图的无符号拉普拉斯零特征值的重数等于它的二部连通分支的个数。

证明 令 $\boldsymbol{B}$ 为 G 的点边关联矩阵，则 $\boldsymbol{Q}_G=\boldsymbol{B}\boldsymbol{B}^{\mathrm{T}}$ 且 $\boldsymbol{Q}_G$ 的秩等于 $\boldsymbol{B}$ 的秩。由定理 2.18 可知结论成立。 □

由定理 2.19 可得到如下结论。

定理 2.20 设 G 是有 n 个顶点的连通图，则 $q_n(G)\geqslant 0$，取等号当且仅当 G 是二部图。

图 G 的点二分度是指将 G 变为二部图所需要删去的最小顶点数，记为 $v_b(G)$。如果 G 是二部图，则 $v_b(G)=0$。

定理 2.21 设 G 是一个具有 n 个顶点的非二部图，则 $q_n(G)\leqslant v_b(G)$。

如果二部图的两个色类有相同的顶点数，则称该二部图是平衡的。我们规定孤立点是非平衡的二部图。图 G 的第二大无符号拉普拉斯特征值与补图 $\overline{G}$ 的二部连通分支有如下关系。

定理 2.22 设图 G 有 $n\geqslant 2$ 个顶点，则 $q_2(G)\leqslant n-2$。此外，$q_{k+1}(G)=n-2$ $(1\leqslant k<n)$ 当且仅当 $\overline{G}$ 有 k 个平衡的二部连通分支或者 $k+1$ 个二部连通分支。

2.5 正 则 性

对于 k 正则图 G，它的拉普拉斯矩阵和无符号拉普拉斯矩阵分别表示为 $k\boldsymbol{I}-\boldsymbol{A}_G$ 和 $k\boldsymbol{I}+\boldsymbol{A}_G$。因此正则图的特征值、拉普拉斯特征值和无符号拉普拉斯特征值之间存在直接的转换关系。本节主要关注图的谱和正则性之间的关系。

定理 2.23 设图 G 的平均度为 $\overline{d}$，则 $\lambda_1(G)\geqslant\overline{d}$，取等号当且仅当 G 正则。

证明 令 $\boldsymbol{e}$ 为全 1 列向量，由推论 1.8 可得

$$\lambda_1(G)\geqslant\frac{\boldsymbol{e}^{\mathrm{T}}\boldsymbol{A}_G\boldsymbol{e}}{\boldsymbol{e}^{\mathrm{T}}\boldsymbol{e}}=\frac{2|E(G)|}{|V(G)|}=\overline{d}$$

取等号当且仅当 $\boldsymbol{e}$ 是 $\lambda_1(G)$ 的特征向量。直接计算可知，$\boldsymbol{e}$ 是 $\lambda_1(G)$ 的特征向量当且仅当 G 正则。 □

定理 2.24 设图 G 是有 n 个顶点和 m 条边的图，则 $q_1(G)\geqslant\frac{4m}{n}$，取等号当且仅当 G 正则。

证明 令 $\boldsymbol{e}$ 为全 1 列向量，由推论 1.8 可得

$$q_1(G)\geqslant\frac{\boldsymbol{e}^{\mathrm{T}}\boldsymbol{Q}_G\boldsymbol{e}}{\boldsymbol{e}^{\mathrm{T}}\boldsymbol{e}}=\frac{4m}{n}$$

取等号当且仅当 $\boldsymbol{e}$ 是 $q_1(G)$ 的特征向量。直接计算可知, $\boldsymbol{e}$ 是 $q_1(G)$ 的特征向量当且仅当 G 正则。 □

注意到图的邻接矩阵的行和是顶点的度。由定理 1.16 可得到如下结论。

定理 2.25　设连通图 G 的最大度为 $\boldsymbol{\Delta}$, 则 $\lambda_1(G) \leqslant \boldsymbol{\Delta}$, 取等号当且仅当 G 正则。

下面的定理说明图的正则性可由谱确定, 即与正则图同谱的图一定也是正则图。

定理 2.26　设 G 是 n 个顶点的图, 则图 G 是正则的当且仅当

$$n\lambda_1(G) = \sum_{i=1}^{n} \lambda_i(G)^2$$

证明　设 $\boldsymbol{A}$ 是 G 的邻接矩阵, $d_1 \geqslant \cdots \geqslant d_n$ 是 G 的度序列, 则 $\boldsymbol{A}^2$ 的所有对角元素之和为

$$\sum_{i=1}^{n} \lambda_i(G)^2 = \sum_{i=1}^{n} d_i$$

由定理 2.23 可得

$$\sum_{i=1}^{n} \lambda_i(G)^2 \leqslant n\lambda_1(G)$$

取等号当且仅当 G 正则。 □

设 G 是具有 n 个顶点的 k 正则图。如果 G 的任意两个邻接的点有 λ 个公共邻点, 任意两个非邻接的点有 μ 个公共邻点, 则称 G 是具有参数 (n,k,λ,μ) 的强正则图。例如, 彼得森图是具有参数 $(10,3,0,1)$ 的强正则图。

定理 2.27　一个连通的正则图有 3 个相异特征值当且仅当它是强正则图。

如果对任意正整数 k, 图 G 的邻接矩阵的 k 次幂 $\boldsymbol{A}_G^k$ 的所有对角元素都相等, 则称 G 是通路正则的。取"通路正则"这个名称是由于对角元素 $(\boldsymbol{A}_G^k)_{uu}$ 等于以 u 为起点长度为 k 的闭通路个数。由于 $\boldsymbol{A}_G^2$ 的对角元素是顶点度, 因此通路正则图是正则图。距离正则图和点传递图都是通路正则图。

定理 2.28　具有 4 个相异特征值的连通正则图是通路正则图。

2.6 直　　径

对于连通图 G 的两个顶点 u 和 v，G 中连接 u,v 两点的最短道路的长度称为 u 和 v 之间的距离。图 G 中顶点对之间的最大距离称为 G 的直径。本节主要介绍图的谱与直径之间的关系。

对于 n 个顶点的图 G，令 $M(G)$ 表示满足以下条件的图矩阵 $\boldsymbol{M}$ 的集合：

(1) $\boldsymbol{M}$ 是 n 阶实对称非负矩阵，且 $\boldsymbol{M}$ 的行列对应图 G 的顶点；

(2) 对于任意两个不同的顶点 i,j，$(\boldsymbol{M})_{ij}=0$ 当且仅当 i,j 是非邻接的。

定理 2.29　设 $\boldsymbol{M}\in M(G)$ 是连通图 G 对应的一个图矩阵，且 $\boldsymbol{M}$ 有 m 个相异特征值，则图 G 的直径 D 满足 $D\leqslant m-1$。

证明　由于实对称图矩阵 $\boldsymbol{M}$ 有 m 个相异特征值，因此 $\boldsymbol{M}$ 的最小多项式的次数为 m。故存在常数 $c_0,c_1,\cdots,c_{m-1}$ 使得

$$\boldsymbol{M}^m=\sum_{i=0}^{m-1}c_i\boldsymbol{M}^i$$

假设图 G 的直径 $D\geqslant m$，则 G 存在两个距离为 m 的顶点 u 和 v。矩阵幂 $\boldsymbol{M}^m$ 的 (u,v) 位置元素可表示为

$$(\boldsymbol{M}^m)_{uv}=\sum_{k_1,\cdots,k_{m-1}\in V(G)}(\boldsymbol{M})_{uk_1}(\boldsymbol{M})_{k_1k_2}\cdots(\boldsymbol{M})_{k_{m-1}v}$$

由图矩阵集合 $M(G)$ 的定义可知 $(\boldsymbol{M}^m)_{uv}>0$ 且

$$(\boldsymbol{M}^t)_{uv}=0\quad(t=0,1,\cdots,m-1)$$

这与等式 $\boldsymbol{M}^m=\sum\limits_{i=0}^{m-1}c_i\boldsymbol{M}^i$ 矛盾。因此，$D\leqslant m-1$。 □

图 G 的邻接矩阵和无符号拉普拉斯特征值都属于图矩阵集合 $M(G)$。由定理 2.29 可得到如下推论。

推论 2.4　设连通图 G 有 m 个相异特征值，则图 G 的直径 D 满足 $D\leqslant m-1$。

推论 2.5　设连通图 G 有 m 个相异的无符号拉普拉斯特征值，则图 G 的直径 D 满足 $D\leqslant m-1$。

例 2.2　设 G 是直径为 d 的连通图，并且令 $T_i(u)$ 表示 G 中与点 u 距离为 i 的顶点集合。如果存在非负整数 $b_0,b_1,\cdots,b_{d-1},c_1,\cdots,c_d$ 使得对任意两个距离为 i 的顶点 u,v，均有

$$b_i = |\Gamma_{i+1}(u) \cap \Gamma_1(v)| (i=0,\cdots,d-1)$$

$$c_i = |\Gamma_{i-1}(u) \cap \Gamma_1(v)| (i=1,\cdots,d)$$

则称 G 距离正则。直径为 D 的距离正则图恰好有 $D-1$ 个相异特征值。

对于 n 个顶点的图 G，矩阵 $n\boldsymbol{I}-\boldsymbol{L}_G$ 属于图矩阵集合 $M(G)$。由定理 2.29 可得到如下推论。

推论 2.6　设连通图 G 有 m 个相异的拉普拉斯特征值，则图 G 的直径 D 满足 $D \leqslant m-1$。

定理 2.30　设图 G 是 n 个顶点的连通图，a 是 G 的代数连通度，则图 G 的直径 D 满足 $D \geqslant \left\lceil \dfrac{4}{na} \right\rceil$。

定理 2.31　设图 $G \neq K_n$ 是 n 个顶点的连通图，a 是 G 的代数连通度，则图 G 的直径 D 满足 $D \leqslant 1+\left\lfloor \dfrac{\cosh^{-1}(n-1)}{\cosh^{-1}\dfrac{\mu_1(G)+a}{\mu_1(G)-a}} \right\rfloor$，其中 $\mu_1(G)$ 是图 G 的最大拉普拉斯特征值。

定理 2.32　设图 $G \neq K_n$ 是 n 个顶点的连通图，a 是 G 的代数连通度，则图 G 的直径 D 满足 $D \leqslant 1+\left\lfloor \dfrac{\log(n-1)}{\log\dfrac{\mu_1(G)+a}{\mu_1(G)-a}} \right\rfloor$，其中 $\mu_1(G)$ 是图 G 的最大拉普拉斯特征值。

定理 2.33　设图 G 是 n 个顶点的连通图，a 是 G 的代数连通度，则图 G 的直径 D 满足 $D \leqslant 2\left\lfloor \log_2 n\sqrt{\dfrac{2\Delta}{a}} \right\rfloor$，其中 Δ 是图 G 的最大度。

图的谱半径、最大度和直径之间满足如下关系。

定理 2.34　设 G 是有 n 个顶点和 m 条边的非正则连通图，Δ 和 D 分别是 G 的最大度和直径，则

$$\Delta-\lambda_1(G) > \frac{n\Delta-2m}{n[D(n\Delta-2m)+1]}$$

证明　设 $\boldsymbol{x}=(x_1,\cdots,x_n)^{\mathrm{T}}$ 是 $\lambda_1(G)$ 对应的正特征向量，并且 $\sum\limits_{i=1}^{n} x_i^2=1$。令

$$x_u = \max_{i \in V(G)} x_i$$

$$x_v = \min_{i \in V(G)} x_i$$

由于 G 非正则并且 $\sum_{i=1}^{n} x_i^2 = 1$，因此 $x_u^2 > \frac{1}{n} > x_v^2 \left(x_u^2 = x_v^2 = \frac{1}{n}\text{时 } G \text{ 正则}\right)$。由于 $\lambda_1(G) = \boldsymbol{x}^{\mathrm{T}}\boldsymbol{A}_G\boldsymbol{x} = 2\sum_{ij\in E(G)} x_i x_j$，因此

$$\begin{aligned}
\Delta - \lambda_1(G) &= \Delta \sum_{i=1}^{n} x_i^2 - 2\sum_{ij\in E(G)} x_i x_j \\
&= \sum_{i=1}^{n} (\Delta - d_i) x_i^2 + \sum_{i=1}^{n} d_i x_i^2 - 2\sum_{ij\in E(G)} x_i x_j \\
&= \sum_{i=1}^{n} (\Delta - d_i) x_i^2 + \sum_{ij\in E(G)} (x_i - x_j)^2 \\
&> (n\Delta - 2m) x_v^2 + \sum_{ij\in E(G)} (x_i - x_j)^2
\end{aligned}$$

设 $u_0 e_1 u_1 \cdots u_{r-1} e_r u_r$ 为点 u 到点 v 的最短道路，其中 $u_0 = u, u_r = v, e_i$ 是由顶点 u_{i-1} 和 u_i 构成的边。由柯西-施瓦茨不等式可得

$$\sum_{ij\in E(G)} (x_i - x_j)^2 \geqslant \sum_{i=0}^{r-1} (x_{u_i} - x_{u_{i+1}})^2 \geqslant \frac{1}{r}\left[\sum_{i=0}^{r-1} (x_{u_i} - x_{u_{i+1}})\right]^2 = \frac{1}{r}(x_u - x_v)^2$$

由 $r \leqslant D$ 可得

$$\Delta - \lambda_1(G) > (n\Delta - 2m) x_v^2 + \frac{1}{D}(x_u - x_v)^2$$

上面不等式右端是 x_v 的二次函数，因此

$$\Delta - \lambda_1(G) > \frac{n\Delta - 2m}{D(n\Delta - 2m) + 1} x_u^2$$

由 $x_u^2 > \frac{1}{n}$ 可得

$$\Delta - \lambda_1(G) > \frac{n\Delta - 2m}{n[D(n\Delta - 2m) + 1]}$$ □

2.7 一些图参数

对于图 G 的一个顶点子集 U，如果 U 的任意两点都不邻接，则称 U 是 G 的独立集。图 G 的最大独立集包含的顶点数称为 G 的独立数，记为 $\alpha(G)$。

Cvetković 用图的正负特征值数量给出了 $\alpha(G)$ 的惯性指数界。

定理 2.35 设 n^+ 和 n^- 分别为图 G 的正特征值个数和负特征值个数，则

$$\alpha(G) \leqslant \min\{n - n^+, n - n^-\}$$

其中,n 是图 G 的顶点数。

证明　图 G 的邻接矩阵有一个 $\alpha(G)$ 阶主子阵是零矩阵。由特征值的交错性可知,图 G 至少有 $\alpha(G)$ 个非负特征值和 $\alpha(G)$ 个非正特征值。因此

$$\alpha(G) \leqslant \min\{n-n^{+}, n-n^{-}\}$$ □

彼得森图的谱为 $3, 1^{(5)}, (-2)^{(4)}$(上标表示特征值的重数),它的独立数为 4。完全图 K_n 的特征值为 $n-1, (-1)^{(n-1)}$。定理 2.35 的界对于完全图和彼得森图取到等号。

下面是 Hoffman 给出的经典结果,被称为独立数的 Hoffman 界。

定理 2.36　设图 G 是 n 个顶点的 d 正则图 $(d\neq 0)$,则

$$\alpha(G) \leqslant n\,\frac{-\lambda_n(G)}{d-\lambda_n(G)}$$

证明　图 G 的邻接矩阵可表示为

$$\boldsymbol{A}=\begin{pmatrix} \boldsymbol{O} & \boldsymbol{B} \\ \boldsymbol{B}^{\mathrm{T}} & \boldsymbol{C} \end{pmatrix}$$

其中左上角是一个 $\alpha(G)\times\alpha(G)$ 的零矩阵。图 G 的邻接矩阵关于这个分块表示的商矩阵为

$$\boldsymbol{Q}=\begin{pmatrix} 0 & d \\ \dfrac{d\alpha}{n-\alpha} & d-\dfrac{d\alpha}{n-\alpha} \end{pmatrix}$$

由定理 1.7 可知 $\boldsymbol{Q}$ 的两个特征值 $\lambda_1(\boldsymbol{Q})\geqslant\lambda_2(\boldsymbol{Q})$ 都是实数,并且

$$\lambda_1(\boldsymbol{Q})\leqslant\lambda_1(G)=d$$
$$\lambda_2(\boldsymbol{Q})\geqslant\lambda_n(G)$$

因此

$$\frac{d^2\alpha}{n-\alpha}=-\det(\boldsymbol{Q})=-\lambda_1(\boldsymbol{Q})\lambda_2(\boldsymbol{Q})\leqslant -d\lambda_n(G)$$

$$\alpha(G)\leqslant n\,\frac{-\lambda_n(G)}{d-\lambda_n(G)}$$ □

完全二部图 $K_{n,n}$ 的特征值为 $n, 0^{(2n-2)}, -n$,它的独立数为 n。定理 2.36 的界对于 $K_{n,n}$ 取到等号。

对于图 G 的一个顶点子集 U,如果 U 的任意两点都邻接,则称 U 是 G 的团。图 G 的最大团包含的顶点数称为 G 的团数,记为 $\omega(G)$。

下面是团数的 Motzkin-Straus 定理。

定理 2.37 设 $\boldsymbol{A}$ 是图 G 的邻接矩阵，则

$$1-\frac{1}{\omega(G)}=\max\left\{\boldsymbol{x}^{\mathrm{T}}\boldsymbol{A}\boldsymbol{x}:\boldsymbol{x}=(x_1,\cdots,x_n)^{\mathrm{T}}\geqslant \boldsymbol{0},\sum_{i=1}^{n}x_i=1\right\}$$

由 Motzkin-Straus 定理可推出团数的如下特征值界。

定理 2.38 设图 G 是有 m 条边的连通图，则

$$\omega(G)\geqslant\frac{2m}{2m-\lambda_1(G)^2}$$

证明 设 $\boldsymbol{y}=(y_1,\cdots,y_n)^{\mathrm{T}}$ 是 $\lambda_1(G)$ 对应的单位正特征向量。由柯西-施瓦茨不等式可得

$$\lambda_1(G)^2=\left(2\sum_{ij\in E(G)}y_iy_j\right)^2\leqslant 4m\sum_{ij\in E(G)}y_i^2y_j^2$$

由 Motzkin-Straus 定理可得

$$2\sum_{ij\in E(G)}y_i^2y_j^2\leqslant\frac{\omega(G)-1}{\omega(G)}$$

因此

$$\lambda_1(G)^2\leqslant 2m\frac{\omega(G)-1}{\omega(G)}$$

$$\omega(G)\geqslant\frac{2m}{2m-\lambda_1(G)^2}$$ □

如果图 G 有一个点集划分 $V(G)=V_1\cup\cdots\cup V_t$ 使得每个 V_i 都是独立集，则称 G 是 t 可着色的，即可用 t 种颜色给 G 的顶点染色使得邻接的顶点染不同的颜色。使得图 G 是 t 可着色的最小正整数 t 称为 G 的色数，记为 $\chi(G)$。

对于最大度为 Δ 的连通图 G，由 Brooks 定理可知

$$\chi(G)\leqslant\Delta+1$$

取等号当且仅当 G 是完全图或者奇圈。由于图的谱半径不超过最大度，因此下面的结果改进了色数的 Brooks 定理。

定理 2.39 连通图 G 的色数满足

$$\chi(G)\leqslant\lambda_1(G)+1$$

取等号当且仅当 G 是完全图或者奇圈。

证明 图 G 有一个诱导子图 H 满足 $\chi(G)=\chi(H)$ 且 H 的最小度 $\delta(H)\geqslant\chi(G)-1$。由定理 2.23 可知

$$\lambda_1(G)\geqslant\lambda_1(H)\geqslant\delta(H)\geqslant\chi(G)-1$$

如果$\chi(G)=\lambda_1(G)+1$，则 $G=H$ 是度为$\chi(G)-1$ 的正则图。由 Brooks 定理可知结论成立。 □

下面是图的色数的 Hoffman 界。

定理 2.40　设 G 是 n 个顶点且至少有一条边的图，则

$$\chi(G) \geqslant \frac{\lambda_1(G)-\lambda_n(G)}{-\lambda_n(G)}$$

对于图 G 的一个顶点子集 U，U 的指示向量 $\boldsymbol{x}$ 是一个$|V(G)|$维列向量，

$$x_i=\begin{cases}1 & i\in U\\ 0 & i\notin U\end{cases}$$

令 $\mathrm{bp}(G)$ 表示划分图 G 的边集所需要的完全二部子图的最小数量。

定理 2.41　设 n^+和 n^-分别为图 G 的正特征值个数和负特征值个数，则

$$\mathrm{bp}(G)\geqslant \max\{n^+,n^-\}$$

证明　令 $t=\mathrm{bp}(G)$，则图 G 的邻接矩阵 $\boldsymbol{A}$ 可表示为

$$\boldsymbol{A}=\boldsymbol{A}_1+\cdots+\boldsymbol{A}_t$$

其中，$\boldsymbol{A}_i(i=1,\cdots,t)$是一个完全二部子图 G_i 的邻接矩阵。设 $U_i\cup V_i$ 是 G_i 的二部划分，则

$$\boldsymbol{A}_i=\boldsymbol{u}_i\boldsymbol{v}_i^{\mathrm{T}}+\boldsymbol{v}_i\boldsymbol{u}_i^{\mathrm{T}}$$

其中，$\boldsymbol{u}_i,\boldsymbol{v}_i$ 分别是 U_i,V_i 的指示向量。

设 W 是 $\boldsymbol{A}$ 的所有正特征值对应的特征向量生成的 n^+维线性子空间，则对任意非零向量 $\boldsymbol{x}\in W$ 均有 $\boldsymbol{x}^{\mathrm{T}}W\boldsymbol{x}>0$。如果 $t<n^+$，则线性子空间 W 中存在一个和 $u_1,\cdots,u_t$ 都正交的非零向量 $\boldsymbol{w}$，故$\boldsymbol{w}^{\mathrm{T}}\boldsymbol{A}\boldsymbol{w}=0$，矛盾。因此 $t\geqslant n^+$。类似地，也能证明 $t\geqslant n^-$。 □

完全图 K_n 有 $n-1$ 个负特征值和 1 个正特征值，并且 K_n 能分解为 $n-1$ 个边不交的星的并。由定理 2.41 可知

$$\mathrm{bp}(K_n)=n-1$$

1972 年，Hoffman 通过图的谱信息给出了团划分数 $\mathrm{cp}(G)$的界。

定理 2.42　设 G 是不含孤立点的图，q 是 G 的所有不等于-1 的特征值的个数，则

$$\frac{\mathrm{cp}(G)(\mathrm{cp}(G)+1)}{2}\geqslant q$$

令 $m_G(a,b)$表示图 G 在区间(a,b)中的特征值的个数（包含重数）。

定理 2.43　设 G 是不含孤立点的图，则

$$\mathrm{cp}(G)\geqslant m_G(-1,\infty)$$

2.8 生 成 树

对于图 G 的拉普拉斯矩阵 $\boldsymbol{L}_G$，令 $\boldsymbol{L}_G(i,j)$ 表示将 $\boldsymbol{L}_G$ 中点 i 对应的行和点 j 对应的列删去得到的子矩阵。如果树 T 是图 G 的生成子图，则称 T 是 G 的生成树。下面是矩阵树定理。

定理 2.44 设 G 是有 n 个顶点的图，则 G 的生成树个数为

$$t(G)=(-1)^{i+j}\det(\boldsymbol{L}_G(i,j))=\frac{1}{n}\prod_{i=1}^{n-1}\mu_i(G)$$

例 2.3 完全图 K_n 的拉普拉斯谱为

$$n^{(n-1)},0$$

由矩阵树定理可知，完全图 K_n 的生成数个数为 n^{n-2}。

设二部图 G 具有二划分 $V(G)=V_1\cup V_2$ 并且 $|V_1|=n_1$，$|V_2|=n_2$。如果 V_i 中的点有相同的度 $r_i(i=1,2)$，则称 G 是具有参数 (n_1,n_2,r_1,r_2) 的半正则图。下面是半正则图的线图的拉普拉斯特征值。

例 2.4 设 G 是具有参数 (n_1,n_2,r_1,r_2) 的半正则图，则线图 $\mathcal{L}(G)$ 的拉普拉斯特征值为

$$(r_1+r_2)^{(m_1-n_1-n_2)},r_1+r_2-\mu_1(G),\cdots,r_1+r_2-\mu_{n_1+n_2}(G)$$

由矩阵树定理可知，线图 $\mathcal{L}(G)$ 的生成树个数为

$$\frac{(r_1+r_2)^{n_1r_2-r_2-n_2}}{n_1r_1}\prod_{i=2}^{n_1+n_2}(r_1+r_2-\mu_i(G))$$

图的生成树个数和拉普拉斯特征值重数有如下关系。

定理 2.45 设 G 是 n 个顶点的连通图并且它的生成树个数 $t(G)=2^ts$，其中 s 是奇数，则 G 的偶整数拉普拉斯特征值 μ 的重数不超过 $t+1$。

证明 由引理 1.7 可知，存在行列式为±1 的整数矩阵 $\boldsymbol{P},\boldsymbol{Q}$ 和整数 $s_1,\cdots,s_n$，使得

$$\boldsymbol{P}\boldsymbol{L}_G\boldsymbol{Q}=\mathrm{diag}(s_1,\cdots,s_{n-1},0)$$

其中，$\mathrm{diag}(s_1,\cdots,s_{n-1},0)$ 是 $\boldsymbol{L}_G$ 的 Smith 标准形。由矩阵树定理可知

$$t(G)=s_1\cdots s_{n-1}=2^ts$$

由于 s 是奇数，因此 $s_1,\cdots,s_{n-1}$ 中最多有 t 个偶数。故 $\boldsymbol{L}_G$ 在二元域上的秩

满足

$$\mathrm{rank}_2(\boldsymbol{L}_G) \geqslant n-t-1$$

因此，$\boldsymbol{L}_G$ 有一个 $k \geqslant n-t-1$ 阶主子阵 $\boldsymbol{B}$ 满足 $\mathrm{rank}_2(\boldsymbol{B})=k$。由特征值的交错性可知，如果偶整数 μ 是 $\boldsymbol{L}_G$ 的重数至少是 $t+2$ 的特征值，则 μ 是 $\boldsymbol{B}$ 的特征值。由此可知 $\frac{\det(\boldsymbol{B})}{\mu}$ 是有理的代数整数，因而 $\frac{\det(\boldsymbol{B})}{\mu}$ 是整数且 $\det(\boldsymbol{B})$ 是偶数。由于 $\mathrm{rank}_2(\boldsymbol{B})=k$，因此 $\det(\boldsymbol{B})$ 是奇数，与 $\det(\boldsymbol{B})$ 是偶数矛盾。故 μ 的重数不超过 $t+1$。 □

2.9 顶　点　度

为了表示方便，本节将图 G 中顶点 i 的度 $d_i(G)$ 简记为 d_i。

定理 2.46　对任意图 G，有

$$\lambda_1(G) \leqslant \max_{\{u,v\} \in E(G)} \sqrt{d_u d_v}$$

定理 2.47　设 G 是有 $n \geqslant 2$ 个顶点的连通图，Δ 是 G 的最大度，则

$$\mu_1(G) \geqslant \Delta+1$$

取等号当且仅当 $\Delta=n-1$。

对于图的最大拉普拉斯特征值，李炯生和张晓东证明了

$$\mu_1(G) \leqslant \max\left\{\frac{d_i(d_i+m_i)+d_j(d_j+m_j)}{d_i+d_j} : ij \in E(G)\right\}$$

其中，$m_i = d_i^{-1} \sum\limits_{ji \in E(G)} d_j$。上述界改进后得到如下定理。

定理 2.48　对任意图 G，有

$$\mu_i(G) \leqslant \max\left\{\frac{d_i(d_i+m_i)+d_j(d_j+m_j)-2\sum\limits_{k \in N(i) \cap N(j)} d_k}{d_i+d_j} : ij \in E(G)\right\}$$

其中，$m_i = d_i^{-1} \sum\limits_{ji \in E(G)} d_j$；$N(i)$ 是点 i 的所有邻点的集合。

郭继明在相关文献中猜测图的第 m 大拉普拉斯特征值 $\mu_m(G)$ 和第 m 大度 d_m 满足 $\mu_m(G) \geqslant d_m-m+2$。Brouwer 和 Haemers 证明了这个猜想。

定理 2.49　设图 G 的度序列为 $d_1 \geqslant \cdots \geqslant d_n$。如果 $1 \leqslant m \leqslant n$ 且 $G \neq K_m \cup (n-m)K_1$，则

$$\mu_m(G) \geqslant d_m - m + 2$$

定理 2.50 对任意图 G,有

$$\sum_{i=1}^{t} \mu_i(G) \leqslant \sum_{i=1}^{t} \left| \{ u : u \in V(G), d_u \geqslant i \} \right|, t = 1, \cdots, |V(G)|$$

图的最小无符号拉普拉斯特征值和最小度满足如下关系。

定理 2.51 设 G 是有 $n \geqslant 2$ 个顶点的连通图,δ 是 G 的最小度,则 $q_n(G) < \delta$。

图的第二大无符号拉普拉斯特征值和第二大度满足如下关系。

定理 2.52 设图 G 的最大度和第二大度分别为 d_1 和 d_2,则

$$q_2(G) \geqslant d_2 - 1$$

如果 $q_2(G) = d_2 - 1$,则 $d_1 = d_2$。

图的最大无符号拉普拉斯特征值和顶点度满足如下关系。

定理 2.53 对任意图 G,有

$$\min\{ d_i + d_j : ij \in E(G) \} \leqslant q_1(G) \leqslant \max\{ d_i + d_j : ij \in E(G) \}$$

定理 2.54 设 G 是有 $n \geqslant 2$ 个顶点的连通图,Δ 是 G 的最大度,则

$$q_1(G) \geqslant \Delta + 1$$

取等号当且仅当 G 是星 $K_{1,n-1}$。

证明 由定理 2.17 和定理 2.47 可得

$$q_1(G) \geqslant \mu_1(G) \geqslant \Delta + 1$$

并且 $q_1(G) = \Delta + 1$ 当且仅当 G 是星 $K_{1,n-1}$。 □

2.10 图的星集和线星集

图的星集与星补在图的特征子空间、特征值重数和子图结构刻画等方面有重要应用。本节主要介绍图的星集与线星集的基本概念和性质。

设 X 是图 G 的顶点子集,μ 是 G 的重数为 k 的特征值。令 $G-X$ 表示将 G 中属于 X 的顶点以及所有与 X 中顶点关联的边删去得到的子图。如果 $|X| = k$ 并且 μ 不是 $G-X$ 的特征值,则 X 称为 G 的关于特征值 μ 的星集,$G-X$ 称为 G 的关于特征值 μ 的星补。由特征值的交错性可知,每删去 X 中的一个顶点,μ 的重数就减少 1。

下面首先给出图的星集和星补的存在性。

命题 2.2 对任意图 G 的任意特征值 μ,其星集和星补一定存在。

证明　设 $\boldsymbol{A}$ 是图 G 的邻接矩阵。如果 μ 是 G 的重数为 k 的特征值,则 $\mu\boldsymbol{I}-\boldsymbol{A}$ 的秩等于 $n-k$,其中 n 是 G 的顶点数。由于 $\mu\boldsymbol{I}-\boldsymbol{A}$ 实对称,因此 $\mu\boldsymbol{I}-\boldsymbol{A}$ 有一个秩等于 $n-k$ 的 $n-k$ 阶主子阵,这个主子阵对应的诱导子图即为特征值 μ 的星补。 □

下面是星集的重构定理。

定理 2.55　设 X 是图 G 的顶点子集,并且 G 的邻接矩阵分块表示为

$$\boldsymbol{A}_G=\begin{pmatrix}\boldsymbol{A}_X & \boldsymbol{B}^{\mathrm{T}}\\ \boldsymbol{B} & \boldsymbol{C}\end{pmatrix}$$

其中,$\boldsymbol{A}_X$ 是 X 的诱导子图的邻接矩阵。那么 X 是 G 的特征值 μ 的星集当且仅当 μ 不是 $\boldsymbol{C}$ 的特征值,并且

$$\mu\boldsymbol{I}-\boldsymbol{A}_X=\boldsymbol{B}^{\mathrm{T}}(\mu\boldsymbol{I}-\boldsymbol{C})^{-1}\boldsymbol{B}$$

如果 X 是 μ 的星集,则特征值 μ 的特征子空间为

$$\varepsilon(\mu)=\left\{\begin{pmatrix}\boldsymbol{y}\\ (\mu\boldsymbol{I}-\boldsymbol{C})^{-1}\boldsymbol{B}\boldsymbol{y}\end{pmatrix}:\boldsymbol{y}\in\mathbb{R}^{|x|}\right\}$$

证明　顶点子集 X 是 G 的特征值 μ 的星集当且仅当 μ 不是 $\boldsymbol{C}$ 的特征值,并且 $\mu\boldsymbol{I}-\boldsymbol{A}_G$ 的秩等于 $n-|X|$。由定理 1.47 可得

$$\begin{aligned}\operatorname{rank}(\mu\boldsymbol{I}-\boldsymbol{A}_G)&=\operatorname{rank}\begin{pmatrix}\mu\boldsymbol{I}-\boldsymbol{A}_X & -\boldsymbol{B}^{\mathrm{T}}\\ -\boldsymbol{B} & \mu\boldsymbol{I}-\boldsymbol{C}\end{pmatrix}\\ &=\operatorname{rank}(\mu\boldsymbol{I}-\boldsymbol{C})+\operatorname{rank}(\mu\boldsymbol{I}-\boldsymbol{A}_X-\boldsymbol{B}^{\mathrm{T}}(\mu\boldsymbol{I}-\boldsymbol{C})^{-1}\boldsymbol{B})\end{aligned}$$

因此 X 是 μ 的星集当且仅当 μ 不是 $\boldsymbol{C}$ 的特征值,并且

$$\mu\boldsymbol{I}-\boldsymbol{A}_X=\boldsymbol{B}^{\mathrm{T}}(\mu\boldsymbol{I}-\boldsymbol{C})^{-1}\boldsymbol{B}$$

特征值 μ 的特征子空间是线性方程组 $(\mu\boldsymbol{I}-\boldsymbol{A}_G)\boldsymbol{x}=\boldsymbol{0}$ 的解集。由于 $\mu\boldsymbol{I}-\boldsymbol{A}_X=\boldsymbol{B}^{\mathrm{T}}(\mu\boldsymbol{I}-\boldsymbol{C})^{-1}\boldsymbol{B}$,因此 $\begin{pmatrix}\boldsymbol{O} & \boldsymbol{O}\\ \boldsymbol{O} & (\mu\boldsymbol{I}-\boldsymbol{C})^{-1}\end{pmatrix}$ 是 $\mu\boldsymbol{I}-\boldsymbol{A}_G$ 的一个 $\{1\}$-逆。令

$$(\mu\boldsymbol{I}-\boldsymbol{A}_G)^{(1)}=\begin{pmatrix}\boldsymbol{O} & \boldsymbol{O}\\ \boldsymbol{O} & (\mu\boldsymbol{I}-\boldsymbol{C})^{-1}\end{pmatrix}$$

那么有

$$\boldsymbol{I}-(\mu\boldsymbol{I}-\boldsymbol{A}_G)^{(1)}(\mu\boldsymbol{I}-\boldsymbol{A}_G)=\begin{pmatrix}\boldsymbol{I} & \boldsymbol{O}\\ (\mu\boldsymbol{I}-\boldsymbol{C})^{-1}\boldsymbol{B} & \boldsymbol{O}\end{pmatrix}$$

由定理 1.35 可知,线性方程组 $(\mu\boldsymbol{I}-\boldsymbol{A}_G)\boldsymbol{x}=\boldsymbol{0}$ 的解集为

$$\left\{\begin{pmatrix}\boldsymbol{y}\\ (\mu\boldsymbol{I}-\boldsymbol{C})^{-1}\boldsymbol{B}\boldsymbol{y}\end{pmatrix}:y\in\mathbb{R}^{|X|}\right\}$$ □

对于图 G 的一个顶点子集 U,如果 $V(G)\backslash U$ 中任意顶点都至少与 U 的一个顶点邻接,则称 U 是 G 的控制集。在 U 中与点 u 邻接的顶点集称为点 u 的 U 邻域。

定理 2.56 设 X 是图 G 的特征值 μ 的星集,并且令 $\overline{X}=V(G)\backslash X$。

(1)如果 $\mu\neq 0$,则 $\overline{X}$ 是一个控制集。

(2)如果 $\mu\neq 0,-1$,则 $\overline{X}$ 是一个控制集,并且 X 中不同顶点有不同的 $\overline{X}$ 邻域。

证明 图 G 的邻接矩阵可分块表示为

$$\boldsymbol{A}_G=\begin{pmatrix}\boldsymbol{A}_X & \boldsymbol{B}^{\mathrm{T}}\\ \boldsymbol{B} & \boldsymbol{C}\end{pmatrix}$$

其中,$\boldsymbol{A}_X$ 是星集 X 的诱导子图的邻接矩阵。由定理 2.55 可得

$$\mu\boldsymbol{I}-\boldsymbol{A}_X=\boldsymbol{B}^{\mathrm{T}}(\mu\boldsymbol{I}-\boldsymbol{C})^{-1}\boldsymbol{B}$$

如果 $\mu\neq 0$,则 $\mu\boldsymbol{I}-\boldsymbol{A}_X$ 的对角元素都不为零。故 $\boldsymbol{B}$ 的每一列都不是零向量,$\overline{X}$ 是一个控制集。

如果 X 中两个顶点 u,v 有相同的 $\overline{X}$ 邻域,则

$$\mu=(\mu\boldsymbol{I}-\boldsymbol{A}_X)_{uu}=(\mu\boldsymbol{I}-\boldsymbol{A}_X)_{uv}$$

是 0 或 -1。因此,如果 $\mu\neq 0,-1$,则 X 中不同顶点有不同的 $\overline{X}$ 邻域。 □

图 G 的最小控制集包含的顶点数称为 G 的控制数。由上述定理可得到如下推论。

推论 2.7 设 k 是图 G 的一个非零特征值的重数,则 G 的控制数不超过 $|V(G)|-k$。

下面的定理保证了连通图的特征值一定有一个连通的星补。

定理 2.57 设 μ 是连通图 G 的一个特征值,K 是 G 的一个连通的诱导子图,并且 μ 不是 K 的特征值,则 μ 有一个包含 K 的连通的星补。

星集中的邻接顶点有如下性质。

定理 2.58 如果 u 和 v 是图 G 的一个星集中两个邻接的顶点,则边 uv 不是 G 的割边。

由于图的特征值 μ 的星集包含的顶点数等于 μ 的重数,因此星集自然成为研究图的特征值重数的有效工具。2003 年,Bell 和 Rowlinson 应用图的星集理论给出了图的特征值重数的如下不等式。

定理 2.59　设 $\mu\notin\{0,\pm1\}$ 是图 G 的重数为 k 的特征值，则

$$|V(G)|\leqslant\frac{1}{2}t(t+1)$$

其中，$t=|V(G)|-k$。

应用图的星集可得到树的特征值重数的上界。

定理 2.60　设 μ 是树 T 的重数为 k 的特征值，并且 T 有 p 个悬挂点，则 $k\leqslant p$。

证明　特征值 μ 有一个星集 X 使得星补 $T-X$ 是连通的。由定理 2.58 可知 X 中每个点都是悬挂点。因此 $k=|X|\leqslant p$。　□

应用图的星集可得到单圈图的特征值重数的上界。

定理 2.61　设 μ 是单圈图 G 的重数为 k 的特征值，并且 G 有 p 个悬挂点。如果 $\mu\notin\left\{2\cos\frac{2\pi j}{g};j=1,\cdots,g\right\}$，其中 g 是 G 的围长，则 $k\leqslant p$。

证明　圈 C_g 是 G 的诱导子图。如果 $\mu\notin\left\{2\cos\frac{2\pi j}{g};j=1,\cdots,g\right\}$，则 μ 不是 C_g 的特征值。由定理 2.57 可知，μ 有一个星集 X 使得星补 $G-X$ 是单圈的。由定理 2.58 可知 X 中每个点都是悬挂点。因此，$k\leqslant p$。　□

如果图 G 的特征值 μ 的特征子空间与全 1 向量不是正交的，则称 μ 是 G 的主特征值。由定理 2.55 不难得到如下结论。

定理 2.62　图 G 的邻接矩阵分块表示为

$$\boldsymbol{A}_G=\begin{pmatrix}\boldsymbol{A}_X & \boldsymbol{B}^{\mathrm{T}}\\ \boldsymbol{B} & \boldsymbol{C}\end{pmatrix}$$

其中，$\boldsymbol{C}$ 是 G 的特征值 μ 的一个星补的邻接矩阵。那么 μ 不是主特征值当且仅当

$$\boldsymbol{B}^{\mathrm{T}}(\mu\boldsymbol{I}-\boldsymbol{C})^{-1}\boldsymbol{e}=-\boldsymbol{e}$$

其中，$\boldsymbol{e}$ 是全 1 向量。

设 Y 是图 G 的边子集，$\mu>0$ 是 G 的重数为 k 的拉普拉斯特征值。令 $G[Y]$ 表示 G 的具有边集 Y 的生成子图，$G-Y$ 表示将 G 中属于 Y 的所有边删去得到的子图。如果 $|Y|=k$ 并且 μ 不是 $G-Y$ 的拉普拉斯特征值，则称 Y 是 G 的关于拉普拉斯特征值 μ 的线星集，生成子图 $G-Y$ 是关于 μ 的线星补。由拉普拉斯特征值的交错性质可知，每删去 Y 中的一条边，μ 的重数就减少 1。

下面给出拉普拉斯特征值的线星集的存在性。

命题 2.3 对任意图 G 的任意非零拉普拉斯特征值 μ，其线星集和线星补一定存在。

证明 令 $\boldsymbol{R}_G$ 表示图 G 的点弧关联矩阵。由于 $\boldsymbol{L}_G=\boldsymbol{R}_G\boldsymbol{R}_G^{\mathrm{T}}$ 和 $\boldsymbol{R}_G^{\mathrm{T}}\boldsymbol{R}_G$ 有相同的非零特征值（包括重数），因此图 G 的重数是 k 的非零拉普拉斯特征值 μ 是 $\boldsymbol{R}_G^{\mathrm{T}}\boldsymbol{R}_G$ 的重数为 k 的特征值。那么 $\mu\boldsymbol{I}-\boldsymbol{R}_G^{\mathrm{T}}\boldsymbol{R}_G$ 的秩等于 $|E(G)|-k$。由于 $\mu\boldsymbol{I}-\boldsymbol{R}_G^{\mathrm{T}}\boldsymbol{R}_G$ 实对称，因此 $\mu\boldsymbol{I}-\boldsymbol{R}_G^{\mathrm{T}}\boldsymbol{R}_G$ 有一个秩等于 $|E(G)|-k$ 的 $|E(G)|-k$ 阶主子阵。故 $\boldsymbol{R}_G$ 可表示为 $\boldsymbol{R}_G=(R_1\ R_2)$，其中 $\boldsymbol{R}_1$ 是一个 $|E(G)|\times(|E(G)|-k)$ 矩阵使得 $\mu\boldsymbol{I}-\boldsymbol{R}_1^{\mathrm{T}}\boldsymbol{R}_1$ 可逆。由 $\mu>0$ 可知 $\mu\boldsymbol{I}-\boldsymbol{R}_1^{\mathrm{T}}\boldsymbol{R}_1$ 可逆。注意到 $\boldsymbol{R}_1\boldsymbol{R}_1^{\mathrm{T}}$ 是图 G 的一个生成子图（将 $\boldsymbol{R}_2$ 的列对应的边子集删去）的拉普拉斯矩阵。因此 $\boldsymbol{R}_2$ 的列对应的边子集是 μ 的线星集。 □

拉普拉斯特征值的线星集有如下判定定理。

定理 2.63 设 Y 是图 G 的一个边子集，则 Y 是 G 的非零拉普拉斯特征值 μ 的线星集当且仅当

$$\boldsymbol{R}_{G[Y]}^{\mathrm{T}}(\mu\boldsymbol{I}-\boldsymbol{L}_{G-Y})^{-1}\boldsymbol{R}_{G[Y]}=\boldsymbol{I}$$

其中，$\boldsymbol{R}_{G[Y]}$ 是 $G[Y]$ 的任意定向的点弧关联矩阵。

证明 令 k 是图 G 的非零拉普拉斯特征值 μ 的重数，并且令

$$\boldsymbol{M}=\begin{pmatrix}\boldsymbol{O} & \boldsymbol{R}_G^{\mathrm{T}}\\ \boldsymbol{R}_G & \boldsymbol{O}\end{pmatrix}$$

那么 $\sqrt{\mu}$ 是 $\boldsymbol{M}$ 的重数为 k 的特征值。图 G 的边子集 Y 是 μ 的线星集当且仅当 $|Y|=k$ 并且 μ 不是 $G-Y$ 的拉普拉斯特征值。矩阵 $\boldsymbol{M}$ 可以表示为

$$\boldsymbol{M}=\begin{pmatrix}\boldsymbol{O} & \boldsymbol{O} & \boldsymbol{R}_{G[Y]}^{\mathrm{T}}\\ \boldsymbol{O} & \boldsymbol{O} & \boldsymbol{R}_{G-Y}^{\mathrm{T}}\\ \boldsymbol{R}_{G[Y]} & \boldsymbol{R}_{G-Y} & \boldsymbol{O}\end{pmatrix}$$

由于 $\boldsymbol{L}_{G-Y}=\boldsymbol{R}_{G-Y}\boldsymbol{R}_{G-Y}^{\mathrm{T}}$，因此 $\mu\neq0$ 不是 $\boldsymbol{L}_{G-Y}$ 的特征值当且仅当 $\sqrt{\mu}$ 不是 $\boldsymbol{N}=\begin{pmatrix}\boldsymbol{O} & \boldsymbol{R}_{G-Y}^{\mathrm{T}}\\ \boldsymbol{R}_{G-Y} & \boldsymbol{O}\end{pmatrix}$ 的特征值，即 $\sqrt{\mu}\boldsymbol{I}-\boldsymbol{N}$ 非奇异。故 Y 是 μ 的线星集当且仅当 $\sqrt{\mu}\boldsymbol{I}-\boldsymbol{N}$ 非奇异并且

$$\mathrm{rank}(\sqrt{\mu}\boldsymbol{I}-\boldsymbol{M})=\mathrm{rank}(\sqrt{\mu}\boldsymbol{I}-\boldsymbol{N})$$

由定理 1.47 可得

$$\mathrm{rank}(\sqrt{\mu}\boldsymbol{I}-\boldsymbol{M})=\mathrm{rank}(\sqrt{\mu}\boldsymbol{I}-\boldsymbol{N})+\mathrm{rank}(\boldsymbol{S})$$

其中

$$S=\mu I-(O \quad R_{G[Y]}^{T})(\sqrt{\mu}I-N)^{-1}\begin{pmatrix}O\\R_{G[Y]}\end{pmatrix}$$

由 $\mathrm{rank}(\sqrt{\mu}I-M)=\mathrm{rank}(\sqrt{\mu}I-N)$ 可得

$$\mathrm{rank}(S)=0, S=O$$

因此

$$(O \quad R_{G[Y]}^{T})\begin{pmatrix}\sqrt{\mu}I & -R_{G-Y}^{T}\\-R_{G-Y} & \sqrt{\mu}I\end{pmatrix}^{-1}\begin{pmatrix}O\\R_{G[Y]}\end{pmatrix}=\mu I$$

由定理 1.51 可得

$$R_{G[Y]}^{T}\left(\sqrt{\mu}I-\frac{1}{\sqrt{\mu}}R_{G-Y}R_{G-Y}^{T}\right)^{-1}R_{G[Y]}=\sqrt{\mu}I$$

$$R_{G[Y]}^{T}(\mu I-L_{G-Y})^{-1}R_{G[Y]}=I$$ □

下面是拉普拉斯特征值的线星集的另一个等价的判定定理。

定理 2.64　设 Y 是图 G 的一个边子集，则 Y 是 G 的非零拉普拉斯特征值 μ 的线星集当且仅当以下条件成立：

(1) μ 不是 $G-Y$ 的拉普拉斯特征值。

(2) $G[Y]$ 是一个森林。

(3) $(\mu I-L_{G-Y})^{-1}$ 是 $L_{G[Y]}$ 的 $\{1\}$-逆。

如果 Y 是 μ 的线星集，则特征值 μ 的特征子空间为

$$\varepsilon(\mu)=\{(\mu I-L_{G-Y})^{-1}L_{G[Y]}y: y\in\mathbb{R}^{n}\}$$

其中，n 是 G 的顶点数。

证明　由定理 2.63 可知，Y 是 μ 的线星集当且仅当 μ 不是 $G-Y$ 的拉普拉斯特征值并且

$$R_{G[Y]}^{T}(\mu I-L_{G-Y})^{-1}R_{G[Y]}=I \tag{2.2}$$

此时，$R_{G[Y]}$ 列满秩。由于 $L_{G[Y]}=R_{G[Y]}R_{G[Y]}^{T}$，根据定理 1.34 可知，等式 (2.2) 成立当且仅当 $R_{G[Y]}$ 列满秩并且 $(\mu I-L_{G-Y})^{-1}$ 是 $L_{G[Y]}$ 的 $\{1\}$-逆。设 $H_1,\cdots,H_t$ 是 $G[Y]$ 的连通分支，则

$$\mathrm{rank}(R_{G[Y]})=\sum_{i=1}^{t}\mathrm{rank}(R_{H_i})=\sum_{i=1}^{t}(|V(H_i)|-1)$$

因此 $R_{G[Y]}$ 列满秩当且仅当 $G[Y]$ 的每个连通分支是树。故 Y 是 μ 的线星集当且仅当(1)~(3) 成立。

由于 $\boldsymbol{L}_G=\boldsymbol{L}_{G-Y}+\boldsymbol{L}_{G[Y]}$，因此特征值 μ 的特征子空间为

$$\{\boldsymbol{x}\in\mathbb{R}^n:\boldsymbol{L}_G\boldsymbol{x}=\mu\boldsymbol{x}\}=\{\boldsymbol{x}\in\mathbb{R}^n:(\mu\boldsymbol{I}-\boldsymbol{L}_{G-Y}-\boldsymbol{L}_{G[Y]})\boldsymbol{x}=\boldsymbol{0}\}$$

如果 Y 是 μ 的线星集，则 $(\mu\boldsymbol{I}-\boldsymbol{L}_{G-Y})^{-1}$ 是 $\boldsymbol{L}_{G[Y]}$ 的 $\{1\}$-逆。故 $(\mu\boldsymbol{I}-\boldsymbol{L}_{G-Y})^{-1}$ 也是 $\mu\boldsymbol{I}-\boldsymbol{L}_{G-Y}-\boldsymbol{L}_{G[Y]}$ 的 $\{1\}$-逆。由定理 1.35 可知，线性方程组 $(\mu\boldsymbol{I}-\boldsymbol{L}_{G-Y}-\boldsymbol{L}_{G[Y]})\boldsymbol{x}=\boldsymbol{0}$ 的通解为

$$\boldsymbol{x}=[\boldsymbol{I}-(\mu\boldsymbol{I}-\boldsymbol{L}_{G-Y})^{-1}(\mu\boldsymbol{I}-\boldsymbol{L}_{G-Y}-\boldsymbol{L}_{G[Y]})]\boldsymbol{y}=(\mu\boldsymbol{I}-\boldsymbol{L}_{G-Y})^{-1}\boldsymbol{L}_{G[Y]}\boldsymbol{y}$$

其中 $\boldsymbol{y}\in\mathbb{R}^n$。因此 μ 的特征子空间为

$$\varepsilon(\mu)=\{(\mu\boldsymbol{I}-\boldsymbol{L}_{G-Y})^{-1}\boldsymbol{L}_{G[Y]}\boldsymbol{y}:\boldsymbol{y}\in\mathbb{R}^n\}$$ □

定理 2.65 设 $\mu>0$ 是正则图 G 的一个拉普拉斯特征值，则 μ 有一个正则的线星补当且仅当 G 有一个完美匹配 Y 使得 Y 是 μ 的线星集。

证明 如果 G 有一个完美匹配 Y 使得 Y 是 μ 的线星集，则 $G-Y$ 是 μ 的一个正则的线星补。如果 μ 有一个线星集 Y 使得 $G-Y$ 正则，则由 $\boldsymbol{L}_G=\boldsymbol{L}_{G-Y}+\boldsymbol{L}_{G[Y]}$ 可知 $G[Y]$ 正则。由于 $G[Y]$ 是一个森林（见定理 2.64），因此 $G[Y]$ 是 G 的完美匹配。 □

例 2.5 彼得森图 P 的拉普拉斯谱为 $5^{(4)},2^{(5)},0$。彼得森图 P 有一个完美匹配 M 使得 $P-M$ 是两个 5 圈 C_5 的并。注意到 2 不是 C_5 的拉普拉斯特征值，故彼得森图的拉普拉斯特征值 2 有一个正则的线星补。

定理 2.66 设 μ 是图 G 的一个拉普拉斯特征值，H 是 G 的生成子图并且 μ 不是 H 的拉普拉斯特征值。那么图 G 关于 μ 有一个线星补包含 H。

定理 2.67 设 G 是一个连通二部图，$\mu_1,\cdots,\mu_r$ 是 G 的所有相异的非零拉普拉斯特征值。对 G 的任意生成树 T，T 的边集 $E(T)$ 有一个划分 $E_1\cup\cdots\cup E_r$ 使得 E_i 是 μ_i 的线星集$(i=1,\cdots,r)$。

2.11 最小特征值大于或等于-2 的图

图 G 的线图 $\mathcal{L}(G)$ 以 G 的边集作为其顶点集，线图 $\mathcal{L}(G)$ 的两个顶点邻接当且仅当它们在图 G 中相应的两条边邻接。设 $\boldsymbol{B}$ 是图 G 的点边关联矩阵，直接计算可知

$$\boldsymbol{B}^{\mathrm{T}}\boldsymbol{B}=2\boldsymbol{I}+\boldsymbol{A}_{\mathcal{L}(G)}$$

其中，$\boldsymbol{A}_{\mathcal{L}(G)}$ 是线图 $\mathcal{L}(G)$ 的邻接矩阵。由于 $\boldsymbol{B}^{\mathrm{T}}\boldsymbol{B}$ 半正定，因此以下结论成立。

定理 2.68　线图的最小特征值大于或等于-2。

由等式$\boldsymbol{B}^{\mathrm{T}}\boldsymbol{B}=2\boldsymbol{I}+\boldsymbol{A}_{\mathcal{L}(G)}$和定理 2.18 可得到如下结果。

定理 2.69　设 G 是有 n 个顶点 m 条边的连通图。

(1)如果 G 是二部图,则-2 是线图$\mathcal{L}(G)$的重数为 $m-n+1$ 的特征值。

(2)如果 G 是非二部图,则-2 是线图$\mathcal{L}(G)$的重数为 $m-n$ 的特征值。

仅包含一个圈的连通图称为单圈图。奇单圈图是指包含奇圈的单圈图。由定理 2.69 可得到如下推论。

推论 2.8　设 G 是一个连通图,则线图$\mathcal{L}(G)$的最小特征值大于-2 当且仅当 G 是树或者奇单圈图。

线图的最小特征值大于或等于-2,人们自然想到最小特征值大于或等于-2 的图是否一定是线图。答案是否定的。除了线图,广义线图是另一类最小特征值大于或等于-2 的图。下面介绍广义线图的定义。

一个悬挂的双边（2 条边的圈）称为一个花瓣。设$\{1,\cdots,n\}$是图 G 的顶点集,令 $\hat{G}=G(a_1,\cdots,a_n)$表示在图 G 的点 i 接上 a_i 个花瓣得到的多重图,它的广义线图$\mathcal{L}(\hat{G})$的顶点集是 $\hat{G}$ 的边集,$\hat{G}$ 的两条边在广义线图中邻接当且仅当它们恰好有一个公共点。

下面是广义线图的一个例子。

例 2.6　图 2.3 中的图 H 的顶点集为$\{1,2,3,4\}$,在点 1 接 1 个花瓣、点 4 接 2 个花瓣得到多重图 $\hat{H}=H(1,0,0,2)$。那么$\mathcal{L}(\hat{H})$是一个广义线图。由于边 a 和边 b 在 $\hat{H}$ 中有两个公共点,因此顶点 a 和 b 在$\mathcal{L}(\hat{H})$中不邻接。由于边 h 和边 i 在 $\hat{H}$ 中恰好有一个公共点,因此顶点 h 和 i 在$\mathcal{L}(\hat{H})$中邻接。

设图 G 是有 n 个顶点的图,多重图 $\hat{G}=G(a_1,\cdots,a_n)$的点边关联矩阵 $\boldsymbol{C}=(c_{ve})$的元素定义如下:

(1)如果边 e 和点 v 不关联,则 $c_{ve}=0$。

(2)如果 $v\in V(G)$并且边 e 和点 v 关联,则 $c_{ve}=1$。

(3)如果 $v\notin V(G)$并且 e,f 都和点 v 关联,则$\{c_{ve},c_{vf}\}=\{-1,1\}$。

由上述定义可得

$$\boldsymbol{C}^{\mathrm{T}}\boldsymbol{C}=\boldsymbol{A}(\mathcal{L}(\hat{G}))+2\boldsymbol{I}$$

其中,$\boldsymbol{A}(\mathcal{L}(\hat{G}))$是广义线图$\mathcal{L}(\hat{G})$的邻接矩阵。由于$\boldsymbol{C}^{\mathrm{T}}\boldsymbol{C}$是半正定矩阵,因此有如下结论。

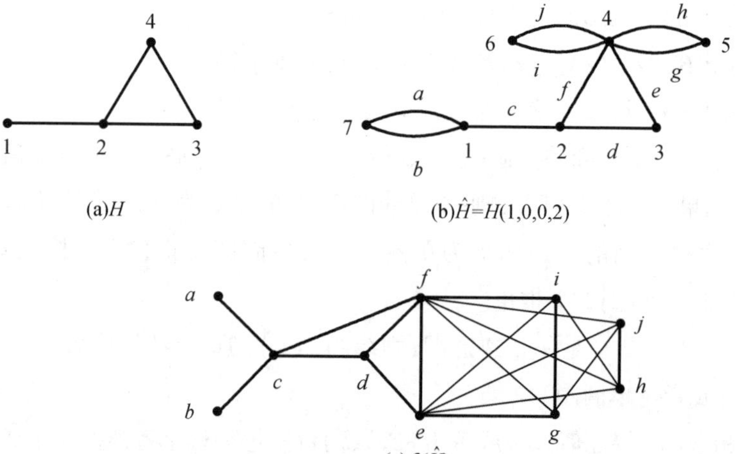

(a)H　(b)$\hat{H}=H(1,0,0,2)$

(c)$\mathcal{L}(\hat{H})$

图 2.3　广义线图的构造

定理 2.70　广义线图的最小特征值大于或等于-2。

如果一个连通图不是线图或广义线图并且它的最小特征值大于或等于-2，则称该图为例外图。由例外图的定义自然有以下结论。

定理 2.71　最小特征值大于或等于-2 的连通图由线图、广义线图和例外图构成。

一共有 573 个最小特征值大于-2 的例外图，其中 20 个有 6 个顶点，110 个有 7 个顶点，443 个有 8 个顶点。分别用$\mathcal{G}_6$，$\mathcal{G}_7$ 和$\mathcal{G}_8$ 表示有 6 个、7 个和 8 个顶点的最小特征值大于-2 的例外图集合。

1979 年，Doob 和 Cvetković 刻画了所有最小特征值大于-2 的连通图。

定理 2.72　设 G 是一个连通图，则它的最小特征值大于-2 当且仅当以下条件之一成立：

(1) $G=\mathcal{L}(H)$，其中 H 是树或奇单圈图。

(2) $G=\mathcal{L}(H(1,0,\cdots,0))$，其中 H 是树。

(3) G 是$\mathcal{G}_6\cup\mathcal{G}_7\cup\mathcal{G}_8$ 中的一个例外图。

对于最小特征值大于-2 的连通图 G，谱不变量 $\prod_{i=1}^{|V(G)|}(\lambda_i(G)+2)$ 有如下性质。

定理 2.73　设 G 是最小特征值大于-2 的连通图，则以下命题成立：

(1) 如果 $G\in\mathcal{G}_8$，则

$$\prod_{i=1}^{8}(\lambda_i(G)+2)=1$$

(2) 如果 $G \in \mathcal{G}_7$,则

$$\prod_{i=1}^{7}(\lambda_i(G)+2)=2$$

(3) 如果 $G \in \mathcal{G}_6$,则

$$\prod_{i=1}^{6}(\lambda_i(G)+2)=3$$

(4) 如果 G 是奇单圈图的线图,则

$$\prod_{i=1}^{|V(G)|}(\lambda_i(G)+2)=4$$

(5) 如果 $G=\mathcal{L}(\hat{H})$ 并且 $\hat{H}$ 是在一个树上接一个花瓣得到的多重图,则

$$\prod_{i=1}^{|V(G)|}(\lambda_i(G)+2)=4$$

(6) 如果 G 是树的线图,则

$$\prod_{i=1}^{|V(G)|}(\lambda_i(G)+2)=|V(G)|+1$$

图的星集还可以用于刻画例外图的结构。

定理 2.74　设图 G 的最小特征值是-2,则 G 是例外图当且仅当特征值-2 有一个星补是例外图。

最小特征值大于-2 的例外图最多有 8 个顶点,由定理 2.59 和定理 2.74 可得到如下结论。

定理 2.75　例外图最多有 36 个顶点。

习　　题

1. 求完全图 K_n 的谱。
2. 求完全二部图 $K_{m,n}$ 的谱。
3. 证明$\frac{1}{3}$不是任何图的特征值。
4. 设 Δ 是图 G 的最大度,证明 $\lambda_1(G) \geqslant \sqrt{\Delta}$。
5. 对于 n 个顶点的道路 P_n,证明$\lim\limits_{n\to\infty}\lambda_1(P_n)=2$。
6. 设 ω 是图 G 的团数,证明 $\lambda_\omega(G) \geqslant -1$。
7. 设 T 是有 n 个顶点的树,并且整数 s 是 T 的拉普拉斯特征值。证明 n 能

被 s 整除。

8. 证明命题 2.1。

9. 设图 G 是有 2 个相异特征值的连通图。证明图 G 是完全图。

10. 设方阵 $\boldsymbol{M}$ 的行列对应 G 的顶点，$\boldsymbol{M}$ 的对角元素都为零，并且对于任意两个非邻接的顶点 i,j 均有 $(\boldsymbol{M})_{ij}=0$。对于奇数 k，如果 $\boldsymbol{M}^k$ 有非零的对角元素，则 G 存在长度不超过 k 的奇圈。

第3章　图矩阵的特征多项式

本章总结了图的特征多项式、拉普拉斯多项式和无符号拉普拉斯多项式的系数的组合表示，讨论了图的特征多项式的各种化简公式，并介绍了图的特征多项式的重构猜想。

3.1　矩阵的特征多项式

方阵 $\boldsymbol{A}$ 的特征值由其特征多项式 $\det(x\boldsymbol{I}-\boldsymbol{A})$ 的所有零点构成，特征多项式在谱理论的研究中起到了重要作用。方阵 $\boldsymbol{A}$ 的特征多项式的系数可由 $\boldsymbol{A}$ 的主子式生成，即下面的定理3.1。

定理3.1　设 $\boldsymbol{A}$ 是 n 阶方阵，则

$$\det(x\boldsymbol{I}-\boldsymbol{A})=x^n+\sum_{k=1}^{n}(-1)^k S_k x^{n-k}$$

其中，S_k 表示 $\boldsymbol{A}$ 的所有 k 阶主子式之和。

方阵 $\boldsymbol{A}$ 的所有对角元素之和称为 $\boldsymbol{A}$ 的迹，记为 $\mathrm{tr}(\boldsymbol{A})$。由定理3.1可得到如下推论。

推论3.1　设 $\boldsymbol{A}$ 是 n 阶方阵并且 $\lambda_1,\cdots,\lambda_n$ 是 $\boldsymbol{A}$ 的全体特征值，则

$$\mathrm{tr}(\boldsymbol{A})=\lambda_1+\cdots+\lambda_n$$

$$\det(\boldsymbol{A})=\lambda_1\cdots\lambda_n$$

矩阵乘积 $\boldsymbol{AB}$ 和 $\boldsymbol{BA}$ 的特征多项式有如下关系。

定理3.2　设 $\boldsymbol{A}$ 和 $\boldsymbol{B}$ 分别是 $m\times n$ 矩阵和 $n\times m$ 矩阵，则

$$\det(x\boldsymbol{I}_m-\boldsymbol{AB})=x^{m-n}\det(x\boldsymbol{I}_n-\boldsymbol{BA})$$

证明　令 $\boldsymbol{C}=\begin{pmatrix}\boldsymbol{BA} & \boldsymbol{O}\\ \boldsymbol{A} & \boldsymbol{O}\end{pmatrix}$，$\boldsymbol{D}=\begin{pmatrix}\boldsymbol{O} & \boldsymbol{O}\\ \boldsymbol{A} & \boldsymbol{AB}\end{pmatrix}$，则

$$C=\begin{pmatrix} I & B \\ O & I \end{pmatrix} D \begin{pmatrix} I & -B \\ O & I \end{pmatrix}$$

因此 C 和 D 相似,它们有相同的特征多项式。直接计算可得

$$x^n\det(xI_m-AB)=\det(xI-D)=\det(xI-C)=x^m\det(xI_n-BA)$$ □

由定理 3.2 可得到如下推论。

推论 3.2 设 A 和 B 分别是 $m\times n$ 矩阵和 $n\times m$ 矩阵,则 AB 和 BA 有相同的非零特征值,并且非零特征值的代数重数也相同。

下面是著名的 Hamilton-Cayley 定理。

定理 3.3 设方阵 A 的特征多项式为 $f(x)$,则 $f(A)=O$。

证明 设 $\lambda_1,\cdots,\lambda_s$ 是 A 的所有相异特征值,其对应代数重数为 $m_1,\cdots,m_s$,则

$$f(x)=(x-\lambda_1)^{m_1}\cdots(x-\lambda_s)^{m_s}$$

存在可逆矩阵 P 使得 $A=PBP^{-1}$,其中 B 是上三角阵。由于 $f(A)=f(PBP^{-1})=Pf(B)P^{-1}$,因此 $f(A)=O$ 等价于 $f(B)=O$。直接计算可得

$$f(B)=(B-\lambda_1 I)^{m_1}\cdots(B-\lambda_s I)^{m_s}=O$$ □

由 Hamilton-Cayley 定理可得到如下推论。

推论 3.3 设 A 是非奇异矩阵,则 A^{-1} 是 A 的多项式。

证明 设 A 的特征多项式为

$$f(x)=x^n+a_{n-1}x^{n-1}+\cdots+a_1x+a_0$$

由定理 3.3 可得

$$f(A)=A^n+a_{n-1}A^{n-1}+\cdots+a_1A+a_0I=O$$

由于 $|a_0|=|\det(A)|\neq 0$,因此

$$A^{-1}=-a_0^{-1}(A^{n-1}+a_{n-1}A^{n-2}+\cdots+a_1I)$$

是 A 的多项式。 □

下面应用定理 3.2 给出图的拉普拉斯特征值的交错定理。

定理 3.4 设 G 是有 n 个顶点的图并且 e 是 G 的一条边,则

$$\mu_1(G)\geqslant\mu_1(G-e)\geqslant\mu_2(G)\geqslant\mu_2(G-e)\geqslant\cdots\geqslant\mu_n(G)=\mu_n(G-e)=0$$

证明 设 R_G 和 R_{G-e} 分别是 G 和 $G-e$ 的点弧关联矩阵,则

$$L_G=R_GR_G^{\mathrm{T}},L_{G-e}=R_{G-e}R_{G-e}^{\mathrm{T}}$$

注意到 $R_{G-e}^{\mathrm{T}}R_{G-e}$ 是 $R_G^{\mathrm{T}}R_G$ 的主子阵。由定理 1.8 和定理 3.2 可证明结论成立。 □

下面应用定理 3.2 给出图的无符号拉普拉斯特征值的交错定理。

定理 3.5　设 G 是有 n 个顶点的图并且 e 是 G 的一条边,则

$$q_1(G)\geqslant q_1(G-e)\geqslant q_2(G)\geqslant q_2(G-e)\geqslant\cdots\geqslant q_n(G)\geqslant q_n(G-e)\geqslant 0$$

证明　设 $\boldsymbol{B}_G$ 和 $\boldsymbol{B}_{G-e}$ 分别是 G 和 $G-e$ 的点边关联矩阵,则

$$\boldsymbol{Q}_G=\boldsymbol{B}_G\boldsymbol{B}_G^{\mathrm{T}},\ \boldsymbol{Q}_{G-e}=\boldsymbol{B}_{G-e}\boldsymbol{B}_{G-e}^{\mathrm{T}}$$

注意到 $\boldsymbol{B}_{G-e}^{\mathrm{T}}\boldsymbol{B}_{G-e}$ 是 $\boldsymbol{B}_G^{\mathrm{T}}\boldsymbol{B}_G$ 的主子阵。由定理 1.8 和定理 3.2 可证明结论成立。 □

3.2　图的特征多项式

令 $\phi_G(x)=\det(x\boldsymbol{I}-\boldsymbol{A}_G)$ 表示图 G 的特征多项式。图 G 的一个极大连通子图称为 G 的一个连通分支。如果 G 不连通,则 G 的邻接矩阵可写成对角块形式

$$\boldsymbol{A}_G=\mathrm{diag}(\boldsymbol{A}_1,\cdots,\boldsymbol{A}_t)$$

其中$\boldsymbol{A}_1,\cdots,\boldsymbol{A}_t$ 是 G 的连通分支的邻接矩阵。因此我们有以下结论。

定理 3.6　设图 G 有 t 个连通分支 $G_1,\cdots,G_t$,则

$$\phi_G(x)=\prod_{i=1}^{t}\phi_{G_i}(x)$$

每个连通分支是 P_2 或圈的图称为基础图。如果 H 是 G 的子图并且 $V(H)=V(G)$,则称 H 是 G 的生成子图。Harary 用基础生成子图给出了图的邻接矩阵行列式的如下组合表示。

定理 3.7　设 G 是有 n 个顶点的图,$\mathcal{H}$是 G 的基础生成子图的集合,则

$$\det(\boldsymbol{A}_G)=(-1)^n\sum_{H\in\mathcal{H}}(-1)^{p(H)}2^{c(H)}$$

其中,$p(H)$是 H 的连通分支数量;$c(H)$是 H 中圈的数量。

证明　令 $\boldsymbol{A}=(a_{ij})$为图 G 的邻接矩阵,则

$$\det(\boldsymbol{A})=\sum_{\sigma\in S_n}\mathrm{sgn}(\sigma)a_{1\sigma(1)}\cdots a_{n\sigma(n)}$$

其中,S_n 是 n 元对称群。由图的邻接矩阵的定义可知,$a_{1\sigma(1)}\cdots a_{n\sigma(n)}\neq 0$ 当且仅当 $1\sigma(1),\cdots,n\sigma(n)$ 都是图 G 的边。满足这样条件的置换 σ 可表示为 $\sigma=\pi_1\cdots\pi_t$,其中 $\pi_1,\cdots,\pi_t$ 是长度至少是 2 的 t 个不相交的循环置换。置换 $\sigma=\pi_1\cdots\pi_t$ 对应于图 G 的一个基础生成子图 H,并且 $\mathrm{sgn}(\sigma)=(-1)^{n-p(H)}$。图 G 的一个基础生成子图 H 可产生 $2^{c(H)}$ 个具有相同符号的置换 σ。 □

下面的定理用基础子图给出了图的特征多项式系数的组合表示,即经典的Sachs系数定理。

定理 3.8 设图 G 的特征多项式为 $\phi_G(x)=x^n+c_1x^{n-1}+\cdots+c_{n-1}x+c_n$,并且令 $\mathcal{H}_i$ 为 G 的 i 个顶点的基础子图的集合,则

$$c_i=\sum_{H\in\mathcal{H}_i}(-1)^{p(H)}2^{c(H)}\quad(i=1,\cdots,n)$$

其中,$p(H)$ 是 H 的连通分支数量;$c(H)$ 是 H 中圈的数量。

证明 由定理 3.1 可知,$(-1)^i c_i$ 等于图 G 的邻接矩阵 $\boldsymbol{A}$ 的所有 i 阶主子式之和。注意到 $\boldsymbol{A}$ 的一个 i 阶主子式即为其对应 i 个点的诱导子图的邻接矩阵行列式。由定理 3.7 可得到 c_i 的表达式。 □

如果图 G 的顶点 u 是它的一条边 e 的端点,则称点 u 和边 e 关联。与点 u 关联的边的个数称为 u 的度,记为 $d_u(G)$。由 Sachs 系数定理可得到如下推论。

推论 3.4 设 G 的特征多项式为 $\phi_G(x)=x^n+c_1x^{n-1}+\cdots+c_{n-1}x+c_n$,则

$$c_1=0$$

$$c_2=-|E(G)|$$

$$c_3=-2t$$

$$c_4=\frac{|E(G)|(|E(G)|+1)}{2}-\frac{1}{2}\sum_{u\in V(G)}d_u(G)^2-2q$$

其中,t 和 q 分别是图 G 包含的三角形个数和 C_4 子图个数。

下面的定理说明图的奇围长以及长度等于奇围长的圈的个数可由图的特征多项式系数判定。

定理 3.9 设图 G 的特征多项式为 $\phi_G(x)=x^n+c_1x^{n-1}+\cdots+c_{n-1}x+c_n$,则 G 的奇围长等于 $2k+1$ 当且仅当 $c_{2k+1}\neq 0$ 且 $c_{2l+1}=0$ $(l=1,\cdots,k-1)$。如果 G 的奇围长是 $2k+1$,则 G 包含 $-\frac{1}{2}c_{2k+1}$ 个长度为 $2k+1$ 的圈。

证明 奇数个点的基础图一定包含奇圈。由 Sachs 系数定理可知结论成立。 □

由定理 3.9 可得到二部图的如下判定定理。

定理 3.10 设图 G 的特征多项式为 $\phi_G(x)=x^n+c_1x^{n-1}+\cdots+c_{n-1}x+c_n$,则图 G 是二部图当且仅当 $c_{2k+1}=0\left(k=1,\cdots,\left\lfloor\frac{n-1}{2}\right\rfloor\right)$。

如果 G 的两条边 e,f 有公共顶点,则称 e 和 f 邻接。如果 G 的边子集 M 中

任意两条边都不邻接,则称 M 是 G 的一个匹配。

不含圈的连通图称为树。树的特征多项式系数与树的匹配有如下关系。

定理 3.11　设树 T 的特征多项式为 $\phi_G(x)=x^n+c_1x^{n-1}+\cdots+c_{n-1}x+c_n$,则

$$c_{2k}=(-1)^k m_k \quad \left(k=1,\cdots,\left\lfloor \frac{n}{2} \right\rfloor\right)$$

其中,m_k 是树 T 中含有 k 条边的匹配的个数。

证明　由于树不含圈,因此由 Sachs 系数定理可知结论成立。 □

Schwenk 给出了图的特征多项式的如下化简公式,即用图 G 的子图的特征多项式表示图 G 的特征多项式。

定理 3.12　设 u 是图 G 的一个顶点,$N(u)$ 是 u 的所有邻点的集合,$C(u)$ 是包含点 u 的所有圈的集合,则

$$\phi_G(x)=x\phi_{G-u}(x)-\sum_{v\in N(u)}\phi_{G-u-v}(x)-2\sum_{Z\in C(u)}\phi_{G-V(Z)}(x)$$

其中,$V(Z)$ 是圈 Z 的顶点集。

定理 3.13　设 uv 是图 G 的一条边,$C(uv)$ 是包含边 uv 的所有圈的集合,则

$$\phi_G(x)=\phi_{G-uv}(x)-\phi_{G-u-v}(x)-2\sum_{Z\in C(uv)}\phi_{G-V(Z)}(x)$$

其中,$V(Z)$ 是圈 Z 的顶点集。

由 Schwenk 公式可得到树的特征多项式的如下化简公式。

推论 3.5　设 w 是树 T 的一个顶点,uv 是树 T 的一条边,则

$$\phi_G(x)=x\phi_{G-w}(x)-\sum_{w_0\in N(w)}\phi_{G-w-w_0}(x)=\phi_{G-uv}(x)-\phi_{G-u-v}(x)$$

与度为 1 的顶点关联的边称为悬挂边。由 Schwenk 公式可得到具有悬挂边的图的特征多项式的如下约化公式。

推论 3.6　设 G_v 是在图 G 的顶点 v 上加一个悬挂边得到的图,则

$$\phi_{G_v}(x)=x\phi_G(x)-\phi_{G-v}(x)$$

3.3　图的拉普拉斯多项式

图的生成森林是指每个连通分支是树的生成子图。具有 k 个连通分支的生成森林称为生成 k 森林。对于图 G 的 k 顶点子集 U 和生成 k 森林 F,如果 U 的顶点分散在 F 的 k 个连通分支中,则称生成 k 森林 F 分离了顶点集 U。

定理 3.14 对于图 G 的顶点子集 U,令 $\boldsymbol{L}_G(U)$ 表示将 $\boldsymbol{L}_G$ 中 U 对应的行列删去得到的主子阵。那么行列式 $\det(\boldsymbol{L}_G(U))$ 等于分离 U 中所有顶点的生成 $|U|$ 森林的个数。

图的拉普拉斯矩阵的特征多项式称为图的拉普拉斯多项式。图的拉普拉斯多项式的系数有如下组合表示。

定理 3.15 设 G 的拉普拉斯多项式为 $x^n+c_1x^{n-1}+\cdots+c_{n-1}x$,则

$$c_i=(-1)^i\sum_{|E(F)|=i}p(F)\quad(i=1,\cdots,n-1)$$

其中,加和号取遍所有 i 条边的生成森林 F;$p(F)$ 是 F 各连通分支的顶点数的乘积。

证明 $(-1)^ic_i$ 等于 $\boldsymbol{L}_G$ 的所有 i 阶主子式之和。由定理 3.14 可证明结论成立。 □

由上述定理可得到如下推论。

推论 3.7 设 G 的拉普拉斯多项式为 $x^n+c_1x^{n-1}+\cdots+c_{n-1}x$,并且其度序列为 $d_1,d_2,\cdots,d_n$,则

$$c_1=-2m=-\sum_{i=1}^{n}d_i$$

$$c_2=2m^2-m-\frac{1}{2}\sum_{i=1}^{n}d_i^2$$

$$c_3=\frac{1}{3}\left(-4m^3+6m^2+3m^2\sum_{i=1}^{n}d_i^2-\sum_{i=1}^{n}d_i^3-3\sum_{i=1}^{n}d_i^2+6N_G(C_3)\right)$$

$$c_{n-1}=(-1)^{n-1}nt(G)$$

其中,m 是 G 的边数;$N_G(C_3)$ 是 G 的三角形个数;$t(G)$ 是 G 的生成树个数。

3.4 图的无符号拉普拉斯多项式

如果 G 的生成子图的每个连通分支是树或奇单圈图,则它称为 G 的 TU 子图。假设 G 的 TU 子图 H 由 c 个奇单圈图和树 $T_1,T_2,\cdots,T_s$ 构成,则 H 的权值定义为 $W(H)=4^c\prod_{i=1}^{s}|V(T_i)|$。如果 H 的连通分支中没有树,则 $W(H)=4^c$。

图 G 的无符号拉普拉斯矩阵的特征多项式称为 G 的无符号拉普拉斯多项式,记为 $\varphi_G(x)=\det(x\boldsymbol{I}-\boldsymbol{Q}_G)$。它的系数有如下组合表示。

定理 3.16　设 G 是有 n 个顶点 $m\geqslant n$ 条边的连通图，且 $\varphi_G(x)=x^n+p_1x^{n-1}+\cdots+p_n$，则

$$p_j=(-1)^j\sum_{H_j}W(H_j)\quad(j=1,2,\cdots,n)$$

其中，加和号取遍 G 的所有 j 条边的 TU 子图。

图 G 的无符号拉普拉斯多项式的常数项可由 Q_G 的行列式来表示。应用上述定理可以推出如下结果。

定理 3.17　对任意图 G，$\det(\boldsymbol{Q}_G)=4$ 当且仅当 G 是奇单圈图。如果 G 是非二部的连通图并且 $|E(G)|>|V(G)|$，则 $\det(\boldsymbol{Q}_G)\geqslant 16$，取等号当且仅当 G 是非二部的双圈图并且 C_4 是 G 的诱导子图。

将图 G 的每条边替换为 P_3 得到的图称为 G 的细分图，记为 $S(G)$。下面是图 G 的无符号拉普拉斯多项式与细分图 $S(G)$ 的特征多项式之间的关系。

定理 3.18　设 G 是有 n 个顶点和 m 条边的图，则

$$\phi_{S(G)}(x)=x^{m-n}\varphi_G(x^2)$$

证明　细分图 $S(G)$ 的邻接矩阵可分块表示为

$$\boldsymbol{A}_{S(G)}=\begin{pmatrix}\boldsymbol{O} & \boldsymbol{B}^{\mathrm{T}}\\ \boldsymbol{B} & \boldsymbol{O}\end{pmatrix}$$

其中，$\boldsymbol{B}$ 是 G 的点边关联矩阵。由定理 1.48 可得

$$\begin{aligned}\phi_{S(G)}(x)&=\det\begin{pmatrix}x\boldsymbol{I}_m & -\boldsymbol{B}^{\mathrm{T}}\\ -\boldsymbol{B} & x\boldsymbol{I}_n\end{pmatrix}=x^m\det(x\boldsymbol{I}_n-x^{-1}\boldsymbol{B}\boldsymbol{B}^{\mathrm{T}})\\&=x^{m-n}\det(x^2\boldsymbol{I}_n-\boldsymbol{Q}_G)=x^{m-n}\varphi_G(x^2)\end{aligned}$$ □

下面是图 G 的无符号拉普拉斯多项式与线图 $\mathcal{L}(G)$ 的特征多项式之间的关系。

定理 3.19　设 G 是有 n 个顶点和 m 条边的图，则

$$\phi_{\mathcal{L}(G)}(x)=(x+2)^{m-n}\varphi_G(x+2)$$

证明　令 $\boldsymbol{B}$ 为 G 的点边关联矩阵，则 $\boldsymbol{Q}_G=\boldsymbol{B}\boldsymbol{B}^{\mathrm{T}}$ 并且 $\boldsymbol{B}^{\mathrm{T}}\boldsymbol{B}=\boldsymbol{A}_{L(G)}+2\boldsymbol{I}$。由定理 3.2 可得

$$\phi_{\mathcal{L}(G)}(x)=(x+2)^{m-n}\varphi_G(x+2)$$ □

下面是半正则二部图的无符号拉普拉斯多项式。

定理 3.20　设 G 是具有参数$(n_1,n_2,r_1,r_2)(n_1\geqslant n_2)$的半正则二部图，则

$$\varphi_G(x)=x(x-r_1-r_2)(x-r_1)^{n_1-n_2}\prod_{i=2}^{n_2}[(x-r_1)(x-r_2)-\lambda_i(G)^2]$$

设 Y 是图 G 的边子集，$\mu>0$ 是 G 的重数为 k 的无符号拉普拉斯特征值。如果 $|Y|=k$ 并且 μ 不是 $G-Y$ 的无符号拉普拉斯特征值，则称 Y 是 G 的关于无符号拉普拉斯特征值 μ 的线星集，生成子图 $G-Y$ 是 μ 的线星补。由无符号拉普拉斯特征值的交错性质可知，每删去 Y 中的一条边，μ 的重数就减少 1。

由定理 3.18 和定理 3.19 可得到如下结果。

定理 3.21 设 $\mu>0$ 是图 G 的一个无符号拉普拉斯特征值。对于 $Y\subseteq E(G)$，以下命题等价：

(1) Y 是无符号拉普拉斯特征值 μ 的线星集。

(2) Y 是线图 $\mathcal{L}(G)$ 的特征值 $\mu-2$ 的星集。

(3) Y 是细分图 $S(G)$ 的特征值 $\sqrt{\mu}$ 的星集。

由于图的特征值的星集一定存在，因此由上述定理可得到如下结果。

命题 3.1 对任意图 G 的任意非零无符号拉普拉斯特征值 μ，其线星集和线星补一定存在。

无符号拉普拉斯特征值的线星集有如下判定定理。

定理 3.22 设 Y 是图 G 的一个边子集，则 Y 是 G 的非零无符号拉普拉斯特征值 μ 的线星集当且仅当

$$\boldsymbol{B}_{G[Y]}^{\mathrm{T}}(\mu\boldsymbol{I}-\boldsymbol{Q}_{G-Y})^{-1}\boldsymbol{B}_{G[Y]}=\boldsymbol{I}$$

其中，$\boldsymbol{B}_{G[Y]}$ 是 $G[Y]$ 的点边关联矩阵。

证明 $\boldsymbol{B}_G$ 表示 G 的点边关联矩阵。细分图 $S(G)$ 的邻接矩阵可表示为

$$\boldsymbol{A}_{S(G)}=\begin{pmatrix}\boldsymbol{O} & \boldsymbol{B}_G^{\mathrm{T}}\\ \boldsymbol{B}_G & \boldsymbol{O}\end{pmatrix}$$

由定理 3.21 可知，图 G 的边子集 Y 是 μ 的线星集当且仅当 Y 是细分图 $S(G)$ 的特征值 $\sqrt{\mu}$ 的星集。矩阵 $\boldsymbol{A}_{S(G)}$ 可以表示为

$$\boldsymbol{A}_{S(G)}=\begin{pmatrix}\boldsymbol{O} & \boldsymbol{O} & \boldsymbol{B}_{G[Y]}^{\mathrm{T}}\\ \boldsymbol{O} & \boldsymbol{O} & \boldsymbol{B}_{G-Y}^{\mathrm{T}}\\ \boldsymbol{B}_{G[Y]} & \boldsymbol{B}_{G-Y} & \boldsymbol{O}\end{pmatrix}$$

由星集的重构定理可知，Y 是 $\sqrt{\mu}$ 的星集当且仅当 $\sqrt{\mu}$ 不是 $\begin{pmatrix}\boldsymbol{O} & \boldsymbol{B}_{G-Y}^{\mathrm{T}}\\ \boldsymbol{B}_{G-Y} & \boldsymbol{O}\end{pmatrix}$ 的特征值，并且

$$(\boldsymbol{O}\quad \boldsymbol{B}_{G[Y]}^{\mathrm{T}})\begin{pmatrix}\sqrt{\mu}\boldsymbol{I} & -\boldsymbol{B}_{G-Y}^{\mathrm{T}}\\ -\boldsymbol{B}_{G-Y} & \sqrt{\mu}\boldsymbol{I}\end{pmatrix}^{-1}\begin{pmatrix}\boldsymbol{O}\\ \boldsymbol{B}_{G[Y]}\end{pmatrix}=\mu\boldsymbol{I}$$

由定理 1.51 可得

$$B_{G[Y]}^{\mathrm{T}}\left(\sqrt{\mu}I-\frac{1}{\sqrt{\mu}}B_{G-Y}B_{G-Y}^{\mathrm{T}}\right)^{-1}B_{G[Y]}=\sqrt{\mu}I$$

$$B_{G[Y]}^{\mathrm{T}}(\mu I-Q_{G-Y})^{-1}B_{G[Y]}=I$$ □

下面是无符号拉普拉斯特征值的线星集的另一个等价的判定定理。

定理 3.23　设 Y 是图 G 的一个边子集，则 Y 是 G 的非零无符号拉普拉斯特征值 μ 的线星集当且仅当以下条件成立：

(1) μ 不是 $G-Y$ 的无符号拉普拉斯特征值。

(2) $G[Y]$ 的每个连通分支是树或奇单圈图。

(3) $(\mu I-Q_{G-Y})^{-1}$ 是 $Q_{G[Y]}$ 的 $\{1\}$-逆。

如果 Y 是 μ 的线星集，则特征值 μ 的特征子空间为

$$\varepsilon(\mu)=\{(\mu I-Q_{G-Y})^{-1}Q_{G[Y]}y:y\in\mathbb{R}^n\}$$

其中，n 是 G 的顶点数。

证明　由定理 3.22 可知，Y 是 μ 的线星集当且仅当 μ 不是 $G-Y$ 的无符号拉普拉斯特征值并且

$$B_{G[Y]}^{\mathrm{T}}(\mu I-Q_{G-Y})^{-1}B_{G[Y]}=I \tag{3.1}$$

此时，$B_{G[Y]}$ 列满秩。由于 $Q_{G[Y]}=B_{G[Y]}B_{G[Y]}^{\mathrm{T}}$，根据定理 1.34 可知，等式 (3.1) 成立当且仅当 $B_{G[Y]}$ 列满秩并且 $(\mu I-Q_{G-Y})^{-1}$ 是 $Q_{G[Y]}$ 的 $\{1\}$-逆。设 $H_1,\cdots,H_t$ 是 $G[Y]$ 的连通分支，则

$$\mathrm{rank}(B_{G[T]})=\sum_{i=1}^{t}\mathrm{rank}(B_{H_i})$$

由定理 2.18 可知，$B_{G[Y]}$ 列满秩当且仅当 $G[Y]$ 的每个连通分支是树或奇单圈图。故 Y 是 μ 的线星集当且仅当 (1) ~ (3) 成立。

由于 $Q_G=Q_{G-Y}+Q_{G[Y]}$，因此特征值 μ 的特征子空间为

$$\{x\in\mathbb{R}^n:Q_Gx=\mu x\}=\{x\in\mathbb{R}^n:(\mu I-Q_{G-Y}-Q_{G[Y]})x=0\}$$

如果 Y 是 μ 的线星集，则 $(\mu I-Q_{G-Y})^{-1}$ 是 $Q_{G[Y]}$ 的 $\{1\}$-逆。故 $(\mu I-Q_{G-Y})^{-1}$ 也是 $\mu I-Q_{G-Y}-Q_{G[Y]}$ 的 $\{1\}$-逆。由定理 1.35 可知，线性方程组 $(\mu I-Q_{G-Y}-Q_{G[Y]})x=0$ 的通解为

$$x=[I-(\mu I-Q_{G-Y})^{-1}(\mu I-Q_{G-Y}-Q_{G[Y]})]y=(\mu I-Q_{G-Y})^{-1}Q_{G[Y]}y$$

其中，$y\in\mathbb{R}^n$。因此 μ 的特征子空间

$$\varepsilon(\mu)=\{(\mu I-Q_{G-Y})^{-1}Q_{G[Y]}y:y\in\mathbb{R}^n\}$$ □

3.5 图的特征多项式的重构

一个图的特征多项式的导函数和它的子图的特征多项式有如下关系。

定理 3.24 图 G 的特征多项式 $\phi_G(x)$ 的导数为

$$\frac{\mathrm{d}\phi_G(x)}{\mathrm{d}x}=\sum_{i\in V(G)}\phi_{G-i}(x)$$

设 G 是顶点集为 $\{1,\cdots,n\}$ 的图,并且令 $P(G)=\{\phi_{G-1}(x),\cdots,\phi_{G-n}(x)\}$ 表示 G 的所有删去 1 个点的子图的特征多项式的集合。如果 $P(G)$ 是已知的,则由定理 3.14 可唯一确定 $\phi_G(x)$ 的所有非常数项系数。1973 年,Cvetković 猜测对于至少有三个顶点的 G,$\phi_G(x)$ 可由 $P(G)$ 唯一确定。这个猜想也被称为图的特征多项式的重构猜想。

定理 3.25 如果图 G 至少有三个连通分支,则它的特征多项式可由 $P(G)$ 唯一确定。

定理 3.26 设图 G 至少有三个顶点,且恰好有两个连通分支。如果 G 的两个连通分支有不同的顶点数,则 $\phi_G(x)$ 可由 $P(G)$ 唯一确定。

定理 3.27 如果 G 是正则图,则它的特征多项式可由 $P(G)$ 唯一确定。

定理 3.28 如果 G 是一个线图,则它的特征多项式可由 $P(G)$ 唯一确定。

定理 3.29 如果 T 是一个树,则它的特征多项式可由 $P(T)$ 唯一确定。

定理 3.30 对任意图 G,则它的特征多项式可由 $P(G)$ 和 $P(\overline{G})$ 唯一确定,其中 $\overline{G}$ 是 G 的补图。

习　题

1. 求设 G 是 n 个顶点的 d 正则图,证明

$$\phi_{\overline{G}}(x)=(-1)^n\frac{x-n+d+1}{x+d+1}\phi_G(-x-1)$$

2. 设 H 是连通图 G 的生成子图且 $H\neq G$,证明:对任意 $x\geqslant\lambda_1(G)$,均有 $\phi_H(x)>\phi_G(x)$。

3. 证明道路 P_n 的特征多项式为

$$\phi_{P_n}(x)=\sum_{q=0}^{\left\lfloor \frac{n}{2}\right\rfloor}(-1)^q C_{n-q}^{q}x^{n-2q}$$

其中，$C_n^k=\dfrac{n!}{(n-k)!\ k!}$。

4. 证明定理 3.17。

5. 证明定理 3.20。

6. 证明定理 3.24。

7. 设 G 是一个二部图。给出图 G 的拉普拉斯特征值和 G 的线图的特征值之间的关系。

第4章　图的独立数

Hoffman 比率界、Lovász 数和 Schrijver 数是图的独立数的经典上界，在图论、极值组合学和信息论中都有重要应用。本章探讨了如何用图矩阵的广义逆给出图的独立数的界，并在此基础上得到了独立数达到 Lovász 数、Schrijver 数和 Hoffman 界的统一刻画。本章还给出了确定图的最大独立集、独立数、香农容量和 Lovász 数的一些简单的结构条件和谱条件。

4.1　独立数的 Hoffman 界

如果图 G 的顶点子集 S 中任意两点都是非邻接的，则称 S 为 G 的独立集。G 的独立数 $\alpha(G)$ 是 G 中最大独立集的点数。独立数是图论中一个重要的图参数。下面是 Hoffman 给出的一个著名的上界。

定理 4.1　设图 G 是有 n 个顶点的 k-正则图，并且 τ 是图 G 的最小邻接特征值，则

$$\alpha(G)\leqslant n\frac{|\tau|}{k-\tau}$$

定理 4.1 中的上界通常被称为 $\alpha(G)$ 的 Hoffman 比率界。Haemers 将 Hoffman 比率界由正则图推广到一般图。

定理 4.2　设 G 是最小度为 δ 的图，λ 和 τ 分别是 G 的最大和最小特征值，则

$$\alpha(G)\leqslant n\frac{\lambda|\tau|}{\delta^2-\lambda\tau}$$

下面的定理也是定理 4.1 的推广。

定理 4.3　设 G 是有 n 个顶点且最小度为 δ 的图，$\mu>0$ 是 G 的最大拉普拉

斯特征值,则

$$\alpha(G) \leqslant \frac{n(\mu-\delta)}{\mu}$$

对于一个没有孤立点的图 G,其规范拉普拉斯矩阵 $\boldsymbol{L}$ 是一个 $|V(G)| \times |V(G)|$ 的实对称矩阵,其元素定义为

$$(\boldsymbol{L})_{ij} = \begin{cases} 1 & \text{如果 } i=j \\ -(d_i d_j)^{-\frac{1}{2}} & \text{如果} \{i,j\} \in E(G) \\ 0 & \text{如果} \{i,j\} \notin E(G) \end{cases}$$

其中,d_i 是点 i 的度。图 G 的最大规范拉普拉斯特征值定义为 $\boldsymbol{L}$ 的最大特征值。

定理 4.4　设 G 是有 m 条边且最小度为 $\delta>0$ 的图,μ 是 G 的最大规范拉普拉斯特征值,则

$$\alpha(G) \leqslant \frac{2m(\mu-1)}{\mu\delta}$$

设$\mathcal{F}$是集合$\{1,\cdots,n\}$中一些 k 元子集构成的集合。如果对于任意的 F_1, $F_2 \in \mathcal{F}$都有 $F_1 \cap F_2 \neq \varnothing$,则称$\mathcal{F}$是一个相交族。下面是极值组合中经典的 EKR 定理及其代数证明(用到独立数的 Hoffman 界)。

定理 4.5　设$\mathcal{F}$是集合$\{1,\cdots,n\}$中一些 k 元子集构成的相交族且 $n \geqslant 2k$,则

$$|\mathcal{F}| \leqslant \binom{n-1}{k-1}$$

证明　构造图 $K(n,k)$,其顶点集是$\{1,\cdots,n\}$的所有 k 元子集,两个 k 元子集之间连边当且仅当它们的交是空集。所需要证明的结论等价于 $\alpha(K(n,k)) \leqslant \binom{n-1}{k-1}$。图 $K(n,k)$ 是度为 $\binom{n-k}{k}$ 的正则图,并且它的最小特征值的绝对值为 $\binom{n-k-1}{k-1}$。通过计算,定理 4.1 中的 Hoffman 界是 $\binom{n-1}{k-1}$,因此 $\alpha(K(n,k)) \leqslant \binom{n-1}{k-1}$。 □

Hoffman 比率界在图论、编码理论和极值组合中有重要应用。

4.2 独立数的广义逆界

设 S 是方阵 $\boldsymbol{A}$ 的行指标集的一个子集。令 $\boldsymbol{A}[S]$ 表示方阵 $\boldsymbol{A}$ 的对应指标集 S 的主子矩阵。如果实向量 $\boldsymbol{x}=(x_1,\cdots,x_n)^{\mathrm{T}}$ 的所有分量都不等于零,则称 $\boldsymbol{x}$ 为一个全非零向量。

对于具有 n 个顶点的图 G,令 $\mathscr{P}(G)$ 表示满足以下条件的实的矩阵-向量对$(\boldsymbol{M},\boldsymbol{x})$的集合:

(1)$\boldsymbol{M}$ 是半正定的 $n\times n$ 矩阵,并且 $\boldsymbol{M}$ 的行列指标集对应于图 G 的顶点集。

(2)实向量 $\boldsymbol{x}=(x_1,\cdots,x_n)^{\mathrm{T}}\in R(\boldsymbol{M})$ 是 $\boldsymbol{M}$ 值域中的全非零向量,并且对于任意两个非邻接的顶点 $i,j(i\neq j)$,均有$(\boldsymbol{M})_{ij}x_ix_j\leqslant 0$。

对于$(\boldsymbol{M},\boldsymbol{x})\in\mathscr{P}(G)$和顶点子集 $T\in V(G)$,令 $F(\boldsymbol{M},\boldsymbol{x})$和 $F_T(\boldsymbol{M},\boldsymbol{x})$表示如下函数:

$$F(\boldsymbol{M},\boldsymbol{x})=\boldsymbol{x}^{\mathrm{T}}\boldsymbol{M}^{\#}\boldsymbol{x}\max_{u\in V(G)}\frac{(\boldsymbol{M})_{uu}}{x_u^2}$$

$$F_T(\boldsymbol{M},\boldsymbol{x})=\frac{\boldsymbol{x}^{\mathrm{T}}\boldsymbol{M}^{\#}\boldsymbol{x}}{|T|}\sum_{u\in T}\frac{(\boldsymbol{M})_{uu}}{x_u^2}$$

下面我们用半正定图矩阵的广义逆给出独立数的界。

定理 4.6 设$(\boldsymbol{M},\boldsymbol{x})\in\mathscr{P}(G)$是具有 n 个顶点的图 G 对应的一个矩阵-向量对,则以下命题成立:

(1)对于 G 的任何独立集 S,均有

$$|S|\leqslant F_S(\boldsymbol{M},\boldsymbol{x})$$

等号成立当且仅当 $\boldsymbol{M}[S]$是对角阵并且存在一个常数 c 使得

$$\frac{(\boldsymbol{M})_{vv}}{x_v^2}=c(v\in S)$$

$$cx_v=\sum_{u\in S}(\boldsymbol{M})_{vu}x_u^{-1}(v\notin S)$$

(2)图 G 的独立数 $\alpha(G)$满足

$$\alpha(G)\leqslant F(\boldsymbol{M},\boldsymbol{x})$$

等号成立当且仅当图 G 有独立集 C 使得 $\boldsymbol{M}[C]$是对角阵并且

$$\frac{(\boldsymbol{M})_{vv}}{x_v^2}=\max_{u\in V(G)}\frac{(\boldsymbol{M})_{uu}}{x_u^2}=c(v\in C)$$

$$cx_v = \sum_{u \in C} (\boldsymbol{M})_{vu} x_u^{-1} (v \notin C)$$

此外,如果一个独立集 C 满足上述条件,则

$$\alpha(G) = |C| = F(\boldsymbol{M}, \boldsymbol{x})$$

(3) 如果 $\dfrac{(\boldsymbol{M})_{11}}{x_1^2} \geqslant \cdots \geqslant \dfrac{(\boldsymbol{M})_{nn}}{x_n^2}$ 按递减顺序排列,并且对正整数 t 满足 $\alpha(G) \geqslant t$,则

$$\alpha(G) \leqslant F_T(\boldsymbol{M}, \boldsymbol{x})$$

其中,$T = \{1, \cdots, t\}$。

证明　对于半正定实矩阵 $\boldsymbol{M}$,存在正交矩阵 $\boldsymbol{U}$, 满足

$$\boldsymbol{M} = \boldsymbol{U} \mathrm{diag}(\lambda_1, \cdots, \lambda_n) \boldsymbol{U}^{\mathrm{T}}$$

其中,$\mathrm{diag}(\lambda_1, \cdots, \lambda_n)$表示对角元素非负的对角矩阵。构造矩阵

$$\boldsymbol{M}^{\frac{1}{2}} = \boldsymbol{U} \mathrm{diag}\left(\lambda_1^{\frac{1}{2}}, \cdots, \lambda_n^{\frac{1}{2}}\right) \boldsymbol{U}^{\mathrm{T}}$$

$$\boldsymbol{M}^{-\frac{1}{2}} = \boldsymbol{U} \mathrm{diag}\left((\lambda_1^+)^{\frac{1}{2}}, \cdots, (\lambda_n^+)^{\frac{1}{2}}\right) \boldsymbol{U}^{\mathrm{T}}$$

其中,$\lambda_i^+ = \lambda_i^{-1}$;如果 $\lambda_i > 0$;$\lambda_i^+ = 0$,如果 $\lambda_i = 0$。那么

$$\boldsymbol{M}^{\#} = \boldsymbol{U} \mathrm{diag}(\lambda_1^+, \cdots, \lambda_n^+) \boldsymbol{U}^{\mathrm{T}} = \left(\boldsymbol{M}^{-\frac{1}{2}}\right)^2$$

由于 $\boldsymbol{M}^{\frac{1}{2}} \boldsymbol{M}^{-\frac{1}{2}} \boldsymbol{M} = \boldsymbol{M}$ 并且 $\boldsymbol{x} = (x_1, \cdots, x_n)^{\mathrm{T}} \in R(\boldsymbol{M})$,所以

$$\boldsymbol{M}^{\frac{1}{2}} \boldsymbol{M}^{-\frac{1}{2}} \boldsymbol{x} = \boldsymbol{x}$$

对于 G 的任何独立集 S,构造向量 $\boldsymbol{y} = (y_1, \cdots, y_n)^{\mathrm{T}}$,其中

$$y_u = \begin{cases} x_u^{-1} & u \in S \\ 0 & u \notin S \end{cases}$$

由柯西-施瓦茨不等式可知

$$|S|^2 = (\boldsymbol{y}^{\mathrm{T}} \boldsymbol{x})^2 = (\boldsymbol{y}^{\mathrm{T}} \boldsymbol{M}^{\frac{1}{2}} \boldsymbol{M}^{-\frac{1}{2}} \boldsymbol{x})^2 \leqslant (\boldsymbol{y}^{\mathrm{T}} \boldsymbol{M} \boldsymbol{y})(\boldsymbol{x}^{\mathrm{T}} \boldsymbol{M}^{\#} \boldsymbol{x})$$

对于任意两个非邻接的顶点 $i,j(i \neq j)$,均有$(\boldsymbol{M})_{ij} x_i x_j \leqslant 0$。因此

$$|S|^2 \leqslant (\boldsymbol{y}^{\mathrm{T}} \boldsymbol{M} \boldsymbol{y})(\boldsymbol{x}^{\mathrm{T}} \boldsymbol{M}^{\#} \boldsymbol{x}) \leqslant \boldsymbol{x}^{\mathrm{T}} \boldsymbol{M}^{\#} \boldsymbol{x} \sum_{u \in S} \frac{(\boldsymbol{M})_{uu}}{x_u^2}$$

$$|S| \leqslant F_S(\boldsymbol{M}, \boldsymbol{x})$$

等号成立当且仅当 $\boldsymbol{M}[S]$是对角的并且存在一个常数 c 使得 $\boldsymbol{M}^{\frac{1}{2}} \boldsymbol{y} = c\boldsymbol{M}^{-\frac{1}{2}} \boldsymbol{x}$,即

$\boldsymbol{My}=c\boldsymbol{x}$ $\left(因为 \boldsymbol{M}^{\frac{1}{2}}\boldsymbol{M}^{-\frac{1}{2}}\boldsymbol{x}=\boldsymbol{x}\right)$。当 $\boldsymbol{M}[S]$ 是对角阵时，$\boldsymbol{My}=c\boldsymbol{x}$ 等价于

$$\frac{(\boldsymbol{M})_{vv}}{x_v^2}=c(v\in S)$$

$$cx_v=\sum_{u\in S}(\boldsymbol{M})_{vu}x_u^{-1}(v\notin S)$$

因此(1)证毕。

由于对 G 的任何独立集 S 有 $|S|\leqslant F_S(\boldsymbol{M},\boldsymbol{x})\leqslant F(\boldsymbol{M},\boldsymbol{x})$。因此

$$\alpha(G)\leqslant F(\boldsymbol{M},\boldsymbol{x})$$

等号成立当且仅当图 G 有独立集 C 使得 $\boldsymbol{M}[C]$ 是对角的并且

$$\frac{(\boldsymbol{M})_{vv}}{x_v^2}=\max_{u\in V(G)}\frac{(\boldsymbol{M})_{uu}}{x_u^2}=c(v\in C),$$

$$cx_v=\sum_{u\in C}(\boldsymbol{M})_{vu}x_u^{-1}(v\notin C)$$

如果一个独立集 C 满足上述条件，则

$$|C|^2=(\boldsymbol{z}^{\mathrm{T}}\boldsymbol{x})^2=(\boldsymbol{y}^{\mathrm{T}}\boldsymbol{M}^{\frac{1}{2}}\boldsymbol{M}^{-\frac{1}{2}}\boldsymbol{x})^2\leqslant(\boldsymbol{z}^{\mathrm{T}}\boldsymbol{Mz})(\boldsymbol{x}^{\mathrm{T}}\boldsymbol{M}^{\#}\boldsymbol{x})=|C|F(\boldsymbol{M},\boldsymbol{x})$$

$$|C|=F(\boldsymbol{M},\boldsymbol{x})$$

构造向量 $\boldsymbol{z}=(z_1,\cdots,z_n)^{\mathrm{T}}$ 使得

$$z_u=\begin{cases}x_u^{-1} & u\in C\\ 0 & u\notin C\end{cases}$$

由于 $\alpha(G)\leqslant F(\boldsymbol{M},\boldsymbol{x})$，故

$$|C|=\alpha(G)=F(\boldsymbol{M},\boldsymbol{x})$$

因此(2)证毕。

假设 $\frac{(\boldsymbol{M})_{11}}{x_1^2}\geqslant\cdots\geqslant\frac{(\boldsymbol{M})_{nn}}{x_n^2}$ 按递减顺序排列，并且对正整数 t 满足 $\alpha(G)\geqslant t$。图 G 中存在一个最大独立集 C 使得 $|C|=\alpha(G)$。由前面的证明可知

$$\alpha(G)\leqslant F_C(\boldsymbol{M},\boldsymbol{x})\leqslant F_T(\boldsymbol{M},\boldsymbol{x})\quad(T=\{1,\cdots,t\})$$

因此(3)证毕。 □

注设 $\boldsymbol{M}$ 是对应图 G 的一个正定矩阵，使得对于任意两个非邻接的顶点 i,j $(i\neq j)$，均有 $(\boldsymbol{M})_{ij}=0$。此时 $\boldsymbol{M}^{\#}=\boldsymbol{M}^{-1}$，并且对于任意全非零向量 $\boldsymbol{x}$ 均有 $(\boldsymbol{M},\boldsymbol{x})\in\mathscr{P}(G)$。由定理 4.6 的(2)可知，对任意全非零向量 $\boldsymbol{x}$，均有

$$\alpha(G)\leqslant F(\boldsymbol{M},\boldsymbol{x})=\boldsymbol{x}^{\mathrm{T}}\boldsymbol{M}^{-1}\boldsymbol{x}\max_{u\in V(G)}\frac{(\boldsymbol{M})_{uu}}{x_u^2}$$

注　设 M 为实对称矩阵。对于 M 的任意{1}-逆矩阵 $M^{(1)}$，均有 $MM^{\#}M=MM^{(1)}M=M$。因而对于任意 $x\in R(M)$，均有 $x^{\mathrm{T}}M^{\#}x=x^{\mathrm{T}}M^{(1)}x$。因此可以基于 M 的{1}-逆 $M^{(1)}$ 计算定理 3.1 中给出的上界。

下面的例子说明存在一些具体的图类，使得从定理 4.6 导出的上界小于定理 4.2 中给出的 Hoffman 界。

例 4.1　设图 G 是有 n 个顶点、m 条边且最小度 $\delta\geqslant 2$ 的非正则图。令 $S(G)$ 表示图 G 的细分图，即用长度为 2 的路替换图 G 的每条边得到的图。则存在 $(M,x)\in\mathscr{P}(S(G))$，使得

$$\alpha(S(G))=x^{\mathrm{T}}M^{\#}x\sum_{u\in V(S(G))}\frac{(M)_{uu}}{x_u^2}<\frac{(m+n)\lambda^2}{4+\lambda^2}$$

其中，λ 是 $S(G)$ 的最大邻接特征值。

证明　细分图 $S(G)$ 的无符号拉普拉斯矩阵可以分块表示为

$$M=\begin{pmatrix}2I & B^{\mathrm{T}}\\ B & D\end{pmatrix}$$

其中，B 是 G 的点边关联矩阵；D 是 G 的顶点度构成的对角矩阵。构造向量

$$x=\begin{pmatrix}2I & B^{\mathrm{T}}\\ B & D\end{pmatrix}\begin{pmatrix}e\\ 0\end{pmatrix}=\begin{pmatrix}2e\\ y\end{pmatrix}$$

其中，e 是全 1 向量；y 是 G 的顶点度构成的向量。设 C 是 $S(G)$ 中与 G 的边集相对应的独立集，则 $(M,x)\in\mathscr{P}(S(G))$ 并且 C 满足定理 4.6 的(2)给出的条件。根据定理 4.6 的(2)，可以得到

$$\alpha(S(G))=x^{\mathrm{T}}M^{\#}x\max_{u\in V(S(G))}\frac{(M)_{uu}}{x_u^2}=|C|=m$$

设 λ 是 $S(G)$ 的最大邻接特征值，则 $-\lambda$ 是 $S(G)$ 的最小邻接特征值(由于 $S(G)$ 是二部图)。由定理 4.2 可知

$$\alpha(S(G))=x^{\mathrm{T}}M^{\#}x\max_{u\in V(S(G))}\frac{(M)_{uu}}{x_u^2}=m\leqslant\frac{(m+n)\lambda^2}{4+\lambda^2}$$

接下来我们将证明上述不等式是严格小于。已知 λ^2 是 G 的无符号拉普拉斯矩阵的最大特征值。由定理 2.16 可知 $\lambda^2\geqslant\dfrac{4m}{n}$，等号成立当且仅当 G 是正则的。由于 G 是非正则的，因而 $\lambda^2>\dfrac{4m}{n}$，即 $m<\dfrac{(m+n)\lambda^2}{4+\lambda^2}$。　□

设 M 是对应连通图 G 的一个非负矩阵，使得 $(M)_{ij}>0$ 当且仅当 i,j 是两个

邻接的顶点。此时矩阵 $\boldsymbol{M}$ 是不可约的。根据 Perron-Frobenius 定理,$\boldsymbol{M}$ 的谱半径 ρ 是 $\boldsymbol{M}$ 的正特征值,并且存在唯一的对应于 ρ 的正的单位特征向量。由定理 4.6 可推出下面的特征值界。

推论 4.1 设 $\boldsymbol{M}$ 是对应连通图 G 的一个半正定非负矩阵,使得 $(\boldsymbol{M})_{ij}>0$ 当且仅当 i,j 是两个邻接的顶点。设 ρ 为 $\boldsymbol{M}$ 的谱半径,$\boldsymbol{x}$ 是对应谱半径 ρ 的正的单位特征向量,则

$$\alpha(G)\leqslant\rho^{-1}\max_{u\in V(G)}\frac{(\boldsymbol{M})_{uu}}{x_u^2}$$

证明 由 $\boldsymbol{Mx}=\rho\boldsymbol{x}$ 可知 $(\boldsymbol{M},\boldsymbol{x})\in\mathscr{P}(G)$。根据定理 1.43,有

$$\boldsymbol{M}^{\#}\boldsymbol{x}=\rho^{-1}\boldsymbol{x}$$

根据定理 4.6 的(2),有

$$\alpha(G)\leqslant F(\boldsymbol{M},\boldsymbol{x})=\boldsymbol{x}^{\mathrm{T}}\boldsymbol{M}^{\#}\boldsymbol{x}\max_{u\in V(G)}\frac{(\boldsymbol{M})_{uu}}{x_u^2}=\rho^{-1}\max_{u\in V(G)}\frac{(\boldsymbol{M})_{uu}}{x_u^2}$$ □

推论 4.2 设 $\boldsymbol{L}$ 是连通图 G 的拉普拉斯矩阵。对于满足 $\sum\limits_{u\in V(G)}x_u=0$ 的任意非零向量 $\boldsymbol{x}$,有

$$\alpha(G)\leqslant F(\boldsymbol{L},\boldsymbol{x})$$

证明 由于 G 是连通的,所以 $\boldsymbol{L}$ 的零空间的维数为 1。由于全 1 向量 $\boldsymbol{e}$ 满足 $\boldsymbol{Le}=\boldsymbol{0}$,对任意满足 $\boldsymbol{e}^{\mathrm{T}}\boldsymbol{x}=\sum\limits_{u\in V(G)}x_u=0$ 的向量 $\boldsymbol{x}$ 都有 $\boldsymbol{x}\in R(\boldsymbol{L})$。根据定理 4.6 的(2),有

$$\alpha(G)\leqslant F(\boldsymbol{L},\boldsymbol{x})$$ □

令 d_u 表示顶点 u 的度,顶点子集 S 的平均度记为 $\bar{d}_S=|S|^{-1}\sum\limits_{u\in S}d_u$。图 G 的最大拉普拉斯特征值是指 G 的拉普拉斯矩阵的最大特征值。

推论 4.3 设 G 是有 n 个顶点的图,$\mu>0$ 是 G 的最大拉普拉斯特征值。对于 G 的任意独立集 S,有

$$|S|\leqslant\frac{n(\mu-\bar{d}_S)}{\mu}$$

等号成立当且仅当存在一个常数 d,使得对于每个 $u\in S$ 均有 $d_u=d$,并且不在 S 中的每个顶点恰好与 S 中的 $\mu-d$ 个顶点邻接。

证明 设 $\boldsymbol{L}$ 为 G 的拉普拉斯矩阵。由于 $(\mu\boldsymbol{I}-\boldsymbol{L})\boldsymbol{e}=\mu\boldsymbol{e}$,因此 $(\mu\boldsymbol{I}-\boldsymbol{L},\boldsymbol{e})\in\mathcal{M}(G)$。根据定理 1.43,可以得到

$$(\mu\boldsymbol{I}-\boldsymbol{L})^{\#}\boldsymbol{e}=\mu^{-1}\boldsymbol{e}$$

$$F_S(\mu\boldsymbol{I}-\boldsymbol{L},\boldsymbol{e})=\boldsymbol{e}^{\mathrm{T}}(\mu\boldsymbol{I}-\boldsymbol{L})^{\#}\boldsymbol{e}\sum_{u\in S}\frac{\mu-d_u}{|S|}=\frac{n}{\mu}(\mu-\bar{d}_S)$$

由定理 4.6 可知结论成立。□

4.3 图的香农容量和 Lovász 数

对于图 $G=(V,E)$，令 G^k 表示顶点集为 V^k 的一个图，使得 G^k 的两个顶点 $u_1\cdots u_k$ 和 $v_1\cdots v_k$ 是邻接的当且仅当对于每个 $i\in\{1,\cdots,k\}$，$u_i=v_i$ 和 $\{u_i,v_i\}\in E$ 必有一个成立。图 G 的香农容量定义为

$$\Theta(G)=\sup_k\sqrt[k]{\alpha(G^k)}$$

图的香农容量是度量信道容量的重要参数。对于很多 G 计算 $\Theta(G)$ 是困难的，我们甚至不知道圈 C_7 的香农容量。

对于一个有 n 个顶点的图 G，它的正交表示是一组单位实向量的集合 $\{\boldsymbol{u}_1,\cdots,\boldsymbol{u}_n\}$，使得对于任意两个非邻接邻顶点 i 和 j，均有 $\boldsymbol{u}_i^{\mathrm{T}}\boldsymbol{u}_j=0$。正交表示 $\{\boldsymbol{u}_1,\cdots,\boldsymbol{u}_n\}$ 的值定义为

$$\min_{\boldsymbol{c}}\max_{1\leqslant i\leqslant n}\frac{1}{(\boldsymbol{c}^{\mathrm{T}}\boldsymbol{u}_i)^2}$$

其中，$\boldsymbol{c}$ 取遍所有单位实向量。图 G 的所有正交表示的值的最小值称为 G 的 Lovász 数，记为 $\vartheta(G)$。

令 $\lambda_1(\boldsymbol{A})$ 表示实对称矩阵 $\boldsymbol{A}$ 的最大特征值。独立数 $\alpha(G)$、香农容量 $\Theta(G)$ 和 Lovász 数 $\vartheta(G)$ 具有以下关系。

定理 4.7　对于任意图 G，有

$$\alpha(G)\leqslant\Theta(G)\leqslant\vartheta(G)=\min_{\boldsymbol{A}}\lambda_1(\boldsymbol{A})$$

其中，$\boldsymbol{A}$ 取自 G 对应的一个实对称矩阵类，使得当 $i=j$ 或 i,j 是两个非邻接的顶点时均有 $(\boldsymbol{A})_{ij}=1$。

对于一个图 G，设 $\mathcal{M}(G)$ 表示满足以下条件的实的矩阵-向量对 $(\boldsymbol{M},\boldsymbol{x})$ 的集合：

(1) $\boldsymbol{M}$ 是行列指标集对应于图 G 的顶点集的半正定的矩阵，使得对于任意两个非邻接的顶点 $i,j(i\neq j)$，均有 $(\boldsymbol{M})_{ij}=0$。

(2)实向量 $\boldsymbol{x}=(x_1,\cdots,x_n)^{\mathrm{T}}\in R(\boldsymbol{M})$ 是 $\boldsymbol{M}$ 值域中的全非零向量。

由于 $\mathcal{M}(G)$ 是 $P(G)$ 的子集,因此 4.2 节中定义的符号 $F(\boldsymbol{M},\boldsymbol{x})$ 和 $F_T(\boldsymbol{M},\boldsymbol{x})$ 可以直接用于 $(\boldsymbol{M},\boldsymbol{x})\in\mathcal{M}(G)$。

在下面的定理中,我们证明了 Lovász 数 $\vartheta(G)$ 等于 $F(\boldsymbol{M},\boldsymbol{x})$ 在 $\mathcal{M}(G)$ 中的最小值,并给出了 $\alpha(G)=\vartheta(G)$ 的充分必要条件。

定理 4.8 对于任意 G,有

$$\alpha(G)\leqslant\min_{(\boldsymbol{M},\boldsymbol{x})\in\mathcal{M}(G)}F(\boldsymbol{M},\boldsymbol{x})=\vartheta(G)$$

等号成立当且仅当存在 $(\boldsymbol{M},\boldsymbol{x})\in\mathcal{M}(G)$ 和一个独立集 C 满足定理 4.6 的(2)中给出的条件。

证明 根据定理 4.6,有

$$\alpha(G)\leqslant\min_{(\boldsymbol{M},\boldsymbol{x})\in\mathcal{M}(G)}F(\boldsymbol{M},\boldsymbol{x})$$

等号成立当且仅当存在 $(\boldsymbol{M},\boldsymbol{x})\in\mathcal{M}(G)$ 和一个独立集 C 满足定理 4.6 的(2)中给出的条件。我们只需要证明这个最小值等于 $\vartheta(G)$。

首先证明最小值不超过 $\vartheta(G)$。令 $\boldsymbol{c},\boldsymbol{u}_1,\cdots,\boldsymbol{u}_n$ 是单位实向量,使得 $\{\boldsymbol{u}_1,\cdots,\boldsymbol{u}_n\}$ 是 G 的正交表示并且

$$\vartheta(G)=\max_{1\leqslant i\leqslant n}\frac{1}{(\boldsymbol{c}^{\mathrm{T}}\boldsymbol{u}_i)^2}$$

设 $\boldsymbol{U}$ 是以 $\boldsymbol{u}_i$ 为第 i 列的矩阵,则 $\boldsymbol{U}^{\mathrm{T}}\boldsymbol{U}$ 的每个对角元都是 1。取 $\boldsymbol{z}=\boldsymbol{U}^{\mathrm{T}}\boldsymbol{c}$,则 $(\boldsymbol{U}^{\mathrm{T}}\boldsymbol{U},\boldsymbol{z})\in\mathcal{M}(G)$ 且

$$z_i=\boldsymbol{c}^{\mathrm{T}}\boldsymbol{u}_i\neq 0\quad(i=1,\cdots,n)$$

根据引理 1.8 和引理 1.9,有

$$F(\boldsymbol{U}^{\mathrm{T}}\boldsymbol{U},\boldsymbol{z})=\boldsymbol{z}^{\mathrm{T}}(\boldsymbol{U}^{\mathrm{T}}\boldsymbol{U})^{\#}\boldsymbol{z}\max_{1\leqslant i\leqslant n}\frac{1}{z_i^2}=\vartheta(G)\boldsymbol{c}^{\mathrm{T}}\boldsymbol{U}\boldsymbol{U}^{+}\boldsymbol{c}\leqslant\vartheta(G)$$

因此

$$\min_{(\boldsymbol{M},\boldsymbol{x})\in\mathcal{M}(G)}F(\boldsymbol{M},\boldsymbol{x})\leqslant F(\boldsymbol{U}^{\mathrm{T}}\boldsymbol{U},\boldsymbol{z})\leqslant\vartheta(G)$$

下面证明 $\min\limits_{(\boldsymbol{M},\boldsymbol{x})\in\mathcal{M}(G)}F(\boldsymbol{M},\boldsymbol{x})$ 大于或等于 $\vartheta(G)$。存在 $(\boldsymbol{M}_0,\boldsymbol{y})\in\mathcal{M}(G)$ 使得

$$F(\boldsymbol{M}_0,\boldsymbol{y})=\boldsymbol{y}^{\mathrm{T}}(\boldsymbol{M}_0)^{\#}\boldsymbol{y}\max_{1\leqslant i\leqslant n}\frac{(\boldsymbol{M}_0)_{ii}}{y_i^2}=\min_{(\boldsymbol{M},\boldsymbol{x})\in\mathcal{M}(G)}F(\boldsymbol{M},\boldsymbol{x})$$

由于 $\boldsymbol{M}_0$ 是半正定的,存在实矩阵 $\boldsymbol{B}$ 使得 $\boldsymbol{M}_0=\boldsymbol{B}^{\mathrm{T}}\boldsymbol{B}$。由于 $\boldsymbol{y}\in R(\boldsymbol{M}_0)$,因此可以选择 $\boldsymbol{y}$ 使得 $\boldsymbol{y}=\boldsymbol{B}^{\mathrm{T}}\boldsymbol{c}$,其中 $\boldsymbol{c}$ 是单位实向量且 $\boldsymbol{c}\in R(\boldsymbol{B})$。设 $\boldsymbol{b}_i$ 是 $\boldsymbol{B}$ 的第 i 列。根据引理 1.8 和引理 1.9,有

$$F(\boldsymbol{M}_0,\boldsymbol{y})=\boldsymbol{y}^{\mathrm{T}}(\boldsymbol{M}_0)^{\#}\boldsymbol{y}\max_{1\leqslant i\leqslant n}\frac{(\boldsymbol{M}_0)_{ii}}{y_i^2}=\boldsymbol{c}^{\mathrm{T}}\boldsymbol{B}\boldsymbol{B}^{+}\boldsymbol{c}\max_{1\leqslant i\leqslant n}\frac{\boldsymbol{b}_i^{\mathrm{T}}\boldsymbol{b}_i}{(\boldsymbol{c}^{\mathrm{T}}\boldsymbol{b}_i)^2}=\max_{1\leqslant i\leqslant n}\frac{\boldsymbol{b}_i^{\mathrm{T}}\boldsymbol{b}_i}{(\boldsymbol{c}^{\mathrm{T}}\boldsymbol{b}_i)^2}$$

构造矩阵 $\boldsymbol{A}=(a_{ij})_{n\times n}$，其中

$$a_{ii}=1,i=1,\cdots,n$$

$$a_{ij}=1-\frac{\boldsymbol{b}_i^{\mathrm{T}}\boldsymbol{b}_j}{(\boldsymbol{c}^{\mathrm{T}}\boldsymbol{b}_i)(\boldsymbol{c}^{\mathrm{T}}\boldsymbol{b}_j)}=1-\frac{(\boldsymbol{M}_0)_{ij}}{\boldsymbol{y}_i\boldsymbol{y}_j},i\neq j$$

根据定理 4.7，可以得到

$$\lambda_1(\boldsymbol{A})\geqslant\vartheta(G)$$

设

$$\beta=F(\boldsymbol{M}_0,\boldsymbol{y})=\max_{1\leqslant i\leqslant n}\frac{\boldsymbol{b}_i^{\mathrm{T}}\boldsymbol{b}_i}{(\boldsymbol{c}^{\mathrm{T}}\boldsymbol{b}_i)^2}$$

则

$$-a_{ij}=\left(\boldsymbol{c}-\frac{\boldsymbol{b}_i}{\boldsymbol{c}^{\mathrm{T}}\boldsymbol{b}_i}\right)^{\mathrm{T}}\left(\boldsymbol{c}-\frac{\boldsymbol{b}_j}{\boldsymbol{c}^{\mathrm{T}}\boldsymbol{b}_j}\right),i\neq j$$

$$\beta-a_{ii}=\left(\boldsymbol{c}-\frac{\boldsymbol{b}_i}{\boldsymbol{c}^{\mathrm{T}}\boldsymbol{b}_i}\right)^{\mathrm{T}}\left(\boldsymbol{c}-\frac{\boldsymbol{b}_j}{\boldsymbol{c}^{\mathrm{T}}\boldsymbol{b}_j}\right)+\beta-\frac{\boldsymbol{b}_i\boldsymbol{b}_i^{\mathrm{T}}}{(\boldsymbol{c}^{\mathrm{T}}\boldsymbol{b}_i)^2}$$

因此，$\beta\boldsymbol{I}-\boldsymbol{A}$ 是半正定的，即

$$\min_{(\boldsymbol{M},\boldsymbol{x})\in\mathcal{M}(G)}F(\boldsymbol{M},\boldsymbol{x})=\beta\geqslant\lambda_1(\boldsymbol{A})\geqslant\vartheta(G)$$ □

由定理 4.6、定理 4.7 和定理 4.8 可得到如下结论。

定理 4.9　对于一个图 G，如果存在 $(\boldsymbol{M},\boldsymbol{x})\in\mathcal{M}(G)$ 和一个独立集 C 满足定理 4.6 的(2)中给出的条件，则

$$\alpha(G)=\Theta(G)=\vartheta(G)=|C|=F(\boldsymbol{M},\boldsymbol{x})$$

下面是定理 4.9 的一个例子。

例 4.2　设 H 是具有参数 (n_1,n_2,r_1,r_2) $(n_1r_1=n_2r_2>0,n_1\leqslant n_2)$ 的半正则二分图，并且 H 是图 G 的生成子图。如果 H 中 n_2 个顶点的独立集也是 G 中的独立集，那么

$$\alpha(G)=\Theta(G)=\vartheta(G)=n_2$$

证明　由于 H 是半正则二分图，因此图 H 的邻接矩阵可以分块表示为 $\boldsymbol{A}=\begin{pmatrix}\boldsymbol{O}&\boldsymbol{B}^{\mathrm{T}}\\\boldsymbol{B}&\boldsymbol{O}\end{pmatrix}$ 的形式，其中 $\boldsymbol{B}\in\mathbb{R}^{n_1\times n_2}$，并且 $\boldsymbol{B}$ 的所有行(列)和都是 $r_1(r_2)$。由定理 2.46 可以得到 $\lambda_1(\boldsymbol{A})\leqslant\sqrt{r_1r_2}$。因此

$$\lambda_1(\boldsymbol{B}\boldsymbol{B}^{\mathrm{T}})=\lambda_1(\boldsymbol{A}^2)\leqslant r_1r_2$$

构造矩阵 $\boldsymbol{M}=\begin{pmatrix} r_1\boldsymbol{I} & \boldsymbol{B}^{\mathrm{T}} \\ \boldsymbol{B} & r_2\boldsymbol{I}\end{pmatrix}$，由 $\boldsymbol{Me}=(r_1+r_2)\boldsymbol{e}$ 可知，全1向量 $\boldsymbol{e}\in R(\boldsymbol{M})$。由于 Schur 补

$$r_2\boldsymbol{I}-r_1^{-1}\boldsymbol{B}\boldsymbol{B}^{\mathrm{T}}=r_1^{-1}(r_1r_2\boldsymbol{I}-\boldsymbol{B}\boldsymbol{B}^{\mathrm{T}})$$

是半正定的，所以 $\boldsymbol{M}$ 是半正定的并且 $(\boldsymbol{M},\boldsymbol{e})\in\mathcal{M}(G)$。令 C 为 H 中具有 n_2 个顶点的独立集，它也是 G 中的独立集。经验证 $(\boldsymbol{M},\boldsymbol{e})$ 和 C 满足定理 4.6 的(2)中给出的条件，由定理 4.9 可得

$$\alpha(G)=\Theta(G)=\vartheta(G)=|C|=\alpha(H)$$ □

对于两个点不相交的图 G_1 和 G_2，令 $G_1\vee G_2$ 表示将 G_1 的每个顶点和 G_2 的所有顶点都连边得到的联图。令 $\overline{G}$ 表示图 G 的补图。

例 4.3 设 G 是具有 n 个顶点且最小度 δ 的图。对于任意整数 $s\geqslant n-\delta$，均有

$$\alpha(G\vee\overline{K_s})=\Theta(G\vee\overline{K_s})=\vartheta(G\vee\overline{K_s})=s$$

其中，K_s 是具有 s 个顶点的完全图。

证明 联图 $G\vee\overline{K_s}$ 的邻接矩阵可以分块表示为 $\begin{pmatrix} \boldsymbol{O} & \boldsymbol{J}_{s\times n} \\ \boldsymbol{J}_{s\times n}^{\mathrm{T}} & \boldsymbol{A}\end{pmatrix}$ 的形式，其中 $\boldsymbol{A}$ 是 G 的邻接矩阵，$\boldsymbol{J}_{s\times n}$ 是 $s\times n$ 的全1矩阵。设 $\boldsymbol{L}$ 是 G 的拉普拉斯矩阵，构造矩阵 $\boldsymbol{M}=\begin{pmatrix} s\boldsymbol{I} & \boldsymbol{J}_{s\times n} \\ \boldsymbol{J}_{s\times n}^{\mathrm{T}} & n\boldsymbol{I}-\boldsymbol{L}\end{pmatrix}$，由 $\boldsymbol{Me}=(s+n)\boldsymbol{e}$ 可知，全1向量 $\boldsymbol{e}\in R(\boldsymbol{M})$。由于 $\boldsymbol{M}$ 的 Schur 补

$$n\boldsymbol{I}-\boldsymbol{L}-s^{-1}\boldsymbol{J}_{s\times n}^{\mathrm{T}}\boldsymbol{J}_{s\times n}$$

等于 $\overline{G}$ 的拉普拉斯矩阵(它是半正定的)，所以 $\boldsymbol{M}$ 是半正定的并且 $(\boldsymbol{M},\boldsymbol{e})\in\mathcal{M}(G)$。设 C 是 $G\vee\overline{K_s}$ 中具有 s 个顶点的独立集。由于 (M,e) 和 C 满足定理 4.6 的(2)中给出的条件，由定理 4.9 可得

$$\alpha(G\vee\overline{K_s})=\Theta(G\vee\overline{K_s})=\vartheta(G\vee\overline{K_s})=|C|=s$$ □

令 $\boldsymbol{e}=(1,\cdots,1)^{\mathrm{T}}$ 表示全1列向量。

推论 4.4 设 $\boldsymbol{A}$ 是图 G 的邻接矩阵，并且 $\lambda\boldsymbol{I}+\boldsymbol{A}$ 是正定的，则

$$\alpha(G)\leqslant\lambda\boldsymbol{e}^{\mathrm{T}}(\boldsymbol{A}+\lambda\boldsymbol{I})^{-1}\boldsymbol{e}$$

等式成立当且仅当存在独立集 C，使得每个 C 之外的顶点在 C 中恰好有 λ 个邻

点。此外,如果一个独立集 C 满足上述条件,则

$$\alpha(G)=\Theta(G)=\vartheta(G)=|C|=\lambda\boldsymbol{e}^{\mathrm{T}}(\boldsymbol{A}+\lambda\boldsymbol{I})^{-1}\boldsymbol{e}$$

证明　因为 $\boldsymbol{A}+\lambda\boldsymbol{I}$ 是正定的,所以有 $(\boldsymbol{A}+\lambda\boldsymbol{A})\in\mathcal{M}(G)$,且 $F(\boldsymbol{A}+\lambda\boldsymbol{I},\boldsymbol{e})=\lambda\boldsymbol{e}^{\mathrm{T}}(\boldsymbol{A}+\lambda\boldsymbol{I})^{-1}\boldsymbol{e}$。由定理 4.6 和定理 4.9 可知结论成立。 □

下面是推论 4.4 的一个例子。

例 4.4　对于具有 $2k+1$ 个顶点的路径 P_{2k+1},令 C 是 P_{2k+1} 中具有 $k+1$ 个顶点的独立集。那么不在 C 中的每个顶点都与 C 中恰好 2 个顶点邻接。由定理 4.9 可得

$$\alpha(P_{2k+1})=\Theta(P_{2k+1})=\vartheta(P_{2k+1})=|C|=2\boldsymbol{e}^{\mathrm{T}}(\boldsymbol{A}+2\boldsymbol{I})^{-1}\boldsymbol{e}=k+1$$

其中,$\boldsymbol{A}$ 是 P_{2k+1} 的邻接矩阵。

由定理 4.6 可以得到经典的 Hoffman 界,并得到一个图达到 Hoffman 界的充分必要条件。

推论 4.5　设图 G 是有 n 个顶点的 k-正则图,并且 τ 是图 G 的最小邻接特征值,则

$$\alpha(G)\leqslant n\frac{|\tau|}{k-\tau}$$

等号成立当且仅当存在一个独立集 C 使得每个 C 之外的顶点恰好与 C 中 $|\tau|$ 个顶点邻接。此外,如果一个独立集 C 满足上述条件,则

$$\alpha(G)=\Theta(G)=\vartheta(G)=|C|=n\frac{|\tau|}{k-\tau}$$

证明　由于 G 是 k-正则的,因此 $(\boldsymbol{A}-\tau\boldsymbol{I},\boldsymbol{e})\in\mathcal{M}(G)$,其中 $\boldsymbol{A}$ 是 G 的邻接矩阵。根据定理 1.43,有

$$(\boldsymbol{A}-\tau\boldsymbol{I})^{\#}\boldsymbol{e}=(k-\tau)^{-1}\boldsymbol{e}$$

$$F(\boldsymbol{A}-\tau\boldsymbol{I},\boldsymbol{e})=|\tau|\boldsymbol{e}^{\mathrm{T}}(\boldsymbol{A}-\tau\boldsymbol{I})^{\#}\boldsymbol{e}=n\frac{|\tau|}{k-\tau}$$

由定理 4.6 和定理 4.9 可知结论成立。 □

下面给出定理 4.3 中取等号情形的刻画。

推论 4.6　设 G 是有 n 个顶点且最小度为 δ 的图,$\mu>0$ 是 G 的最大拉普拉斯特征值,则

$$\alpha(G)\leqslant\frac{n(\mu-\delta)}{\mu}$$

等号成立当且仅当存在一个独立集 C,使得对于每个 $u\in C$ 均有 $d_u=\delta$,并且不

在 C 中的每个顶点恰好与 C 中的 $\mu-\delta$ 个顶点邻接。此外，如果一个独立集 C 满足上述条件，则

$$\alpha(G)=\Theta(G)=\vartheta(G)=|C|=\frac{n(\mu-\delta)}{\mu}$$

证明 设 $\boldsymbol{L}$ 为图 G 的拉普拉斯矩阵。由于 $(\mu\boldsymbol{I}-\boldsymbol{L})\boldsymbol{e}=\mu\boldsymbol{e}$，因此 $(\mu\boldsymbol{I}-\boldsymbol{L},\boldsymbol{e})\in\mathcal{M}(G)$。根据定理 1.43，可以得到

$$(\mu\boldsymbol{I}-\boldsymbol{L})^{\#}\boldsymbol{e}=\mu^{-1}\boldsymbol{e}$$

$$F(\mu\boldsymbol{I}-\boldsymbol{L},\boldsymbol{e})=(\mu-\delta)\boldsymbol{e}^{\mathrm{T}}(\mu\boldsymbol{I}-\boldsymbol{L})^{\#}\boldsymbol{e}=\frac{n(\mu-\delta)}{\mu}$$

由定理 4.6 和定理 4.9 可知结论成立。 □

下面给出定理 4.4 中取等号情形的刻画。

推论 4.6 设 G 是有 m 条边且最小度为 $\delta>0$ 的图，μ 是 G 的最大规范拉普拉斯特征值，则

$$\alpha(G)\leqslant\frac{2m(\mu-1)}{\mu\delta}$$

等号成立当且仅当存在一个独立集 C，使得 C 中每个顶点的度都是 δ，并且不在 C 中的每个顶点 v 都恰好与 C 中的 $(\mu-1)d_v$ 个顶点邻接。此外，如果一个独立集 C 满足上述条件，则

$$\alpha(G)=\Theta(G)=\vartheta(G)=|C|=\frac{2m(\mu-1)}{\mu\delta}$$

证明 设 $\boldsymbol{L}$ 为 G 的规范拉普拉斯矩阵，$\boldsymbol{x}=(d_1^{\frac{1}{2}},\cdots,d_n^{\frac{1}{2}})^{\mathrm{T}}$。由于 $(\mu\boldsymbol{I}-\boldsymbol{L})\boldsymbol{x}=\mu\boldsymbol{x}$，我们有 $(\mu\boldsymbol{I}-\boldsymbol{L},\boldsymbol{x})\in\mathcal{M}(G)$。根据定理 1.43，可以得到

$$(\mu\boldsymbol{I}-\boldsymbol{L})^{\#}\boldsymbol{x}=\mu^{-1}\boldsymbol{x}$$

$$F(\mu\boldsymbol{I}-\boldsymbol{L},\boldsymbol{x})=\frac{\mu-1}{\delta}\boldsymbol{x}^{\mathrm{T}}(\mu\boldsymbol{I}-\boldsymbol{L})^{\#}\boldsymbol{x}=\frac{2m(\mu-1)}{\mu\delta}$$

由定理 4.6 和定理 4.9 可知结论成立。 □

图 G 的一个团覆盖是指包含 G 的所有边的团的集合 $\varepsilon=\{Q_1,\cdots,Q_r\}$，即 G 的每条边至少属于 ε 中的一个团 Q_i。对于一个团覆盖 ε 和 G 的一个顶点 u，u 的 ε-度 d_u^{ε} 是指团覆盖 ε 中包含 u 的团的数量。团覆盖矩阵 $\boldsymbol{A}_{\varepsilon}$ 是一个 $n\times n$ 对称矩阵，其元素为

$$(\boldsymbol{A}_{\varepsilon})_{ij}=\begin{cases}d_i^{\varepsilon} & \text{如果 } i=j\\ w_{ij} & \text{如果}\{i,j\}\in E(G)\\ 0 & \text{如果}\{i,j\}\notin E(G)\end{cases}$$

其中，w_{ij} 是团覆盖 ε 中包含边 $\{i,j\}$ 的团的数量。

定理 4.10　设 G 是一个没有孤立点的图。对于 G 的任意团覆盖 ε，有

$$\alpha(G)\leqslant F(\boldsymbol{A}_{\varepsilon},\boldsymbol{x})$$

其中 $\boldsymbol{x}$ 是满足 $x_u=d_u^{\varepsilon}$ 的向量。等号成立当且仅当存在一个独立集 C，使得对于每个 $v\in C$ 均有 $d_v^{\varepsilon}=\min\limits_{u\in V(G)}d_u^{\varepsilon}$，并且对于每个 $Q\in\varepsilon$ 均有 $|C\cap Q|=1$。此外，如果一个独立集 C 满足上述条件，则

$$\alpha(G)=\Theta(G)=\vartheta(G)=|C|=F(\boldsymbol{A}_{\varepsilon},\boldsymbol{x})$$

证明　对于图 G 的一个团覆盖 $\varepsilon=\{Q_1,\cdots,Q_r\}$，相应的点-团关联矩阵 $\boldsymbol{B}$ 是一个 $|V(G)|\times r$ 的矩阵，其元素为

$$(\boldsymbol{B})_{ij}=\begin{cases}1 & \text{如果 } i\in V(G),i\in Q_j\\ 0 & \text{如果 } i\in V(G),i\notin Q_j\end{cases}$$

那么 $\boldsymbol{B}\boldsymbol{B}^{\mathrm{T}}=\boldsymbol{A}_{\varepsilon}$。注意到 $\boldsymbol{x}=\boldsymbol{B}\boldsymbol{e}\in R(\boldsymbol{B})=R(\boldsymbol{A}_{\varepsilon})$，所以 $(\boldsymbol{A}_{\varepsilon},\boldsymbol{x})\in\mathcal{M}(G)$。由定理 4.6 和定理 4.9 可知结论成立。□

下面是定理 4.10 的一个例子。

例 4.5　图 4.1 中的图 G 具有一个团覆盖 $\varepsilon=\{Q_1,Q_2,Q_3\}$，其中 $Q_1=\{1,2,3\}$，$Q_2=\{2,4,5\}$，$Q_3=\{3,5,6\}$。那么 G 的 ε-度为 $d_1^{\varepsilon}=1$，$d_2^{\varepsilon}=2$，$d_3^{\varepsilon}=2$，$d_4^{\varepsilon}=1$，$d_5^{\varepsilon}=2$，$d_6^{\varepsilon}=1$。独立集 $C=\{1,4,6\}$ 满足定理 4.10 中的条件。因此我们有 $\alpha(G)=\Theta(G)=\vartheta(G)=|C|=3$。

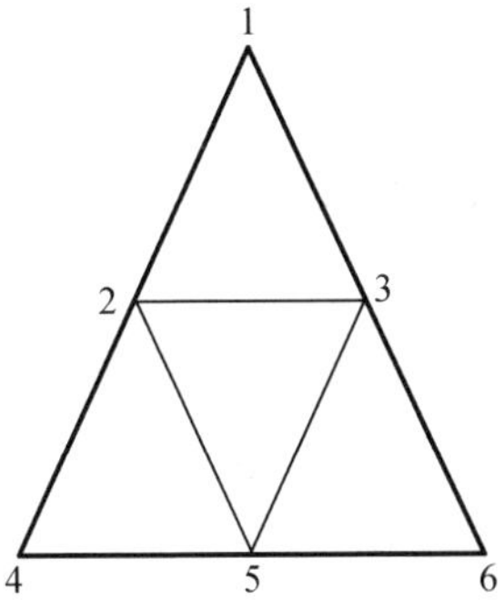

图 4.1　可由 3 个团覆盖的图

令 $m(H)$ 表示超图 H 的匹配数。超图 H 的交图 $\Omega(H)$ 的顶点集为 $E(H)$，并且 $\Omega(H)$ 中的两个顶点 f_1 和 f_2 是邻接的当且仅当 $f_1\cap f_2\neq\varnothing$。显然 $m(H)=\alpha(\Omega(H))$。超图 H 的点边关联矩阵 $\boldsymbol{B}$ 是一个 $|V(H)|\times|E(H)|$ 的矩阵，其元

素为

$$(\boldsymbol{B})_{uf}=\begin{cases}1 & \text{如果 } u\in V(H), u\in f\in E(H)\\ 0 & \text{如果 } u\in V(H), u\notin f\in E(H)\end{cases}$$

如果 H 的每条边恰好有 k 个顶点，则称 H 是 k 一致的。

定理 4.11 设 H 是一个没有孤立点的 k 一致超图，$\boldsymbol{B}$ 是 H 的点边关联矩阵，则

$$m(H)\leqslant k\boldsymbol{e}^{\mathrm{T}}(\boldsymbol{B}^{\mathrm{T}}\boldsymbol{B})^{\#}\boldsymbol{e}$$

等号成立当且仅当 H 有一个完美匹配。如果 H 有一个完美匹配，则

$$m(H)=\Theta(\Omega(H))=\vartheta(\Omega(H))=k\boldsymbol{e}^{\mathrm{T}}(\boldsymbol{B}^{\mathrm{T}}\boldsymbol{B})^{\#}\boldsymbol{e}$$

证明 注意到 $\boldsymbol{e}=k^{-1}\boldsymbol{B}^{\mathrm{T}}\boldsymbol{e}\in R(\boldsymbol{B}^{\mathrm{T}})=R(\boldsymbol{B}^{\mathrm{T}}\boldsymbol{B})$，因此 $(\boldsymbol{B}^{\mathrm{T}}\boldsymbol{B},\boldsymbol{e})\in\mathcal{M}(\Omega(H))$ 且 $F(\boldsymbol{B}^{\mathrm{T}}\boldsymbol{B},\boldsymbol{e})=k\,\boldsymbol{e}^{\mathrm{T}}(\boldsymbol{B}^{\mathrm{T}}\boldsymbol{B})^{\#}\boldsymbol{e}$。由定理 4.6 和定理 4.9 可知结论成立。 □

由前面的一些定理和例子可以看出，如果给定的独立集 C 满足某些结构和谱条件，则 C 一定是图 G 的最大独立集，并且 $\Theta(G)=\vartheta(G)=|C|$。这些结构和谱条件总结如下：

(1) 每个 C 之外的顶点在 C 中恰好有 $\lambda>-\tau$ 个邻点，其中 τ 是 G 的最小邻接特征值。

(2) 每个 C 之外的顶点在 C 中恰好有 $-\tau$ 个邻点，且 G 是正则图，其中 $\tau<0$ 是 G 的最小邻接特征值。

(3) 对于每个 $u\in C$ 均有 $d_u=\delta$，并且每个 C 之外的顶点恰好与 C 中的 $\mu-\delta$ 个顶点邻接，其中 δ 是 G 的最小度，$\mu>0$ 是 G 的最大拉普拉斯特征值。

(4) C 中每个顶点的度都等于最小度 δ，并且 C 之外的每个顶点 v 都恰好与 C 中的 $(\mu-1)d_v$ 个顶点邻接，其中 μ 是 G 的最大规范拉普拉斯特征值。

(5) 不在 C 中的每个顶点都与 C 中的所有顶点邻接，且 $2|C|\geqslant|V(G)|-\delta(G-C)$。

(6) 图 G 有一个生成子图 H 是一个具有参数 (n_1,n_2,r_1,r_2) $(n_1r_1=n_2r_2>0,n_1\leqslant n_2)$ 的半正则二分图，且 C 是 H 中具有 n_2 个顶点的独立集。

(7) 图 G 有一个团覆盖 ε，使得对于每个 $v\in C$ 均有 $d_v^{\varepsilon}=\min\limits_{u\in V(G)}d_u^{\varepsilon}$，并且对于每个 $Q\in\varepsilon$ 均有 $|C\cap Q|=1$。

(8) 存在一个一致超图 H 使得 G 是 H 的交图，并且 C 对应于 H 中的一个完美匹配。

由例 4.2、例 4.3、推论 4.4 至推论 4.7、定理 4.10 和定理 4.11 可得到以下结论。

定理 4.12　设 C 是图 G 的一个独立集，如果条件(1)～(8)之一成立，则

$$\alpha(G)=\Theta(G)=\vartheta(G)=|C|$$

注　对于集合 $\{1,\cdots,n\}$，Kneser 图 $K(n,k)$ 的顶点集是 $\{1,\cdots,n\}$ 的所有 k 元子集，并且两个 k 元子集之间连边当且仅当它们的交是空集。前面我们对 Kneser 图应用 Hoffman 界来证明 EKR 定理(见定理 4.5 的证明)，现在我们可以不使用 Hoffman 界直接得到 EKR 定理。所有包含元素 1 的 k 元子集形成 Kneser 图的一个大小为 $\binom{n-1}{k-1}$ 的独立集 C，并且每个 C 之外的顶点在 C 中恰好有 $\binom{n-k-1}{k-1}$ 个邻点。而 Kneser 图的最小特征值的绝对值为 $\binom{n-k-1}{k-1}$，独立集 C 符合条件(2)，因此由定理 4.12 可以得到

$$\alpha(K(n,k))=\Theta(K(n,k))=\vartheta(K(n,k))=|C|=\binom{n-1}{k-1}$$

如果存在某个 k 使得 $\alpha(G^k)=\vartheta(G)^k$，则 $\Theta(G)=\vartheta(G)$。下面给出 $\alpha(G^k)=\vartheta(G)^k$ 的充分必要条件。

定理 4.13　设 $(\boldsymbol{M},\boldsymbol{x})\in\mathcal{M}(G)$ 是图 G 对应的一个矩阵-向量对使得 $\vartheta(G)=F(\boldsymbol{M},\boldsymbol{x})$，则存在某个 k 使得 $\alpha(G^k)=\vartheta(G)^k$ 当且仅当 G^k 有一个独立集 C，使得 $(\boldsymbol{M}^{\otimes k},\boldsymbol{x}^{\otimes k})$ 和 C 满足定理 4.6 的(2)中给出的条件。此外，如果 G^k 的一个独立集 C 满足上述条件，则

$$\alpha(G^k)=\vartheta(G)^k=\Theta(G)^k=|C|$$

证明　由于 $(\boldsymbol{M},\boldsymbol{x})\in\mathcal{M}(G)$，因此 $(\boldsymbol{M}^{\otimes k},\boldsymbol{x}^{\otimes k})\in\mathcal{M}(G^k)$。根据定理 4.6，有

$$\alpha(G^k)\leqslant F(\boldsymbol{M}^{\otimes k},\boldsymbol{x}^{\otimes k})=F(\boldsymbol{M},\boldsymbol{x})^k=\vartheta(G)^k$$

取等号当且仅当 G^k 有一个独立集 C，使得 $(\boldsymbol{M}^{\otimes k},\boldsymbol{x}^{\otimes k})$ 和 C 满足定理 4.6 的(2)中给出的条件。此外，如果 G^k 的一个独立集 C 满足上述条件，则由定理 4.9 可得

$$\alpha(G^k)=\vartheta(G^k)=\Theta(G^k)=|C|=F(\boldsymbol{M},\boldsymbol{x})^k=\vartheta(G)^k$$

由于 $\alpha(G^k)^{\frac{1}{k}}\leqslant\Theta(G)\leqslant\vartheta(G)$，因此 $\Theta(G)=\vartheta(G)$。　□

Lovász 在相关文献中证明了 $\Theta(C_5)=\sqrt{5}$。5 圈恰好是符合定理 4.13 的一个例子。

例 4.6　设 $\boldsymbol{A}$ 是圈 C_5 的邻接矩阵，则 $(\boldsymbol{A}+2\boldsymbol{I},\boldsymbol{e})\in\mathcal{M}(C_5)$，且 $((\boldsymbol{A}+2\boldsymbol{I})^{\otimes 2}$，

$e^{\otimes 2}) \in \mathcal{M}(C_5^2)$。设$\{0,1,2,3,4\}$是$C_5$的顶点集,并且

$$E(C_5)=\{\{0,1\},\{1,2\},\{2,3\},\{3,4\},\{4,0\}\}$$

那么 $S=\{00,12,24,31,43\}$ 是 C_5^2 的一个独立集。通过计算,我们知道$((\boldsymbol{A}+2\boldsymbol{I})^{\otimes 2},\boldsymbol{e}^{\otimes 2})$和$S$满足定理4.6的(2)中给出的条件。根据定理4.13,有$\alpha(C_5^2)=\vartheta(C_5)^2=\Theta(C_5)^2=5$。

4.4 图的 Schrijver 数

对于图G,它的Schrijver数$\vartheta'(G)$的定义为

$$\vartheta'(G)=\min_{\boldsymbol{A}}\lambda_1(\boldsymbol{A})$$

其中,$\boldsymbol{A}$取自G对应的一个实对称矩阵类,使得当$i=j$或i,j是两个非邻接的顶点时均有$(\boldsymbol{A})_{ij}\geqslant 1$。

定理4.14 对于任意图G,有

$$\alpha(G)\leqslant\vartheta'(G)\leqslant\vartheta(G)$$

在下面的定理中,我们证明了Schrijver数$\vartheta'(G)$等于$F(\boldsymbol{M},\boldsymbol{x})$的最小值,并给出了$\alpha(G)=\vartheta'(G)$的充分必要条件。

定理4.15 对于任意图G,有

$$\alpha(G)\leqslant\min_{(\boldsymbol{M},\boldsymbol{x})\in\mathscr{P}(G)}F(\boldsymbol{M},\boldsymbol{x})=\vartheta'(G)$$

等号成立当且仅当存在$(\boldsymbol{M},\boldsymbol{x})\in P(G)$和一个独立集$C$满足定理4.6的(2)中给出的条件。

证明 由定理4.6可知

$$\alpha(G)\leqslant\min_{(\boldsymbol{M},\boldsymbol{x})\in\mathscr{P}(G)}F(\boldsymbol{M},\boldsymbol{x})$$

等号成立当且仅当存在$(\boldsymbol{M},\boldsymbol{x})\in\mathscr{P}(G)$和一个独立集$C$满足定理4.6的(2)中给出的条件。我们将证明上界的这个最小值等于$\vartheta'(G)$。

首先证明最小值不超过$\vartheta'(G)$。令$\boldsymbol{A}=(a_{ij})_{n\times n}$是$G$对应的一个实对称矩阵,使得$\lambda_1(\boldsymbol{A})=\vartheta'(G)$,且当$i=j$或$i,j$是两个非邻接的顶点时均有$a_{ij}\geqslant 1$。由于$\vartheta'(G)\boldsymbol{I}-\boldsymbol{A}$是正半定的,因此存在实矩阵$\boldsymbol{T}$使得

$$\vartheta'(G)\boldsymbol{I}-\boldsymbol{A}=\boldsymbol{T}^{\mathrm{T}}\boldsymbol{T}$$

且$\boldsymbol{T}$的秩小于$\boldsymbol{T}$的行数。设$\boldsymbol{c}$是一个满足$\boldsymbol{c}^{\mathrm{T}}\boldsymbol{T}=\boldsymbol{0}$的单位实向量。令$\boldsymbol{t}_i$表示$\boldsymbol{T}$的第$i$列,则

$$t_i^{\mathrm{T}} t_j = \vartheta'(G)\delta_{ij} - a_{ij}$$

其中，$\delta_{ij}=1$，当 $i=j$；$\delta_{ij}=0$ 当 $i\neq j$。我们构造

$$\boldsymbol{u}_i = \vartheta'(G)^{-\frac{1}{2}}(\boldsymbol{c}+\boldsymbol{t}_i) \quad (i=1,\cdots,n)$$

并且令 $\boldsymbol{U}$ 是以 u_i 为第 i 列的矩阵。那么

$$(\boldsymbol{U}^{\mathrm{T}}\boldsymbol{U})_{ii} = \vartheta'(G)^{-1}(1+\vartheta'(G)-a_{ii}) \leqslant 1, i \in V(G)$$

$$(\boldsymbol{U}^{\mathrm{T}}\boldsymbol{U})_{ij} = \vartheta'(G)^{-1}(1-a_{ij}) \leqslant 0, \{i,j\} \notin E(G)$$

取 $\boldsymbol{z}=\boldsymbol{U}^{\mathrm{T}}\boldsymbol{c}$，则 $z_i=\boldsymbol{c}^{\mathrm{T}}\boldsymbol{u}_i=\vartheta'(G)^{-\frac{1}{2}}(i=1,\cdots,n)$，且$(\boldsymbol{U}^{\mathrm{T}}\boldsymbol{U},\boldsymbol{z})\in P(G)$。根据引理 1.8 和引理 1.9，有

$$F(\boldsymbol{U}^{\mathrm{T}}\boldsymbol{U},\boldsymbol{z}) = \boldsymbol{z}^{\mathrm{T}}(\boldsymbol{U}^{\mathrm{T}}\boldsymbol{U})^{\#}\boldsymbol{z}\max_{1\leqslant i\leqslant n}\frac{(\boldsymbol{U}^{\mathrm{T}}\boldsymbol{U})_{ii}}{z_i^2} \leqslant \vartheta'(G)\boldsymbol{c}^{\mathrm{T}}\boldsymbol{U}\boldsymbol{U}^{+}\boldsymbol{c} \leqslant \vartheta'(G)$$

因此

$$\min_{(\boldsymbol{M},\boldsymbol{x})\in\mathscr{P}(G)} F(\boldsymbol{M},\boldsymbol{x}) \leqslant F(\boldsymbol{U}^{\mathrm{T}}\boldsymbol{U},\boldsymbol{z}) \leqslant \vartheta'(G)$$

接下来证明 $\min\limits_{(\boldsymbol{M},\boldsymbol{x})\in\mathscr{P}(G)} F(\boldsymbol{M},\boldsymbol{x})$ 大于或等于 $\vartheta'(G)$。存在$(\boldsymbol{M}_0,\boldsymbol{y})\in P(G)$ 使得

$$F(\boldsymbol{M}_0,\boldsymbol{y}) = \boldsymbol{y}^{\mathrm{T}}(\boldsymbol{M}_0)^{\#}\boldsymbol{y}\max_{1\leqslant i\leqslant n}\frac{(\boldsymbol{M}_0)_{ii}}{y_i^2} = \min_{(\boldsymbol{M},\boldsymbol{x})\in\mathscr{P}(G)} F(\boldsymbol{M},\boldsymbol{x})$$

由于$\boldsymbol{M}_0$ 是正半定的，因此存在实矩阵 $\boldsymbol{B}$ 使得 $\boldsymbol{M}_0=\boldsymbol{B}^{\mathrm{T}}\boldsymbol{B}$。由于 $\boldsymbol{y}\in R(\boldsymbol{M}_0)$，我们可以选择 $\boldsymbol{y}$，使得 $\boldsymbol{y}=\boldsymbol{B}^{\mathrm{T}}\boldsymbol{c}$，其中 $\boldsymbol{c}$ 是 $\boldsymbol{B}$ 的值域中的一个单位实向量。令$\boldsymbol{b}_i$ 是 $\boldsymbol{B}$ 的第 i 列。根据引理 1.8 和引理 1.9，有

$$F(\boldsymbol{M}_0,\boldsymbol{y}) = \boldsymbol{y}^{\mathrm{T}}(\boldsymbol{M}_0)^{\#}\boldsymbol{y}\max_{1\leqslant i\leqslant n}\frac{(\boldsymbol{M}_0)_{ii}}{y_i^2} = \boldsymbol{c}^{\mathrm{T}}\boldsymbol{B}\boldsymbol{B}^{+}\boldsymbol{c}\max_{1\leqslant i\leqslant n}\frac{\boldsymbol{b}_i^{\mathrm{T}}\boldsymbol{b}_i}{(\boldsymbol{c}^{\mathrm{T}}\boldsymbol{b}_i)^2} = \max_{1\leqslant i\leqslant n}\frac{\boldsymbol{b}_i^{\mathrm{T}}\boldsymbol{b}_i}{(\boldsymbol{c}^{\mathrm{T}}\boldsymbol{b}_i)^2}$$

构造矩阵 $\boldsymbol{A}=(a_{ij})_{n\times n}$，其元素为

$$a_{ii}=1, i=1,\cdots,n$$

$$a_{ij} = 1-\frac{\boldsymbol{b}_i^{\mathrm{T}}\boldsymbol{b}_j}{(\boldsymbol{c}^{\mathrm{T}}\boldsymbol{b}_i)(\boldsymbol{c}^{\mathrm{T}}\boldsymbol{b}_j)} = 1-\frac{(\boldsymbol{M}_0)_{ij}}{y_i y_j}, i\neq j$$

对于任意两个非邻接的顶点 $i,j(i\neq j)$，均有$(\boldsymbol{M}_0)_{ij}y_iy_j\leqslant 0$。因而有 $a_{ij}\geqslant 1$。根据 $\vartheta'(G)$的定义，可以得到

$$\lambda_1(\boldsymbol{A}) \geqslant \vartheta'(G)$$

我们构造

$$\beta = F(\boldsymbol{M}_0,\boldsymbol{y}) = \max_{1\leqslant i\leqslant n}\frac{\boldsymbol{b}_i^{\mathrm{T}}\boldsymbol{b}_i}{(\boldsymbol{c}^{\mathrm{T}}\boldsymbol{b}_i)^2}$$

那么

$$-a_{ij}=\left(\boldsymbol{c}-\frac{\boldsymbol{b}_i}{\boldsymbol{c}^{\mathrm{T}}\boldsymbol{b}_i}\right)^{\mathrm{T}}\left(\boldsymbol{c}-\frac{\boldsymbol{b}_j}{\boldsymbol{c}^{\mathrm{T}}\boldsymbol{b}_j}\right),i\neq j$$

$$\beta-a_{ii}=\left(\boldsymbol{c}-\frac{\boldsymbol{b}_i}{\boldsymbol{c}^{\mathrm{T}}\boldsymbol{b}_i}\right)^{\mathrm{T}}\left(\boldsymbol{c}-\frac{\boldsymbol{b}_j}{\boldsymbol{c}^{\mathrm{T}}\boldsymbol{b}_j}\right)+\beta-\frac{\boldsymbol{b}_i\boldsymbol{b}^{\mathrm{T}}{}_i}{(\boldsymbol{c}^{\mathrm{T}}\boldsymbol{b}_i)^2}$$

因此$\beta\boldsymbol{I}-\boldsymbol{A}$是半正定的,即

$$\min_{(\boldsymbol{M},\boldsymbol{x})\in\mathscr{P}(G)}F(\boldsymbol{M},\boldsymbol{x})=\beta\geqslant\lambda_1(\boldsymbol{A})\geqslant\vartheta'(G)$$ □

下面是一个满足$\alpha(G)=\vartheta'(G)<\vartheta(G)$的例子。

例 4.7 设G是一个顶点集为$\{0,1\}^6$的图,图的两个顶点邻接当且仅当它们的汉明距离不超过 3。那么{000000,001111,110011,111100}是G的一个独立集,并且$4=\vartheta'(G)<\vartheta(G)=16/3$。

由定理 4.6 和定理 4.15 可以得到以下结论。

定理 4.16 对于一个G,如果存在$(\boldsymbol{M},\boldsymbol{x})\in P(G)$和一个独立集$C$满足定理 4.6 的(2)中给出的条件,则

$$\alpha(G)=\vartheta'(G)=|C|=F(\boldsymbol{M},\boldsymbol{x})$$

由定理 4.16 可推出如下结果。

推论 4.8 设G是有n个顶点的图,它对应的一个正半定图矩阵$\boldsymbol{M}$满足以下条件:

(1)如果i,j是两个不同的非邻接的顶点,则$(\boldsymbol{M})_{ij}\leqslant 0$。

(2)$\boldsymbol{M}$的行和为常数$r>0$。

(3)$\boldsymbol{M}$的对角元都是t。

那么有

$$\alpha(G)\leqslant\frac{nt}{r}$$

取等号当且仅当G有一个独立集C,使得$\boldsymbol{M}[C]$是对角矩阵且$\sum\limits_{u\in C}(\boldsymbol{M})_{vu}=t(v\notin C)$。此外,如果一个独立集$C$满足上述条件,则

$$\alpha(G)=\vartheta'(G)=|C|=\frac{nt}{r}$$

证明 由于$\boldsymbol{Me}=r\boldsymbol{e}$,因此$(\boldsymbol{M},\boldsymbol{e})\in P(G)$。根据定理 1.59,可以得到

$$\boldsymbol{M}^{\#}\boldsymbol{e}=\boldsymbol{r}^{-1}\boldsymbol{e}$$

$$F(\boldsymbol{M},\boldsymbol{e})=t\boldsymbol{e}^{\mathrm{T}}\boldsymbol{M}^{\#}\boldsymbol{e}=\frac{nt}{r}$$

由定理 4. 6 和定理 4. 16 可知结论成立。 □

习　　题

1. 证明定理 4. 2。

2. 设 G 是彼得森图,证明 $\alpha(G)=\Theta(G)=\vartheta(G)=4$。

3. 证明定理 4. 7。

4. 证明定理 4. 14。

5. 设 $\boldsymbol{M}$ 是行列指标集都对应于 G 的顶点集的一个方阵,$\boldsymbol{M}$ 的对角元素都不等于零,并且对于 G 中任意两个非邻接的顶点 $i,j(i\neq j)$ 均有 $(\boldsymbol{M})_{ij}=0$。证明 $\Theta(G)\leqslant \mathrm{rank}(\boldsymbol{M})$。

第 5 章　图的谱刻画

如何由谱刻画图的结构是图谱理论的经典问题,在图的同构判定中有重要的理论意义。Van Dam 和 Haemers 猜测几乎所有的图可由谱唯一确定。本章主要介绍图的谱刻画的基本理论,包括构造同谱图的经典方法、一些可由谱确定的图类以及 DLS 图的构造。

5.1　同谱图与图的谱唯一性

同构的图显然是同谱的,但反过来同谱的图不一定同构。现实中存在许多非同构的同谱图的例子。

下面我们介绍一种构造同谱图的经典方法,该方法通常被称为 Godsil-McKay 变换。

引理 5.1　设 $\boldsymbol{N}$ 是一个 $b\times c$ 的(0,1)矩阵,且 $\boldsymbol{N}$ 的列和只有 $0,b,b/2$ 三种情况。将 $\boldsymbol{N}$ 的列和为 $b/2$ 的列 $\boldsymbol{v}$ 都替换为 $\boldsymbol{e}-\boldsymbol{v}$ 得到矩阵 $\boldsymbol{N}$,其中 $\boldsymbol{e}$ 是全 1 向量。设 $\boldsymbol{B}$ 是行和为常数的 $b\times b$ 对称矩阵,$\boldsymbol{C}$ 是 $c\times c$ 对称矩阵,并且令

$$\boldsymbol{M}=\begin{pmatrix}\boldsymbol{B} & \boldsymbol{N}\\ \boldsymbol{N}^{\mathrm{T}} & \boldsymbol{C}\end{pmatrix}$$

$$\widetilde{\boldsymbol{M}}=\begin{pmatrix}\boldsymbol{B} & \boldsymbol{N}\\ \widetilde{\boldsymbol{N}}^{\mathrm{T}} & \boldsymbol{C}\end{pmatrix}$$

那么 $\boldsymbol{M}$ 和 $\widetilde{\boldsymbol{M}}$ 同谱。

证明　令 $\boldsymbol{P}=\begin{pmatrix}\frac{2}{b}\boldsymbol{J}-\boldsymbol{I}_b & \boldsymbol{O}\\ \boldsymbol{O} & \boldsymbol{I}_c\end{pmatrix}$,其中 $\boldsymbol{J}$ 是全 1 矩阵,则 $\boldsymbol{P}^2=\boldsymbol{I},\boldsymbol{P}=\boldsymbol{P}^{-1}$ 且 $\boldsymbol{PMP}^{-1}=\widetilde{\boldsymbol{M}}$。 □

如果引理 5.1 中的 $\boldsymbol{M}$ 和 $\widetilde{\boldsymbol{M}}$ 是两个图的邻接矩阵,那么我们能得到一对同谱图。引理 5.1 中的 $\boldsymbol{M}$ 是图 G 的邻接矩阵当且仅当 G 的顶点集有一个二划分 $V(G)=V_1\cup V_2$ 使得 V_1 的诱导子图正则,并且 V_2 中每个顶点在 V_1 中的邻点数只有 $0,b,b/2$ 三种情况。

如果引理 5.1 中的 $\boldsymbol{M}$ 和 $\widetilde{\boldsymbol{M}}$ 是两个图的拉普拉斯矩阵,那么我们能得到一对拉普拉斯同谱图。引理 5.1 中的 $\boldsymbol{M}$ 是图 G 的拉普拉斯矩阵当且仅当 G 的顶点集有一个二划分 $V(G)=V_1\cup V_2$ 使得 V_2 中每个顶点在 V_1 中的邻点数只有 0,$b,b/2$ 三种情况,并且 V_1 中每个顶点在 V_2 中的邻点数是个常数。

下面是 Schwenk 提出的一种构造同谱图的方法。

定理 5.1　设 u_1,u_2 是图 H 的两个顶点使得 $H-u_1$ 和 $H-u_2$ 同谱,将图 G 的顶点 v 与 H 的顶点 u_i 黏结得到图 $G_i(i=1,2)$,则 G_1 和 G_2 是同谱图。

证明　由定理 3.12 可知结论成立。□

图 G 和图 H 的笛卡尔积 $G\times H$ 的顶点集为 $V(G\times H)=\{(u,v):u\in V(G),v\in V(H)\}$,$(u_1,v_1)$ 和 (u_2,v_2) 在 $G\times H$ 中邻接当且仅当 $u_1=u_2\in V(G),v_1v_2\in E(H)$ 或者 $v_1=v_2\in V(H),u_1u_2\in E(G)$。

图 G 和图 H 的克罗内克积 $G\otimes H$ 的顶点集为 $V(G\otimes H)=\{(u,v):u\in V(G),v\in V(H)\}$,$(u_1,v_1)$ 和 (u_2,v_2) 在 $G\otimes H$ 中邻接当且仅当 $u_1u_2\in E(G)$,$v_1v_2\in E(H)$。

通过笛卡尔积型运算可以由小的同谱图构造大的同谱图。

定理 5.2　设 G_i 和 H_i 是同谱图 $(i=1,2)$,则

(1) $G_1\times G_2$ 和 $H_1\times H_2$ 是同谱图。

(2) $G_1\otimes G_2$ 和 $H_1\otimes H_2$ 是同谱图。

下面三个命题给出了可由图的谱、拉普拉斯谱以及无符号拉普拉斯谱确定的图参数和图性质。

命题 5.1　以下图参数和图性质可由谱确定:

(1) 图 G 的顶点数。

(2) 图 G 的边数。

(3) 图 G 是否是正则的。

(4) 任意长度的闭通路个数。

命题 5.2　以下图参数和图性质可由拉普拉斯谱确定:

(1) 图 G 的顶点数。

(2)图 G 的边数。

(3)图 G 是否是正则的。

(4)图 G 的连通分支的数量。

(5)图 G 的生成树个数。

(6)图 G 的顶点度的平方和。

命题 5.3 以下图参数和图性质可由无符号拉普拉斯谱确定:

(1)图 G 的顶点数。

(2)图 G 的边数。

(3)图 G 是否是正则的。

(4)图 G 的二部连通分支的数量。

(5)图 G 的顶点度的平方和。

如果图 G 的每个顶点的度是 r 或 $r+1$,则称 G 是$(r,r+1)$近似正则的。

引理 5.2 设 G 是一个$(r,r+1)$近似正则图。如果图 H 与图 G 是(无符号)拉普拉斯同谱图,则 G 和 H 有相同的度序列。

证明 设 $d_1,d_2,\cdots,d_n$ 是 H 的度序列。由命题 5.2 和命题 5.3 可知,$\sum\limits_{i=1}^{n} d_i$ 等于 G 的顶点度的和,并且 $\sum\limits_{i=1}^{n} d_i^2$ 等于 G 的顶点度的平方和。因此 G 和 H 有相同的度序列。 □

引理 5.3 设 G 是 n 个顶点的 r 正则图,图 H 与联图 $G\vee K_1$ 是无符号拉普拉斯同谱图,并且 H 的最大度为 n。如果 $r\in\{0,1,2,n-1,n-2,n-3\}$,则 $H=G\vee K_1$。

如果与图 G 同谱(拉普拉斯同谱,无符号拉普拉斯同谱)的图都与 G 同构,则称图 G 是谱(拉普拉斯谱,无符号拉普拉斯谱)唯一的。哪些图可由谱唯一确定是图谱理论中的困难问题。

下面介绍一些已知的谱唯一的图类。

定理 5.3 完全图、道路和圈是谱唯一的。

定理 5.4 道路的补图是谱唯一的。

定理 5.5 完全图删去任意一个匹配是谱唯一的。

令 F_k 表示 k 个边不交的三角形交于一个点形成的图。

定理 5.6 如果 $k\neq 16$,则 F_k 是谱唯一的。

定理 5.7 任意多个道路的并是拉普拉斯谱唯一的,也是无符号拉普拉斯谱唯一的。

谱唯一图和无符号拉普拉斯谱唯一图有如下关系。

定理 5.8　如果图 G 的细分图是谱唯一的，则图 G 是无符号拉普拉斯谱唯一的。

证明　设图 H 是图 G 的无符号拉普拉斯同谱图。由定理 3.17 可知，细分图 $S(G)$ 和细分图 $S(H)$ 是同谱图。如果 $S(G)$ 谱唯一，则 $S(G)=S(H)$，$H=S$，即图 G 是无符号拉普拉斯谱唯一的。□

恰好有一个顶点的度大于 2 的树称为 starlike 树。令 $T(l_1,l_2,\cdots,l_\Delta)$ 表示最大度为 Δ 的 starlike 树并且

$$T(l_1,l_2,\cdots,l_\Delta)-v=P_{l_1}\cup P_{l_2}\cup\cdots\cup P_{l_\Delta}$$

其中，v 是度为 Δ 的顶点。

2002 年，Lepovic 和 Gutman 证明了如下结果。

定理 5.9　两个 starlike 树是同构的当且仅当它们同谱。

关于最大度为 3 的 starlike 树的谱唯一性有如下结论。

定理 5.10　设 $G=T(l_1,l_2,l_3)$，则 G 是谱唯一的当且仅当对任意正整数 $l\geqslant 2$ 均有 $(l_1,l_2,l_3)\neq(l,l,2l-2)$。

关于 starlike 树的拉普拉斯谱唯一性有如下结论。

定理 5.11　Starlike 树是拉普拉斯谱唯一的。

定理 5.12　令 $G=T(l_1,l_2,\cdots,l_\Delta)$ $(\Delta\geqslant 5)$，则 G 是无符号拉普拉斯谱唯一的。

下面我们给出 starlike 树的线图的谱唯一性。

定理 5.13　设 $G=T(l_1,l_2,\cdots,l_\Delta)$ $(\Delta\geqslant 12)$，则线图 $\mathcal{L}(G)$ 可由谱确定。

5.2　DLS 图的构造

为了方便，我们把拉普拉斯谱唯一这个性质简称为 DLS。由定理 2.12 可得到如下结论。

命题 5.4　G 是 DLS 的当且仅当它的补图 $\overline{G}$ 是 DLS 的。

通过联图运算可以由小的 DLS 图构造大的 DLS 图，本节主要介绍这方面的研究结果。

定理 5.14　设 G 是 n 个顶点的 DLS 图并且 $\mu_{n-1}(G)<1$，则 $G\vee K_r$ 是

DLS 的。

证明 由于$\mu_{n-1}(G)<1$,由定理 2.11 可得$\mu_1(\overline{G})>n-1$。如果$\overline{G}$不连通,则$\overline{G}$的每个连通分支最多有$n-1$个顶点。由于连通图的最大拉普拉斯特征值不超过顶点数,因此$\mu_1(\overline{G})\leqslant n-1$,矛盾。故$\overline{G}$连通。由于$G$是 DLS 的,因此$\overline{G}$是 DLS 的,并且$G\vee K_r$是 DLS 的当且仅当$\overline{G}\cup rK_1$是 DLS 的。设图$H$与$\overline{G}\cup rK_1$是拉普拉斯同谱图。由于$\mu_1(H)=\mu_1(\overline{G}\cup rK_1)=\mu_1(\overline{G})>n-1$,因此$H$有一个连通分支$H_0$至少有$n$个顶点。由于$H$与$\overline{G}\cup rK_1$有相同数量的顶点和连通分支,因此$H$有$n+r$个顶点和$n+1$个连通分支,即$H=H_0\cup rK_1$。由于$H$和$\overline{G}\cup rK_1$是拉普拉斯同谱图,因此$H_0$和$\overline{G}$是拉普拉斯同谱图。由于$\overline{G}$是 DLS 的,因此$H_0=\overline{G}$,$H=\overline{G}\cup rK_1$。因此$\overline{G}\cup rK_1$是 DLS 的,即$G\vee K_r$是 DLS 的。 □

由上述定理可得到如下推论。

推论 5.1 设G是不连通的 DLS 图,则$G\vee K_r$是 DLS 的。

由定理 2.9 可知,有割点的图的代数连通度不超过 1。因此下面的结论是定理 5.14 的推广。

定理 5.15 设G是有割点的 DLS 图,则$G\vee K_r$是 DLS 的。

证明 假设G有n个顶点。由于$\mu_{n-1}(G)$不超过点连通度,因此$\mu_{n-1}(G)\leqslant 1$。如果$\mu_{n-1}(G)<1$,则由定理 5.14 可知$G\vee K_r$是 DLS 的。如果$\mu_{n-1}(G)=1$,则根据定理 2.10 可知$G=G_0\vee K_1$,其中G_0是一个不连通图。由于G是 DLS 的,根据推论 2.3 可知G_0是不连通的 DLS 图。由定理 5.14 可知$G\vee K_r=G_0\vee K_{r+1}$是 DLS 的。

□

下面三个定理说明我们可以通过 DLS 树和 DLS 单圈图构造大的 DLS 联图。

推论 5.2 设G是一个 DLS 树,则$G\vee K_r$是 DLS 的。

证明 如果G的顶点数不超过 2,则$G\vee K_r$是完全图,此时$G\vee K_r$是 DLS 的。如果G有至少 3 个顶点,则G有割点。由定理 5.15 可知,$G\vee K_r$是 DLS 的。 □

推论 5.3 设G是一个 DLS 单圈图,则$G\vee K_r$是 DLS 的当且仅当$G\neq C_6$。

证明 如果G有割点,则由定理 5.15 可知$G\vee K_r$是 DLS 的。如果G没有割点,则G是一个圈。当$G\neq C_6$时已知$G\vee K_r$是 DLS 的。由于$(2K_2\cup K_1)\cup 2K_1\cup K_{r-1}$和$C_6\vee K_r$是拉普拉斯同谱图,因此$C_6\vee K_r$不是 DLS 的。因此$G\vee K_r$是 DLS 的当且仅当$G\neq C_6$。 □

定理 5.16　设 G 是 n 个顶点的 DLS 树,则 $\overline{G}\vee K_r$ 是 DLS 的。

证明　如果 $n=1$,则 $\overline{G}\vee K_r=K_{r+1}$ 是 DLS 的。因此我们假定 $n>1$。联图 $\overline{G}\vee K_r$ 是 DLS 的当且仅当 $G\cup rK_1$ 是 DLS 的。设图 H 和 $G\cup rK_1$ 有相同的拉普拉斯谱。由于 H 和 $G\cup rK_1$ 有相同数量的顶点数、边数和连通分支数,因此 H 有 $n+r$ 个顶点、$n-1$ 条边和 $r+1$ 个连通分支。如果 H 有一个连通分支不是树,则 H 有至少 n 条边,矛盾。故 H 每个连通分支都是树。我们可以假设 $H=H_0\cup H_1\cup\cdots\cup H_r$,其中 H_i 是 n_i 个顶点的树,并且 $\sum_{i=0}^{r}n_i=n+r$。由于 H 和 $G\cup rK_1$ 是拉普拉斯同谱图并且 G 是 n 个顶点的树,因此 H 的所有非零拉普拉斯特征值的乘积为

$$\prod_{i=1}^{n-1}\mu_i(H)=\prod_{i=1}^{n-1}\mu_i(G)=n$$

由于 H_i 是 n_i 个顶点的树,因此 H_i 的所有非零拉普拉斯特征值的乘积为 n_i。因此 H 的所有非零拉普拉斯特征值的乘积为

$$n_0n_1\cdots n_r=n$$

不妨设 $n_0\geqslant n_1\geqslant\cdots\geqslant n_r\geqslant 1$。由 $\sum_{i=0}^{r}n_i=n+r$ 可得 $n_0n_1\cdots n_r\geqslant n$,取等号当且仅当 $n_0=n,n_1=n_2=\cdots=n_r=1$。因此 $H=H_0\cup rK_1$。由于 H 和 $G\cup rK_1$ 是拉普拉斯同谱图,因此 H_0 和 G 是拉普拉斯同谱图。由于 G 是 DLS 的,因此 $H_0=G,H=G\cup rK_1$。因此 $G\cup rK_1$ 是 DLS 的,即 $\overline{G}\vee K_r$ 是 DLS 的。□

设 $v_0v_1\cdots v_k$ 是图 G 的一个道路。如果 $d(v_0)>2,d(v_k)>2$ 并且 $d(v_i)=2(i=1,\cdots,k-1)$,则称 $v_0v_1\cdots v_k$ 是 G 的内部道路。

推论 5.4　设 G 是 $n\geqslant 9$ 个顶点的连通 DLS 图,并且 G 有一个长度至少为 4 的内部道路,则 $G\vee K_r$ 是 DLS 的。

证明　设 $v_0v_1\cdots v_k$ 是 G 的内部道路,并且 $k\geqslant 4$。令 $S=\{v_1,v_2,v_3\}$。由定理 2.11 可得

$$\mu_{n-1}(G)\leqslant\frac{n|\delta S|}{|S|(n-|S|)}=\frac{2n}{3(n-3)}$$

由于 $n\geqslant 9$,因此

$$\mu_{n-1}(G)\leqslant\frac{2n}{3(n-3)}\leqslant 1$$

如果 $\mu_{n-1}(G)<1$,则由定理 5.14 可知 $G\vee K_r$ 是 DLS 的。如果 $\mu_{n-1}(G)=$

1,则

$$\mu_{n-1}(G)=\frac{2n}{3(n-3)}=1,n=9$$

由定理 2.11 可知,向量

$$\boldsymbol{x}=\left(\frac{2}{3},\frac{2}{3},\frac{2}{3},-\frac{1}{3},-\frac{1}{3},-\frac{1}{3},-\frac{1}{3},-\frac{1}{3},-\frac{1}{3}\right)^{\mathrm{T}}$$

是 $\mu_{n-1}(G)=1$ 的特征向量,并且各个分量对应的顶点被标记为 $v_1,v_2,\cdots,v_8,v_0$。注意到点 v_2 仅有两个邻点 v_1 和 v_3。由特征方程 $\boldsymbol{L}_G\boldsymbol{x}=\boldsymbol{x}$ 的第 v_2 个分量可得 $2\times\frac{2}{3}-\frac{2}{3}-\frac{2}{3}=\frac{2}{3}$,矛盾。 □

设 G 是具有 n 个顶点和 m 条边的连通图。如果 $m-n+1=k$,则称 G 是 k 圈图。显然树是 0 圈图。1 圈图通常称为单圈图,2 圈图通常称为双圈图。

推论 5.5 设 G 是 $n\geqslant 9$ 个顶点的 DLS 双圈图,则 $G\vee K_r$ 是 DLS 的。

证明 图 5.1 是哑铃图、∞ 图和 Θ 图三种双圈图。双圈图有以下三种类型:

(1)哑铃型双圈图,即在哑铃图上接一些树。

(2)∞ 型双圈图,即在∞ 图上接一些树。

(3)Θ 型双圈图,即在 Θ 图上接一些树。

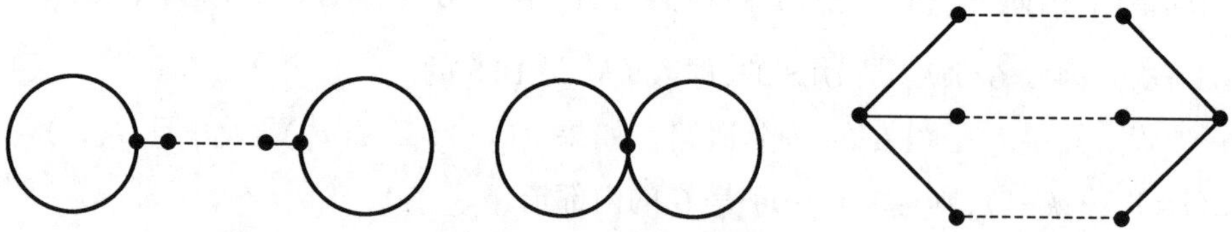

(a)哑铃图 (b)∞图 (c)Θ图

图 5.1 三种双圈图

如果 DLS 双圈 G 有割点,则由定理 5.15 可知 $G\vee K_r$ 是 DLS 的。如果 G 没有割点,则 G 是一个 Θ 图。由于 $n\geqslant 9$,因此 G 有一个长度至少为 4 的内部道路。由推论 5.4 可知 $G\vee K_r$ 是 DLS 的。 □

定理 5.17 设 G 是 n 个顶点的连通 DLS 图,并且 $\mu_1(G)+\mu_{n-1}(G)<n-1$,则 $G\vee K_r$ 是 DLS 的。

证明 由 $\mu_1(G)+\mu_{n-1}(G)<n-1$ 可知 $\mu_1(G)<n-1$。由定理 2.12 可知 $\overline{G}$ 的代数连通度大于零,故 $\overline{G}$ 连通。联图 $G\vee K_r$ 是 DLS 的当且仅当 $\overline{G}\cup rK_1$ 是 DLS

的。设图 H 和 $\overline{G}\cup rK_1$ 有相同的拉普拉斯谱，则 H 有 $n+r$ 个顶点和 $r+1$ 个连通分支。假设 $H=H_0\cup H_1\cup\cdots\cup H_r$，其中 H_i 是 n_i 个顶点的连通图，并且 $\sum_{i=0}^{r}n_i=n+r$。不妨设 $n_0\geqslant n_1\geqslant\cdots\geqslant n_r\geqslant 1$。

如果 $n_1=1$，则 $H_1=\cdots=H_r=K_1$。由于 H 和 $\overline{G}\cup rK_1$ 是拉普拉斯同谱图，因此 H_0 和 $\overline{G}$ 是拉普拉斯同谱图。由于 $\overline{G}$ 是 DLS 的，因此 $H_0=\overline{G}$，$H=\overline{G}\cup rK_1$。

如果 $n_1>1$，则 $\mu_1(H_1)>0$。由于 H 和 $\overline{G}\cup rK_1$ 是拉普拉斯同谱图，根据定理 2.12 和定理 2.13，有

$$n-\mu_{n-1}(G)=\mu_1(\overline{G})=\mu_1(H)\leqslant n_0$$

$$n-\mu_1(G)=\mu_{n-1}(\overline{G})\leqslant\mu_1(H_1)\leqslant n_1$$

故 $2n-[\mu_1(G)+\mu_{n-1}(G)]\leqslant n_0+n_1$。由于 $\sum_{l=0}^{r}n_l=n+r$，因此 $n_0+n_1\leqslant n+1$。这样可以得到

$$2n-[\mu_1(G)+\mu_{n-1}(G)]\leqslant n+1, \mu_1(G)+\mu_{n-1}(G)\geqslant n-1$$

与 $\mu_1(G)+\mu_{n-1}(G)<n-1$ 矛盾。

因此 $\overline{G}\cup rK_1$ 是 DLS 的，即 $G\vee K_r$ 是 DLS 的。□

对于较稀疏的图 G，联图 $G\vee K_r$ 的拉普拉斯同谱图有如下进一步的刻画。

定理 5.18　设 G 是有 n 个顶点和 $m\leqslant 2n-6$ 条边的连通 DLS 图，并且 $\overline{G}$ 连通。设图 H 和 $G\vee K_r$ 有相同的拉普拉斯谱，则以下之一成立：

(1) H 同构于 $G\vee K_r$。

(2) $H=N\vee 2K_1\vee K_{r-1}$，其中 N 是一个有 $n-1$ 个顶点和 $c+1$ 条边的图。此时 $\mu_1(G)=n-2$，$\mu_{n-2}(G)=\mu_{n-1}(G)=1$。

证明　由定理 2.12 可知，补图 $\overline{H}$ 和 $\overline{G}\cup rK_1$ 是拉普拉斯同谱图。由 $\overline{G}$ 连通可知 $\overline{H}$ 有 $r+1$ 个连通分支。假设 $\overline{H}=H_0\cup H_1\cup\cdots\cup H_r$，其中 H_i 是有 n_i 个顶点和 m_i 条边的连通图。不妨设 $n_0\geqslant n_1\geqslant\cdots\geqslant n_r\geqslant 1$。由于 G 有 $m\leqslant 2n-6$ 条边，因此 $\overline{G}$ 有 n 个顶点和 $\frac{n(n-1)}{2}-m$ 条边。由于 $\overline{H}$ 和 $\overline{G}\cup rK_1$ 有相同数量的顶点数和边数，因此

$$\sum_{i=0}^{r}n_i=n+r, \sum_{i=0}^{r}m_i=\frac{n(n-1)}{2}-m$$

由 $n_r \geqslant 1$ 可知 $n_0 \leqslant n$。故我们需要考虑下面三种情况。

情况 1 如果 $n_0 = n$，则 $n_1 = n_2 = \cdots = n_r = 1$，即 $\overline{H} = H_0 \cup rK_1$。由于 $\overline{H}$ 和 $\overline{G} \cup rK_1$ 是拉普拉斯同谱图，因此 $\overline{G}$ 和 H_0 是拉普拉斯同谱图。由于 $\overline{G}$ 是 DLS 图，因此 $H_0 = \overline{G}$，$\overline{H} = \overline{G} \cup rK_1$。此时 H 同构于 $G \vee K_r$，即(1)成立。

情况 2 如果 $n_0 = n-1$，则 $n_1 = 2$，$n_2 = n_3 = \cdots = n_r = 1$，即 H_0 有 $n-1$ 个顶点，$H_1 = K_2$，$H_2 = H_3 = \cdots = H_r = K_1$。由于 $\overline{H} = H_0 \cup H_1 \cup \cdots \cup H_r$ 和 $\overline{G} \cup rK_1$ 是拉普拉斯同谱图，因此 $H_0 \cup K_2$ 和 $\overline{G} \cup K_1$ 是拉普拉斯同谱图。通过比较 $H_0 \cup K_2$ 和 $\overline{G} \cup K_1$ 的边数可得

$$m_0 + 1 = \frac{n(n-1)}{2} - m, \quad m_0 = \frac{n(n-1)}{2} - m - 1$$

故 $\overline{H_0}$ 有 $n-1$ 个顶点和 $m-n+2$ 条边，并且 $H = \overline{H}_0 \vee 2K_1 \vee K_{r-1}$。由 $m \leqslant 2n-6$ 可知 $\overline{H_0}$ 至少有 3 个连通分支。那么 $\lambda_1(\overline{H_0}) \leqslant n-3$ 并且 0 是 $\overline{H_0}$ 的重数至少是 3 的拉普拉斯特征值。由定理 2.12 可知

$$\mu_{n-2}(H_0) \geqslant 2, \mu_1(H_0) = \mu_2(H_0) = n-1$$

由于 $H_0 \cup K_2$ 和 $\overline{G} \cup K_1$ 是拉普拉斯同谱图，因此 $\mu_1(G) = n-2$，$\mu_{n-2}(G) = \mu_{n-1}(G) = 1$。故(2)成立。

情况 3 假设 $n_0 \leqslant n-2$。已知 $\frac{n(n-1)}{2} - m = \sum_{i=0}^{n} m_i \leqslant \sum_{i=0}^{n} \frac{n_i(n_i-1)}{2}$。由 $n-1 \leqslant m \leqslant 2n-6$ 可知 $n \geqslant 5$。因此

$$\begin{aligned} \frac{(n-2)(n-3)}{2} + 3 \leqslant \frac{n(n-1)}{2} - m = \sum_{i=0}^{r} m_i \leqslant \sum_{i=0}^{r} \frac{n_i(n_i-1)}{2} \\ \leqslant \frac{(n-2)(n-3)}{2} + 3 \end{aligned}$$

由上述不等式可得

$$n_0 = n-2, n_1 = 3, n_2 = n_3 = \cdots = n_r = 1$$

并且 H_0 和 H_1 都是完全图。由于 $\overline{H} = H_0 \cup H_1 \cup \cdots \cup H_r$ 和 $\overline{G} \cup rK_1$ 是拉普拉斯同谱图，因此 $K_{n-2} \cup K_3$ 和 $\overline{G} \cup K_1$ 是拉普拉斯同谱图。如果 $n > 7$，则 $K_{n-2} \cup K_3$ 是 DLS 图，矛盾。故 $5 \leqslant n \leqslant 7$。

如果 $n = 5$，则 $K_{n-2} \cup K_3$ 和 $\overline{G} \cup K_1$ 的拉普拉斯谱均为 3,3,3,3,0,0。由矩阵

树定理可知,补图 $\overline{G}$ 的生成树个数是$\frac{81}{5}$,矛盾。

如果 $n=6$,则 $\overline{G}$ 的拉普拉斯谱为 4,4,4,3,3,0。由定理 2.12 知,G 的拉普拉斯谱为 3,3,2,2,2,0。由矩阵树定理可知,图 G 的生成树个数是 12。由图 G 的点数和边数可知,图 G 是 6 个顶点的单圈图,此时 G 的生成树个数不超过 6,矛盾。

如果 $n=7$,则补图 $\overline{G}$ 的拉普拉斯谱为 5,5,5,5,3,3,0。由矩阵树定理可知,补图 $\overline{G}$ 的生成树个数是$\frac{9\times 5^4}{7}$,矛盾。 □

引理 5.4　设连通图 G 有 $n\geqslant 11$ 个顶点和 m 条边,并且 $\overline{G}$ 连通。如果 $\delta(G)\geqslant 2$ 并且 $\mu_1(G)=n-2$,则 $m\geqslant 2n-6$。

证明　令 $N(i)$ 表示顶点 i 的邻点集合,d_i 表示点 i 的度。由定理 2.48 可知,G 有两个邻接顶点 u 和 v 满足

$$n-2\leqslant \frac{d_u(d_u+m_u)+d_v(d_v+m_v)-2\sum\limits_{w\in N(u)\cap N(v)} d_w}{d_u+d_v}$$

$$(n-2-d_u)d_u+(n-2-d_v)d_v\leqslant d_u m_u+d_v m_v-2\sum_{w\in N(u)\cap N(v)} d_w$$

令 $c=|N(u)\cap N(v)|$,$r=|N(u)\cup N(v)|$,则

$$r=d_u+d_v-c\leqslant n$$

由 $\delta(G)\geqslant 2$ 可得

$$\begin{aligned}d_n m_u+d_v m_v-2\sum_{w\in N(n)\cap N(v)} d_w &\leqslant 2m-2(n-r)-\sum_{w\in N(u)\cap N(v)} d_w\\ &\leqslant 2m-2(n-r)-2c\end{aligned}$$

因此

$$(n-2-d_u)d_u+(n-2-d_v)d_v\leqslant 2m-2(n-r)-2c$$

$$m\geqslant \frac{(n-2-d_u)d_u+(n-2-d_v)d_v}{2}+n-r+c$$

不妨设 $d_v\leqslant d_u$。由于 $\mu_1(G)=n-2$ 并且 $\overline{G}$ 连通,根据定理 2.47 可得

$$2\leqslant d_v\leqslant d_u\leqslant n-4$$

令 $f(x)=(n-2-x)x$,其中 $x\in[2,n-4]$,$n\geqslant 11$。对任意 $x_0\in[2,n-4]$ 均有 $f(x_0)=f(n-2-x_0)$。对 x 取导数可得 $f'(x)=n-2-2x$。因此对任意 $x_0\in[3,n-5]$ 均有 $f(x_0)\geqslant 3(n-5)$,对任意 $x_0\in[2,n-4]$ 均有 $f(x_0)\geqslant 2(n-4)$。

如果 $2<d_v<n-4$ 或者 $2<d_u<n-4$，则

$$m \geqslant \frac{(n-2-d_u)d_u+(n-2-d_v)d_v}{2}+n-r+c \geqslant \frac{3(n-5)+2(n-4)}{2}+n-r+c$$

由于 $n\geqslant 11, c\geqslant 0$ 并且 $r\leqslant n$，因此

$$m \geqslant \frac{3(n-5)+2(n-4)}{2} \geqslant 2n-6$$

如果 $d_u=d_v=2$，则 $m\geqslant 2(n-4)+n-r+c$。由 $r=d_u+d_v-c=4-c$ 可得 $m\geqslant 2(n-4)+n+2c-4\geqslant 3n-12\geqslant 2n-6$。

如果 $d_u=d_v=n-4$，则 $m\geqslant 2(n-4)+n-r+c$。由 $r=d_u+d_v-c=2(n-4)-c$ 可得 $m\geqslant n+2c$。由 $r=2(n-4)-c\leqslant n$ 可得 $c\geqslant n-8$。因此我们有 $m\geqslant n+2c\geqslant 3n-16\geqslant 2n-6$。

如果 $d_v=2, d_u=n-4$，则 $m\geqslant 2(n-4)+n-r+c$。由 $r=d_u+d_v-c=n-2-c$ 可得 $m\geqslant 2n-6+2c\geqslant 2n-6$。 □

下面的定理说明对于边数相对较少的 DLS 图 G，联图 $G\vee K_r$ 也是 DLS 的。

定理 5.19 设连通 DLS 图 G 有 $n\geqslant 11$ 个顶点和 $m\leqslant 2n-7$ 条边，并且 $\overline{G}$ 连通，则 $G\vee K_r$ 是 DLS 的。

证明 由定理 5.18 和引理 5.4 可证明结论成立。 □

令 K_r-e 表示将完全图 K_r 删去一条边得到的子图。下面的定理说明对于满足一定条件的 DLS 图 G，联图 $G\vee(K_r-e)$ 也是 DLS 的。

定理 5.20 设非连通的 DLS 图 G 有 $n\geqslant 10$ 个顶点和 $m\leqslant n-4$ 条边，则 $G\vee(K_r-e)$ 是 DLS 的。

证明 由于 G 不连通，因此 $\overline{G}$ 连通。由定理 2.13 可得 $\mu_1(\overline{G})=n$。联图 $G\vee(K_r-e)$ 是 DLS 的当且仅当 $\overline{G}\cup K_2\cup(r-2)K_1$ 是 DLS 的。设图 H 和 $\overline{G}\cup K_2\cup(r-2)K_1$ 有相同的拉普拉斯谱，则 H 有 $n+r$ 个顶点、$\frac{n(n-1)}{2}-m+1$ 条边和 r 个连通分支。假设 $H=H_0\cup H_1\cup\cdots\cup H_{r-1}$，其中 H_i 是 n_i 个顶点的连通图，并且 $\sum_{i=0}^{r-1} n_i=n+r$。不妨设 $n_0\geqslant n_1\geqslant\cdots\geqslant n_{r-1}\geqslant 1$。由 $\mu_1(\overline{G})=n\geqslant 10$ 可得

$$\mu_1(H)=\mu_1(\overline{G}\cup K_2\cup(r-2)K_1)=n$$

由定理 2.13 可推出 $n_0\geqslant n$。由 $\sum_{i=0}^{r-1} n_i=n+r$ 可得 $n_0\leqslant n+1$。故 $n\leqslant n_0\leqslant n+1$。

如果 $n_0=n$，则由 $\sum_{i=0}^{r-1} n_i = n + r$ 可得 $H_1 \cup \cdots \cup H_{r-1} = K_2 \cup (r-2)K_1$。由于 H 和 $\overline{G} \cup K_2 \cup (r-2)K_1$ 是拉普拉斯同谱图，因此 H_0 和 $\overline{G}$ 是拉普拉斯同谱图。由于 $\overline{G}$ 是 DLS 的，因此 $H_0=\overline{G}, H=\overline{G} \cup K_2 \cup (r-2)K_1$。

如果 $n_0=n+1$，则由 $\sum_{i=0}^{r-1} n_i = n + r$ 可得 $H_1 = H_2 = \cdots = H_{r-1} = K_1$。由于 H 有 $\frac{n(n-1)}{2}-m+1$ 条边，因此 H_0 有 $\frac{n(n-1)}{2}-m+1$ 条边。由于 H 和 $\overline{G} \cup K_2 \cup (r-2)K_1$ 是拉普拉斯同谱图，因此 $\overline{G} \cup K_2$ 和 $H_0 \cup K_1$ 是拉普拉斯同谱图。由于 $m \leqslant n-4$，因此 G 至少有 4 个连通支。由定理 2.13 可推出 $\mu_1(G) \leqslant n-3$。由定理 2.12 可得 $\mu_{n-1}(\overline{G}) \geqslant 3$。由于 $\overline{G} \cup K_2$ 和 $H_0 \cup K_1$ 是拉普拉斯同谱图，由 $\mu_1(\overline{G}) = n \geqslant 10$ 和 $\mu_{n-1}(\overline{G}) \geqslant 3$ 可得

$$\mu_1(H_0) = n, \mu_n(H_0) = \mu_n(\overline{G} \cup K_2) = 2$$

由定理 2.12 可得 $\mu_1(\overline{H_0}) = n-1, \mu_n(\overline{H_0}) = 1$。由于 $\mu_n(\overline{H_0}) = 1$ 并且 H_0 有 $\frac{n(n-1)}{2}-m+1$ 条边，因此 $\overline{H_0}$ 是有 $n+1$ 个顶点和 $n+m-1$ 条边的连通图。如果 $\delta(\overline{H_0}) = 1$，则 $\overline{H_0}$ 的点连通度 $\kappa(\overline{H_0}) = 1 = \mu_n(\overline{H_0})$。由定理 2.10 可推出 H_0 不连通，矛盾。因此 $\delta(\overline{H_0}) \geqslant 2$。由于 $\mu_1(\overline{H_0}) = n-1$ 并且 $n_0 = n+1 \geqslant 11$，根据引理 5.4 可得

$$n+m-1 \geqslant 2(n+1)-6, m \geqslant n-3$$

与 $m \leqslant n-4$ 矛盾。

因此 $\overline{G} \cup K_2 \cup (r-2)K_1$ 是 DLS 的，即 $G \vee (K_r - e)$ 是 DLS 的。　□

习　题

1. 求利用 Godsil-McKay 变换构造一对同谱图。
2. 证明所有点数小于 5 的图都可由谱唯一确定。
3. 证明定理 5.3。

第6章 图的生成树计数

图的生成树计数问题可追溯到基尔霍夫的电路分析研究。它是图论的经典问题,在物理学和网络科学有重要应用。本章介绍了加权图的生成树计数的一些理论和方法。

6.1 矩阵树定理

设 G 是 n 个顶点的边加权图,每条边 $e\in E(G)$ 的权是一个不定元 $w_e(G)$。如果每条边上的权都取1,我们就省略"加权"这个词。对于 G 的两个顶点 $i,j\in V(G)$,定义 $w_{ij}(G)$ 如下

$$w_{ij}(G)=\begin{cases}w_e(G) & ij=e\in E(G)\\ 0 & ij\notin E(G)\end{cases}$$

点 i 的加权度为 $d_i(G)=\sum_{j\in V(G)}w_{ij}(G)$。边加权 G 的拉普拉斯矩阵 $\boldsymbol{L}_G$ 是一个 $n\times n$ 对称矩阵,其元素为

$$(\boldsymbol{L}_G)_{ij}=\begin{cases}d_i(G) & i=j\\ -w_{ij}(G) & i\neq j\end{cases}$$

令 $T(G)$ 表示加权图 G 的所有生成树的集合,一些学者引入了下面与生成树相关的多项式

$$t(G,w)=\sum_{T\in T(G)}\prod_{e\in E(T)}w_e(G)$$

这个多项式也被称为加权图 G 的基尔霍夫多项式或加权生成树枚举器。当 $G=K_1$ 是孤立点时,我们规定 $t(G,w)=1$。如果每条边上的权都取1,则 $t(G,w)=|T(G)|$ 是图 G 的生成树个数。基尔霍夫多项式 $t(G,w)$ 不仅和图 G 的生成树个数有关,它还包含了更多的图的计数信息。例如,对所有 $f\neq e$ 取

$w_f(G)=1$,则基尔霍夫多项式 $t(G,w)$ 中 w_e 的系数等于图 G 中包含边 e 的生成树个数。

例 6.1　设 e_1,e_2 和 e_3 是圈 C_3 的三条边,则

$$t(C_3,w)=w_{e_1}(C_3)w_{e_2}(C_3)+w_{e_1}(C_3)w_{e_3}(C_3)+w_{e_2}(C_3)w_{e_3}(C_3)$$

令 $\boldsymbol{A}(i,j)$ 表示将矩阵 $\boldsymbol{A}$ 删去第 i 行和第 j 列得到的子矩阵。下面是边加权图的矩阵树定理,该定理用 $\boldsymbol{L}_G(i,j)$ 的行列式来表示基尔霍夫多项式 $t(G,w)$。

定理 6.1　设 G 是顶点集为 $\{1,\cdots,n\}$ 的加权图。

(1)对于任意顶点 $i,j\in\{1,\cdots,n\}$,有

$$t(G,w)=(-1)^{i+j}\det(\boldsymbol{L}_G(i,j))$$

(2)如果 $\mu_1,\cdots,\mu_{n-1},\mu_n=0$ 是 $\boldsymbol{L}_G$ 的特征值,则

$$t(G,w)=\frac{1}{n}\prod_{i=1}^{n-1}\mu_i$$

设 G 是 n 个顶点的点加权图,每个顶点 $u\in V(G)$ 的权是一个不定元 $w_u(G)$。对于 G 的生成树 T 中的一个顶点 v,令 T_v 表示以 v 为根的定向树,即将 T 的每条边变成指向点 v 的有向弧。定向树 T_v 的权定义为

$$w(T_v)=\prod_{\vec{ij}\in E(T_v)} w_j(G)$$

其中 $\vec{ij}$ 表示有向弧的方向是从点 i 指向点 j。点加权图 G 关于定向生成树的多项式定义为

$$\kappa(G,w)=\sum_{v\in V(G)}\sum_{T\in T(G)} w(T_v)$$

如果所有顶点的权都取 1,则 $\kappa(G,w)=n\,|T(G)|$ 是图 G 的定向生成树的个数。

点加权图 G 的拉普拉斯矩阵 $\boldsymbol{L}_G$ 是一个 $n\times n$ 对称矩阵,其元素为

$$(\boldsymbol{L}_G)_{ij}=\begin{cases}\sum\limits_{ik\in E(G)} w_k(G) & i=j\\ -w_i(G)^{\frac{1}{2}}w_j(G)^{\frac{1}{2}} & \{i,j\}\in E(G)\\ 0 & \text{其他}\end{cases}$$

下面是点加权图的矩阵树定理。

定理 6.2　设 G 是 n 个顶点的点加权图,每个顶点 $u\in V(G)$ 的权是一个不定元 $w_u(G)$。多项式 $\kappa(G,w)$ 有如下性质

$$w_i(G)^{\frac{1}{2}}w_j(G)^{\frac{1}{2}}\left(\sum_{u\in V(G)} w_u(G)\right)^{-1}\kappa(G,w)=(-1)^{i+j}\det(\boldsymbol{L}_G(i,j))$$

下面是 $\kappa(G,w)$ 和 $t(G,w)$ 两个图多项式之间的关系。

引理 6.1 设 G 是 n 个顶点的加权图，每个顶点 $u\in V(G)$ 的权是一个不定元 $w_u(G)$，每条边 $\{i,j\}\in E(G)$ 的权是 $w_i(G)w_j(G)$，则

$$\kappa(G,w)\prod_{u\in V(G)} w_u(G)=t(G,w)\sum_{u\in V(G)} w_u(G)$$

证明 设 $\boldsymbol{W}=\mathrm{diag}(w_1(G),\cdots,w_n(G))$ 是以 G 的顶点权为元素的对角阵，则 $\boldsymbol{L}_G=\boldsymbol{W}^{\frac{1}{2}}\boldsymbol{L}_G\boldsymbol{W}^{\frac{1}{2}}$。由定理 6.1 和定理 6.2 可得

$$\sum_{u\in Q_i}|Q_i|=d_u(G)+|S_u| \qquad \square$$

6.2 Schur 补公式

对于加权图 G 的任意一个点集划分 $V(G)=V_1\cup V_2$，它的拉普拉斯矩阵可分块表示为

$$\boldsymbol{L}_G=\begin{pmatrix}\boldsymbol{L}_1 & \boldsymbol{B}\\ \boldsymbol{B}^{\mathrm{T}} & \boldsymbol{L}_2\end{pmatrix}$$

其中，$\boldsymbol{L}_1$ 和 $\boldsymbol{L}_2$ 分别是 V_1 和 V_2 对应的主子阵。如果 $\boldsymbol{L}_1$ 和 $\boldsymbol{L}_2$ 非奇异，则它们对应的 Schur 补为 $\boldsymbol{S}_1=\boldsymbol{L}_1-\boldsymbol{B}\boldsymbol{L}_2^{-1}\boldsymbol{B}^{\mathrm{T}}$ 和 $\boldsymbol{S}_2=\boldsymbol{L}_2-\boldsymbol{B}_1^{\mathrm{T}}\boldsymbol{L}_1^{-1}\boldsymbol{B}$。由于 $\boldsymbol{S}_k$ 是所有行和都为零的对称矩阵，因此它是某个加权图 $G(V_k)$ 的拉普拉斯矩阵（$k=1,2$）。我们称加权图 $G(V_k)$ 为 G 的关于顶点子集 V_k 的 Schur 补加权图，它的顶点集为 V_k，边集为 $\{uv:(S_k)_{uv}\neq 0,u\neq v\}$。

下面我们给出基尔霍夫多项式 $t(G,w)$ 的 Schur 补公式。

命题 6.1 对于加权图 G 的任意一个点集划分 $V(G)=V_1\cup V_2$，设 $\boldsymbol{L}_1$ 和 $\boldsymbol{L}_2$ 分别是拉普拉斯矩阵 $\boldsymbol{L}_G$ 关于 V_1 和 V_2 的主子阵。

（1）如果 $\boldsymbol{L}_1$ 非奇异，则

$$t(G,w)=\det(\boldsymbol{L}_1)t(G(V_2),w)$$

（2）如果 $\boldsymbol{L}_2$ 非奇异，则

$$t(G,w)=\det(\boldsymbol{L}_2)t(G(V_1),w)$$

证明 加权图 G 的拉普拉斯矩阵可分块表示为 $\boldsymbol{L}_G=\begin{pmatrix}\boldsymbol{L}_1 & \boldsymbol{B}\\ \boldsymbol{B}^{\mathrm{T}} & \boldsymbol{L}_2\end{pmatrix}$，Schur 补加权图 $G(V_2)$ 的拉普拉斯矩阵为 $\boldsymbol{L}_{G(V_2)}=\boldsymbol{L}_2-\boldsymbol{B}^{\mathrm{T}}\boldsymbol{L}_1^{-1}\boldsymbol{B}$。由定理 6.1 和定理 1.49 可

得

$$t(G,w)=\det(\boldsymbol{L}_1)\det(\boldsymbol{L}_{G(V_2)}(i,i))=\det(\boldsymbol{L}_1)t(G(V_2),w),$$

其中，$\boldsymbol{L}_{G(V_2)}(i,i)$ 是将 $\boldsymbol{L}_{G(V_2)}$ 的第 i 行第 i 列删去得到的主子阵。

加权图 G 的拉普拉斯矩阵 $\boldsymbol{L}_G$ 也可以表示为 $\boldsymbol{L}_G=\begin{pmatrix}\boldsymbol{L}_2 & \boldsymbol{B}\\ \boldsymbol{B}^{\mathrm{T}} & \boldsymbol{L}_1\end{pmatrix}$。类似于以上证明，还能得到 $t(G,w)=\det(\boldsymbol{L}_2)t(G(V_1),w)$。 □

下面是 Schur 补公式的一个算例。

例 6.2 设 P_5 是顶点集为 $\{1,2,3,4,5\}$ 的道路，它的边权是不定元 w_{12}，w_{23}，w_{34} 和 w_{45}。令 $V_1=\{1,2,4\}$，$V_2=\{3,5\}$，则 P_5 的拉普拉斯矩阵可分块表示为

$$\boldsymbol{L}_{P_5}=\begin{pmatrix}\boldsymbol{L}_1 & \boldsymbol{B}\\ \boldsymbol{B}^{\mathrm{T}} & \boldsymbol{L}_2\end{pmatrix}$$

其中，$\boldsymbol{B}=\begin{pmatrix}0 & 0\\ -w_{23} & 0\\ -w_{34} & -w_{45}\end{pmatrix}$，主子阵 $\boldsymbol{L}_1=\begin{pmatrix}w_{12} & -w_{12} & 0\\ -w_{12} & w_{12}+w_{23} & 0\\ 0 & 0 & w_{34}+w_{45}\end{pmatrix}$ 和 $\boldsymbol{L}_2=\begin{pmatrix}w_{23}+w_{34} & 0\\ 0 & w_{45}\end{pmatrix}$ 分别对应顶点子集 V_1 和 V_2。经计算，Schur 补 $\boldsymbol{L}_{G(V_1)}=\boldsymbol{S}_1=\boldsymbol{L}_1-\boldsymbol{B}\boldsymbol{L}_2^{-1}\boldsymbol{B}^{\mathrm{T}}$ 和 $\boldsymbol{L}_{G(V_2)}=\boldsymbol{S}_2=\boldsymbol{L}_2-\boldsymbol{B}^{\mathrm{T}}\boldsymbol{L}_1^{-1}\boldsymbol{B}$ 等于

$$\boldsymbol{L}_{G(V_1)}=\begin{pmatrix}w_{12} & -w_{12} & 0\\ -w_{12} & w_{12}+w_{23}w_{34}(w_{23}+w_{34})^{-1} & -w_{23}w_{34}(w_{23}+w_{34})^{-1}\\ 0 & -w_{23}w_{34}(w_{23}+w_{34})^{-1} & w_{23}w_{34}(w_{23}+w_{34})^{-1}\end{pmatrix}$$

$$\boldsymbol{L}_{G(V_2)}=\begin{pmatrix}w_{34}w_{45}(w_{34}+w_{45})^{-1} & -w_{34}w_{45}(w_{34}+w_{45})^{-1}\\ -w_{34}w_{45}(w_{34}+w_{45})^{-1} & w_{34}w_{45}(w_{34}+w_{45})^{-1}\end{pmatrix}$$

因此 Schur 补加权图 $G(V_1)$ 是具有边权 w_{12} 和 $w_{23}w_{34}(w_{23}+w_{34})^{-1}$ 的道路 P_3，Schur 补加权图 $G(V_2)$ 是具有边权 $w_{34}w_{45}(w_{34}+w_{45})^{-1}$ 的道路 P_2，并且

$$t(G(V_1),w)=w_{12}w_{23}w_{34}(w_{23}+w_{34})^{-1},t(G(V_2),w)=w_{34}w_{45}(w_{34}+w_{45})^{-1}$$

由命题 6.1 可得

$$t(P_5,w)=\det(\boldsymbol{L}_1)t(G(V_2),w)=w_{12}w_{23}(w_{34}+w_{45})\frac{w_{34}w_{45}}{w_{34}+w_{45}}=w_{12}w_{23}w_{34}w_{45}$$

$$t(P_5,w)=\det(\boldsymbol{L}_2)t(G(V_1),w)=(w_{23}+w_{34})w_{45}\frac{w_{12}w_{23}w_{34}}{w_{23}+w_{34}}=w_{12}w_{23}w_{34}w_{45}$$

如果连通加权图 G 的边权都是正的,则 $\boldsymbol{L}_G$ 的任意 $k(k<|V(G)|)$ 阶主子阵都是正定的。因此由命题 6.1 可得到以下结论。

命题 6.2 设连通加权图 G 的边权都是正的。对于任意一个点集划分 $V(G)=V_1\cup V_2(V_1,V_2\neq\varnothing)$,有

$$t(G,w)=\det(\boldsymbol{L}_1)t(G(V_2),w)=\det(\boldsymbol{L}_2)t(G(V_1),w)$$

其中,$\boldsymbol{L}_1$ 和 $\boldsymbol{L}_2$ 分别是拉普拉斯矩阵 $\boldsymbol{L}_G$ 关于 V_1 和 V_2 的主子阵。

对于 $u\in V(G)$,令 $N_G(u)$ 表示图 G 中顶点 u 的所有邻点的集合。应用 Schur 补公式,我们能得到加权二部图 G 的基尔霍夫多项式 $t(G,w)$ 的表达式。

定理 6.3 设加权二部图 G 具有二部划分 $V(G)=V_1\cup V_2$,则

$$\begin{aligned}t(G,w)&=\prod_{i\in V_1}d_i(G)\sum_{T\in T(G(V_2))}\prod_{uv\in E(T)}\left(\sum_{i\in N_G(u)\cap N_G(v)}\frac{w_{ui}(G)w_{vi}(G)}{d_i(G)}\right)\\&=\prod_{i\in V_2}d_i(G)\sum_{T\in T(G(V_1))}\prod_{uv\in E(T)}\left(\sum_{i\in N_G(u)\cap N_G(v)}\frac{w_{ui}(G)w_{vi}(G)}{d_i(G)}\right)\end{aligned}$$

其中,$G(V_k)$ 的边集为

$$\{uv:u\neq v,u,v\in V_k,N_G(u)\cap N_G(v)\neq\varnothing\}\,(k=1,2)$$

证明 加权二部图 G 的拉普拉斯矩阵可分块表示为

$$\boldsymbol{L}_G=\begin{pmatrix}\boldsymbol{L}_1&\boldsymbol{B}\\\boldsymbol{B}^{\mathrm{T}}&\boldsymbol{L}_2\end{pmatrix}$$

其中 $\boldsymbol{L}_1$ 和 $\boldsymbol{L}_2$ 分别是顶点子集 V_1 和 V_2 中顶点度构成的对角阵。由命题 6.1 可得

$$t(G,w)=\det(\boldsymbol{L}_1)t(G(V_2),w)=t(G(V_2),w)\prod_{i\in V_1}d_i(G)\tag{6.1}$$

加权图 $G(V_2)$ 的拉普拉斯矩阵是 Schur 补 $L_{G(V_2)}=\boldsymbol{L}_2-\boldsymbol{B}^{\mathrm{T}}\boldsymbol{L}_1^{-1}\boldsymbol{B}$。对于 $u,v\in V_2$,点 u 和点 v 在 $G(V_2)$ 中邻接当且仅当 $(\boldsymbol{L}_2-\boldsymbol{B}^{\mathrm{T}}\boldsymbol{L}_1^{-1}\boldsymbol{B})_{uv}\neq\boldsymbol{O}$,即 $N_G(u)\cap N_G(v)\neq\varnothing$。如果点 u 和点 v 在 $G(V_2)$ 中邻接,则 $G(V_2)$ 中边 $\{u,v\}$ 的权等于

$$w_{uv}(G(V_2))=(\boldsymbol{B}^{\mathrm{T}}\boldsymbol{L}_1^{-1}\boldsymbol{B})_{uv}=\sum_{i\in N_G(u)\cap N_G(v)}\frac{w_{ui}(G)w_{vi}(G)}{d_i(G)}$$

因此

$$t(G(V_2),w)=\sum_{T\in T(G(V_2))}\prod_{uv\in E(T)}w_{uv}(G(V_2))$$

$$= \sum_{T \in T(G(V_2))} \prod_{uv \in E(T)} \left(\sum_{i \in N_G(u) \cap N_G(v)} \frac{w_{ui}(G) w_{vi}(G)}{d_i(G)} \right)$$

由式(6.1)可得

$$t(G,w) = t(G(V_2),w) \prod_{i \in V} d_i(G)$$

$$= \prod_{i \in V_1} d_i(G) \sum_{T \in T(G(V_2))} \prod_{uv \in E(T)} \left(\sum_{i \in N_G(u) \cap N_G(v)} \frac{w_{ui}(G) w_{vi}(G)}{d_i(G)} \right)$$

类似于以上证明还能得到

$$t(G,w) = \prod_{i \in V_2} d_i(G) \sum_{T \in T(G(V_1))} \prod_{uv \in E(T)} \left(\sum_{i \in N_G(u) \cap N_G(v)} \frac{w_{ui}(G) w_{vi}(G)}{d_i(G)} \right)$$ □

由定理 6.3 可得到二部图生成树个数的如下公式。

定理 6.4　设 G 是具有二部划分 $V(G)=V_1 \cup V_2$ 的连通二部图，则

$$|T(G)| = \prod_{i \in V_1} d_i(G) \sum_{T \in T(G(V_2))} \prod_{uv \in E(T)} \left(\sum_{i \in N_G(u) \cap N_G(v)} \frac{1}{d_i(G)} \right)$$

$$= \prod_{i \in V_2} d_i(G) \sum_{T \in T(G(V_1))} \prod_{uv \in E(T)} \left(\sum_{i \in N_G(u) \cap N_G(v)} \frac{1}{d_i(G)} \right)$$

其中，$G(V_k)$ 的边集为

$$\{uv: u \neq v, u,v \in V_k, N_G(u) \cap N_G(v) \neq \varnothing\} \ (k=1,2)$$

6.3　局部变换公式

通过使用上一节的 Schur 补公式，我们能得到基尔霍夫多项式 $t(G,w)$ 的如下局部变换公式。

定理 6.5　设 $U \subseteq V(G)$ 是加权图 G 的一个顶点子集，加权图 G_U 的顶点集为 $V(G) \cup \{v\}$，且 $w_{ij}(G_U)$ 满足

$$w_{ij}(G_U) = \begin{cases} w_j(G) \sum_{u \in U} w_u(G) & i = v, j \in U \\ 0 & i = v, j \in V(G) \setminus U \\ w_{ij}(G) - w_i(G) w_j(G) & \{i,j\} \subseteq U \\ w_{ij}(G) & 其他 \end{cases}$$

其中，$\{w_i(G)\}_{i \in U}$ 是 U 上的不定元。加权图 G_U 的基尔霍夫多项式为

$$t(G_U,w) = \left(\sum_{u \in U} w_u(G) \right)^2 t(G,w)$$

证明 加权图 G_U 的拉普拉斯矩阵可分块表示为

$$L_{G_U}=\begin{pmatrix} d_v(G_U) & x^{\mathrm{T}} \\ x & L_2 \end{pmatrix}$$

其中,L_2 是 $V(G)$ 对应的主子阵。对于顶点 $i,j\in V(G)$,根据 $w_{ij}(G_U)$ 的定义,有

$$(L_2)_{ij}=\begin{cases} -w_{ij}(G)+w_i(G)w_j(G) & \{i,j\}\subseteq U \\ -w_{ij}(G) & 其他 \end{cases}$$

并且点 v 的加权度等于

$$d_v(G_U)=\sum_{j\in U}w_{vj}(G_U)=\left(\sum_{u\in U}w_u(G)\right)^2$$

Schur 补加权图 $G_U(V(G))$ 具有拉普拉斯矩阵 $L_{G_U(V(G))}=L_2-d_v(G_U)^{-1}xx^{\mathrm{T}}$。如果 $j\in U$,则 $(x)_j=-w_j(G)\sum_{u\in U}w_u(G)$,如果 $j\in V(G)\setminus U$ 则 $(x)_j=0$。对于任意两个顶点 $i,j\in V(G)$,有

$$(xx^{\mathrm{T}})_{ij}=\begin{cases} \left(\sum_{u\in U}w_u(G)\right)^2 w_i(G)w_j(G) & \{i,j\}\subseteq U \\ 0 & 其他 \end{cases}$$

并且

$$(L_2-d_v(G_U)^{-1}xx^{\mathrm{T}})_{ij}=-w_{ij}(G)$$

因此 $L_{G_U(V(G))}=L_G$,即 $G_U(V(G))$ 和 G 是同构的加权图。由命题 6.1 可得

$$t(G_U,w)=d_v(G_U)t(G_U(V(G)),w)=\left(\sum_{u\in U}w_u(G)\right)^2 t(G,w) \qquad \square$$

在定理 6.5 中对每个 $i\in U$ 取 $w_i(G)=1$ 可得到下面的推论。

推论 6.1 设 $U\subseteq V(G)$ 是加权图 G 的一个顶点子集,加权图 G_U 的顶点集为 $V(G)\cup\{v\}$,且 $w_{ij}(G_U)$ 满足

$$w_{ij}(G_U)=\begin{cases} |U| & i=v,j\in U \\ 0 & i=v,j\in V(G)\setminus U \\ w_{ij}(G)-1 & \{i,j\}\subseteq U \\ w_{ij}(G) & 其他 \end{cases}$$

加权图 G_U 的基尔霍夫多项式为

$$t(G_U,w)=|U|^2 t(G,w)$$

在推论 6.1 中,如果 U 是一个团且对任意 $\{i,j\}\subseteq U$ 均有 $w_{ij}(G)=1$,那么我们能得到基尔霍夫多项式 $t(G,w)$ 的如下变换公式。

推论 6.2　设 K_c 是加权图 G 的一个完全子图,并且 K_c 的每条边的权都是 1。如果将子图 K_c 替换为星 $K_{1,c}$($K_{1,c}$ 的每条边的权都是 c) 得到新的加权图 H,则

$$t(H,w)=c^2t(G,w)$$

设$\{w_i(G)\}_{i\in V(G)}$是顶点集 $V(G)$ 上的不定元。如果 G 的每条边$\{u,v\}$的权为

$$w_{uv}(G)=w_u(G)w_v(G)$$

则称 G 是由点权导出的加权图,或者称 G 的边权由不定元$\{w_i(G)\}_{i\in V(G)}$导出。

由定理 6.5 可得到如下推论。

推论 6.3　设加权图 G 的边权由不定元$\{w_i(G)\}_{i\in V(G)}$导出,并且 G_0 是 G 的一个诱导子图。设 H 是将 G 的诱导子图 G_0 替换为 $K_1\vee\overline{G_0}$ 得到的加权图,其边权满足

$$w_{ij}(H)=\begin{cases}w_j(G)\sum\limits_{u\in V(G_0)}w_u(G) & i\notin V(G),j\in V(G_0)\\ -w_i(G)w_j(G) & ij\in E(\overline{G_0})\\ w_i(G)w_j(G) & ij\in E(G)\backslash E(G_0)\end{cases}$$

加权图 H 的基尔霍夫多项式为

$$t(H,w)=\left(\sum_{u\in V(G_0)}w_u(G)\right)^2t(G,w)$$

由推论 6.3 的局部变换公式可得到如下补变换公式。

推论 6.4　设加权图 G 的边权由不定元$\{w_i(G)\}_{i\in V(G)}$导出,加权图 $H=K_1\vee\overline{G}$ 的边权由不定元$\{w_i(H)\}_{i\in V(H)}$导出,其中

$$w_i(H)=\begin{cases}w_i(G) & i\in V(G)\\ -\sum\limits_{u\in V(G)}w_u(G) & i\notin V(G)\end{cases}$$

加权图 H 的基尔霍夫多项式为

$$t(H,w)=(-1)^{|V(G)|}\left(\sum_{u\in V(G)}w_u(G)\right)^2t(G,w)$$

证明　在推论 6.3 中,取 $G_0=G$ 可得到一个加权图 $H_0=K_1\vee\overline{G}$ 使得

$$t(H_0,w)=\left(\sum_{u\in V(G)}w_u(G)\right)^2t(G,w)$$

并且 H_0 的边权为

$$w_{ij}(H_0)=\begin{cases} w_j(G)\sum\limits_{u\in V(G)} w_u(G) & i\notin V(G),j\in V(G) \\ -w_i(G)w_j(G) & ij\in E(\overline{G}) \end{cases}$$

因为对所有边 ij 均有 $w_{ij}(H)=-w_{ij}(H_0)$，所以

$$t(H,w)=(-1)^{|V(G)|}t(H_0,w)=(-1)^{|V(G)|}\left(\sum_{u\in V(G)} w_u(G)\right)^2 t(G,w) \qquad \square$$

由 Cayley 公式我们知道完全图 K_n 有 n^{n-2} 个生成树。下面的例子是 Cayley 公式的加权推广，也被称为 Cayley-Prüfer 定理。

例 6.3 （Cayley-Prüfer 定理）设完全图 K_n 的边权由不定元 $\{w_1,\cdots,w_n\}$ 导出，则

$$t(K_n,w)=w_1\cdots w_n(w_1+\cdots+w_n)^{n-2}$$

证明 由推论 6.4 可得

$$t(K_n,w)=(-1)^n\left(\sum_{i=1}^n w_i\right)^{-2} t(K_{1,n},w)=w_1\cdots w_n(w_1+\cdots+w_n)^{n-2}$$

其中，$K_{1,n}$ 是边权为 $-w_j\sum\limits_{i=1}^n w_i(j=1,\cdots,n)$ 的星。 $\square$

下面我们用推论 6.4 给出如下例子。

例 6.4 设加权图 G 是将完全图 K_n 删去 q 条边的匹配 M 得到的近似完全图，并且 G 的边权由不定元 $\{w_1,\cdots,w_n\}$ 导出，则

$$t(G,w)=\left(\sum_{i=1}^n w_i\right)^{n-q-2}\left(\prod_{i=1}^n w_i\right)\prod_{ij\in M}\sum_{k\neq i,j} w_k$$

如果 $w_1=\cdots=w_n=1$，则

$$|T(G)|=n^{n-q-2}(n-2)^q=n^{n-2}\left(1-\frac{2}{n}\right)^q$$

证明 设 $H=K_1\vee\overline{G}$ 是由不定元 $\{w_0,w_1,\cdots,w_n\}$ 导出的加权图，其中 $w_0=-\sum\limits_{i=1}^n w_i$。由推论 6.4 可得

$$t(G,w)=(-1)^n\left(\sum_{i=1}^n w_i\right)^{-2} t(H,w) \tag{6.2}$$

经计算可得

$$t(H,w)=\left(-\sum_{i=1}^n w_i\right)^{n-q}\left(\prod_{i=1}^n w_i\right)\prod_{ij\in M}\left(-\sum_{k\neq i,j} w_k\right)$$

由式(6.2)可得

$$t(G,w)=\left(\sum_{i=1}^{n}w_i\right)^{n-q-2}\left(\prod_{i=1}^{n}w_i\right)\prod_{ij\in M}\sum_{k\neq i,j}w_k \qquad \square$$

6.4　交图与图的团划分

令 $V(H)$ 和 $E(H)$ 分别表示超图的顶点集和边集,每条边 $e\in E(H)$ 都是 $V(H)$ 的一个子集。如果每条边都恰好包含两个顶点,则 H 即为通常的图。如果任意两条边最多有一个交点,则称 H 是线性超图。超图 H 的交图 $\Omega(H)$ 的有顶点集为 $E(H)$,两个顶点 e_1,e_2 在 $\Omega(H)$ 中邻接当且仅当 $e_1\cap e_2\neq\varnothing$。如果图 G 和（线性）超图 H 满足 $G=\Omega(H)$,则称 H 是图 G 的一个（线性）交表示。

如果图 G 的一个团的集合 $\varepsilon=\{Q_1,\cdots,Q_r\}$ 覆盖了图 G 的所有边,即 G 的每条边至少属于一个 Q_i,则称 ε 是 G 的团覆盖。如果 G 的每条边恰好属于 ε 中的一个团,即团覆盖 ε 中任意两个团最多有一个交点,则称 ε 是 G 的团划分。

显然,任意图 G 都至少有一个团划分（由于每条边可看作一个团）。连通图 G 的团划分和线性交表示之间存在如下一一对应。

引理 6.2　设 $\varepsilon=\{Q_1,\cdots,Q_r\}$ 是连通图 G 的一个团覆盖。对于顶点 $u\in V(G)$,令 $S_u=\{Q_i:u\in Q_i\}$ 表示 ε 中所有包含点 u 的团的集合。设超图 H_ε 具有顶点集 $\varepsilon=\{Q_1,\cdots,Q_r\}$ 和边集 $\{S_u:u\in V(G)\}$,则 $G=\Omega(H_\varepsilon)$。如果 ε 是 G 的团划分,则 H_ε 是线性超图。

引理 6.3　如果（线性）超图 H 是图 G 的交表示,则与 H 的一个顶点关联的所有边对应于 G 的一个团,并且所有这样的团形成了 G 的一个团覆盖（团划分）。

下面是图的团划分和交表示的一个例子。

例 6.5　图 4.1 中的 G 有一个团划分 $\varepsilon=\{Q_1,Q_2,Q_3\}$,其中 $Q_1=\{1,2,3\}$, $Q_2=\{2,4,5\}$, $Q_3=\{3,5,6\}$。令 $S_i=\{Q_j:i\in Q_j\}$ 表示 ε 中所有包含点 i 的团的集合,则

$$S_1=\{Q_1\},\ S_2=\{Q_1,Q_2\},\ S_3=\{Q_1,Q_3\}$$

$$S_4=\{Q_2\},\ S_5=\{Q_2,Q_3\},\ S_6=\{Q_3\}$$

顶点集为 $\{Q_1,Q_2,Q_3\}$、边集为 $\{S_1,\cdots,S_6\}$ 的线性超图是图 G 的一个交表示。

超图 H 的 2-section 图 $H_{(2)}$ 具有顶点集 $V(H)$,并且 $uv\in E(H_{(2)})$ 当且仅当

存在 $e\in E(H)$ 使得 $\{u,v\}\subseteq e$。超图 H 的关联图 I_H 是具有二划分 $V(I_H)=V(H)\cup E(H)$ 和 $e\in E(H)$ 在 I_H 中邻接当且仅当 u 和 e 在 H 中关联。

例 6.6 设超图 H 具有顶点集 $V(H)=\{1,2,3,4\}$ 和边集 $E(H)=\{e,f\}$，其中 $e=123,f=234$。交图 $\Omega(H)$、2-section 图 $H_{(2)}$ 和关联图 I_H 的顶点集、边集如下：

$$V(\Omega(H))=\{e,f\},E(\Omega(H))=\{ef\}$$

$$V(H_{(2)})=\{1,2,3,4\},E(H_{(2)})=\{12,13,23,24,34\}$$

$$V(I_H)=\{1,2,3,4,e,f\},E(I_H)=\{1e,2e,3e,2f,3f,4f\}$$

交图 $\Omega(H)$、2-section 图 $H_{(2)}$ 和关联图 I_H 的生成树有如下关系。

定理 6.6 设 H 是一个连通超图。对于 $u\in V(H)$ 和与 u 关联的边 $e\in E(H)$，关联图 I_H 的边 ue 的权是不定元 w_{ue}。关联图 I_H 的基尔霍夫多项式为

$$t(I_H,w)=\prod_{i\in V(H)}\alpha_i\sum_{T\in T(\Omega(H))}\prod_{ef\in E(T)}\left(\sum_{u\in e\cap f}\frac{w_{ue}w_{uf}}{\alpha_u}\right)$$

$$=\prod_{e\in E(H)}\alpha_e\sum_{T\in T(H_{(2)})}\prod_{uv\in E(T)}\left(\sum_{\{u,v\}\subseteq e\in E(H)}\frac{w_{ue}w_{ve}}{\alpha_e}\right)$$

其中

$$\alpha_i=\sum_{i\in f\in E(H)}w_{if}(i\in V(H))$$

$$\alpha_e=\sum_{i\in V(H),i\in e}w_{ie}(e\in E(H))$$

证明 对于 $i\in V(H)$ 和 $e\in E(H)$，它们在 I_H 中的加权度为

$$\alpha_i=\sum_{i\in f\in E(H)}w_{if},\alpha_e=\sum_{i\in V(H),i\in e}w_{ie}$$

注意到 $V(I_H)=V(H)\cup E(H)$ 是二部图 I_H 的二部划分。由定理 6.3 可知，Schur 补加权图 $I_H(E(H))$ 和 $I_H(V(H))$ 的边集分别是

$$\{ef:e,f\in E(H),e\cap f\neq\varnothing\}$$

$$\{uv:u,v\in V(H),uv\in E(H_{(2)})\}$$

故 $I_H(E(H))$ 和 $I_H(V(H))$ 的底图分别同构于 $\Omega(H)$ 和 $H_{(2)}$。在定理 6.3 中取 $G=I_H,V_1=V(H),V_2=E(H)$ 可得到 $t(I_H,w)$ 的表达式。 □

在定理 6.6 中，当 $w_{ue}=d_uw_e\left(d_u=\sum_{u\in e\in E(H)}w_e\right)$ 时，可得到 $\Omega(H)$ 的如下生成树计数公式。

定理 6.7 设 H 是一个连通超图。对于两条相交非空的边 $e,f\in E(H)$，交图 $\Omega(H)$ 中边 $\{e,f\}$ 的权为 $|e\cap f|w_ew_f$，其中 $\{w_e\}_{e\in E(H)}$ 是 $E(H)$ 上的不定元。交

图 $\Omega(H)$ 的基尔霍夫多项式为

$$t(\Omega(H),w)=\frac{\prod_{e\in E(H)}\left(w_e\sum_{u\in e}d_u\right)}{\prod_{u\in V(H)}d_u^2}\sum_{T\in T(H_{(2)})}\prod_{uv\in E(T)}\left(\sum_{\{u,v\}\subseteq e\in E(H)}\frac{d_u d_v w_e}{\sum_{i\in e}d_i}\right)$$

其中，$d_u=\sum_{u\in e\in E(H)}w_e$。

令 $d_i(H)$ 表示超图 H 中包含顶点 i 的边数，即点 i 的度。对于 $e\in E(H)$，令 $d_e=\sum_{u\in e}d_u(H)$。令 $\Omega^w(H)$ 表示将 $\Omega(H)$ 的边 $e_1e_2(\{e_1,e_2\}\subseteq E(H),|e_1\cap e_2|>0)$ 赋予权 $|e_1\cap e_2|$ 得到的加权交图。

定理 6.8　设 H 是一个连通超图，则

$$t(\Omega^w(H),w)=\frac{\prod_{e\in E(H)}d_e}{\prod_{u\in V(H)}d_u^2(H)}\sum_{T\in T(H_{(2)})}\prod_{uv\in E(T)}\left(\sum_{\{u,v\}\subseteq e\in E(H)}\frac{d_u(H)d_v(H)}{d_e}\right)$$

证明　在定理 6.7 中，将 H 的每条边的权 w_e 取 1 可得到 $t(\Omega^w(H),w)$ 的表达式。 □

对于一个线性超图 H，如果 $uv\in E(H_{(2)})$，则存在唯一的边 $e(u,v)\in E(H)$ 包含 u 和 v。由定理 6.8 可得到如下结果。

定理 6.9　设 H 是一个连通的线性超图，且 $\Omega(H)$ 的权由不定元 $\{w_e\}_{e\in E(H)}$ 导出，则

$$t(\Omega(H),w)=\frac{\prod_{e\in E(H)}\left(w_e\sum_{u\in e}d_u\right)}{\prod_{u\in V(H)}d_u^2}\sum_{T\in T(H_{(2)})}\prod_{uv\in E(T)}\frac{d_u d_v w_{e(u,v)}}{\sum_{i\in e(u,v)}d_i}$$

其中，$d_u=\sum_{u\in e\in E(H)}w_e$，$e(u,v)\in E(H)$ 是包含 u 和 v 的唯一的边。

在定理 6.9 中，将每条边的权值取 1 可得到 $|T(\Omega(H))|$ 的公式。

推论 6.5　设 H 是一个连通的线性超图，则

$$|T(\Omega(H))|=\frac{\prod_{e\in E(H)}d_e}{\prod_{u\in V(H)}d_u^2(H)}\sum_{T\in T(H_{(2)})}\prod_{uv\in E(T)}\frac{d_u(H)d_v(H)}{d_{e(u,v)}}$$

其中，$e(u,v)\in E(H)$ 是包含 u 和 v 的唯一的边。

设 $\varepsilon=\{Q_1,\cdots,Q_r\}$ 是图 G 的一个团划分。对于顶点 $u\in V(G)$，令 $S_u=\{Q_i:u\in Q_i\}$ 表示 ε 中所有包含点 u 的团的集合。令 $\Omega(\varepsilon)$ 表示顶点集为 $\varepsilon=$

$\{Q_1,\cdots,Q_r\}$ 且边集为 $\{Q_iQ_j: Q_i\cap Q_j\neq\varnothing\}$ 的团图。

下面是 $t(G,w)$ 的团划分公式。

定理 6.10 设 G 是一个连通的加权图,其边权由不定元 $\{w_i\}_{i\in V(G)}$ 导出。对于 G 的一个团划分 $\varepsilon=\{Q_1,\cdots,Q_r\}$,有

$$t(G,w)=\frac{\prod\limits_{u\in V(G)}\left(w_u\sum\limits_{Q_i\in S_u}d_{Q_i}\right)}{\prod\limits_{i=1}^{r}d_{Q_i}^2}\sum_{T\in T(\Omega(\varepsilon))}\prod_{Q_iQ_j\in E(T)}\frac{d_{Q_i}d_{Q_j}w_{\kappa(Q_i,Q_j)}}{\sum_{Q_u\in S_{\kappa(Q_i,Q_j)}}d_{Q_u}}$$

其中,$d_{Q_i}=\sum_{u\in Q_i}w_u$ 并且 $\kappa(Q_i,Q_j)\in Q_i\cap Q_j$ 是 Q_i 和 Q_j 的唯一公共点。

证明 设 H_ε 是具有顶点集 $\varepsilon=\{Q_1,\cdots,Q_r\}$ 和边集 $\{S_u: u\in V(G)\}$ 的线性超图,则 $G=\Omega(H_\varepsilon)$。如果 $\Omega(H_\varepsilon)$ 中每条边 S_uS_v 的权为 w_uw_v,则 $t(G,w)=t(\Omega(H_\varepsilon),w)$。由定理 6.9 可得到 $t(G,w)$ 的表达式。 □

下面是图的生成树个数的团划分公式。

定理 6.11 设 $\varepsilon=\{Q_1,\cdots,Q_r\}$ 是连通 G 的一个团划分,则

$$|T(G)|=\frac{\prod\limits_{u\in V(G)}f_u}{\prod\limits_{i=1}^{r}|Q_i|^2}\sum_{T\in T(\Omega(\varepsilon))}\prod_{Q_iQ_j\in E(T)}\frac{|Q_i||Q_j|}{f_{\kappa(Q_i,Q_j)}}$$

其中 $f_u=\sum\limits_{Q_i\in S_u}|Q_i|=d_u(G)+|S_u|$ 并且 $\kappa(Q_i,Q_j)\in Q_i\cap Q_j$ 是 Q_i 和 Q_j 的唯一公共点。

证明 在定理 6.10 中,如果每个顶点 $u\in V(G)$ 上的不定元 $w_u=1$,则 $d_{Q_i}=|Q_i|$ 并且 $\sum\limits_{Q_i\in S_u}|Q_i|=d_u(G)+|S_u|$。$|T(G)|$ 的表达式可由定理 6.10 中 $t(G,w)$ 的表达式得到。 □

下面是团划分公式的一个例子。

例 6.7 设 G 是将完全图 K_m 和 K_n 之间连接 p 个不相交的边得到的图,则

$$|T(G)|=m^{m-p-1}n^{n-p-1}(mn+m+n)^{p-1}p$$

证明 图 G 有一个团划分 $\varepsilon=\{C_1,C_2,Q_1,\cdots,Q_p\}$,其中 $|C_1|=m$,$|C_2|=n$,$Q_1,\cdots,Q_p$ 是团 C_1 和 C_2 之间 p 个不相交的边。由定理 6.11 可得

$$|T(G)|=\frac{m^{m-p}n^{n-p}(m+2)^p(n+2)^p}{m^2n^24^p}t(\Omega(\varepsilon),w) \tag{6.3}$$

其中团图 $\Omega(\varepsilon)$ 是具有二划分 $\{C_1,C_2\}\cup\{Q_1,\cdots,Q_p\}$ 的完全二部加权图,并且

$\Omega(\varepsilon)$中边 C_1Q_t 和 C_2Q_t 的权分别为 $w_{C_1Q_t}=\dfrac{2m}{m+2}$和 $w_{C_2Q_t}=\dfrac{2n}{n+2}(t=1,\cdots,p)$。$\Omega(\varepsilon)$中 Q_t 的加权度为$\dfrac{2m}{m+2}+\dfrac{2n}{n+2}=\dfrac{4(mn+m+n)}{(m+2)(n+2)}$。由定理 6.3 可得

$$t(\Omega(\varepsilon),w)=\frac{4^p(mn+m+n)^p\ w_{C_1Q_t}w_{C_2Q_t}p}{(m+2)^p(n+2)^p w_{C_1Q_t}+w_{C_2Q_t}}=\frac{4^p(mn+m+n)^{p-1}mnp}{(m+2)^p(n+2)^p}$$

由式(6.3)可得$|T(G)|=m^{m-p-1}n^{n-p-1}(mn+m+n)^{p-1}p$。□

对于图 G 的一个团划分 $\varepsilon=\{Q_1,\cdots,Q_r\}$，令 $I(Q_i)=|\{u\in Q_i:|S_u|>1\}|$。下面我们用顶点集$\{u\in V(G):|S_u|>1\}$的诱导子图来表示图 G 的生成树个数。

定理 6.12　设 $\varepsilon=\{Q_1,\cdots,Q_r\}(r>1)$是连通图 G 的一个团划分，则

$$|T(G)|=\prod_{|S_u|=1}(d_u(G)+1)\prod_{i=1}^{r}\frac{I(Q_i)}{|Q_i|}\sum_{T\in T(\widetilde{G})}\prod_{e\in E(T)}\frac{|Q_e|}{I(Q_e)}$$

其中，$\widetilde{G}$ 是图 G 关于顶点集$\{u\in V(G):|S_u|>1\}$的诱导子图，Q_e 是 ε 中包含边 e 的唯一的团。

证明　令 $P_i=\{u:u\in Q_i,|S_u|>1\}$，并且令 H 是具有顶点集 $V(H)=\{u\in V(G):|S_u|>1\}$ 和边集 $E(H)=\{P_1,\cdots,P_r\}$ 的线性超图。那么团图 $\Omega(\varepsilon)=\Omega(H)$即为 H 的交图，并且 2-section 图 $H_{(2)}$是图 G 关于顶点集 $V(H)$的诱导子图。对于 $u\in V(H)$和 $u\in P_i$，我们将关联图 I_H 中的边$\{u,P_i\}$赋予权$|Q_i|$，由定理 6.6 可得

$$\begin{aligned}t(I_H,w)&=\prod_{u\in V(H)}f_u\sum_{T\in T(\Omega(\varepsilon))}\prod_{Q_iQ_j\in E(T)}\frac{|Q_i||Q_j|}{f_{\kappa(Q_i,Q_j)}}\\&=\prod_{i=1}^{r}I(Q_i)|Q_i|\sum_{T\in T(H_{(2)})}\prod_{e\in E(T)}\frac{|Q_e|^2}{I(Q_e)|Q_e|}\end{aligned}$$

其中，$f_u=\sum_{Q_i\in S_u}|Q_i|=d_u(G)+|S_u|$，并且 $\kappa(Q_i,Q_j)\in Q_i\cap Q_j$ 是 Q_i 和 Q_j 的唯一公共点。由定理 6.11 可得

$$\begin{aligned}|T(G)|&=\frac{\prod_{u\in V(G)}f_u}{\prod_{i=1}^{r}|Q_i|^2}\sum_{T\in T(\Omega(\varepsilon))}\prod_{Q_iQ_j\in E(T)}\frac{|Q_i||Q_j|}{f_{\kappa(Q_i,Q_j)}}\\&=\frac{\prod_{|S_u|=1}(d_u(G)+1)}{\prod_{i=1}^{r}|Q_i|^2}t(I_H,w)\end{aligned}$$

$$= \prod_{|S_u|=1} (d_u(G)+1) \prod_{i=1}^{r} \frac{I(Q_i)}{|Q_i|} \sum_{T\in T(H_{(2)})} \prod_{e\in E(T)} \frac{|Q_e|}{I(Q_e)} \qquad \square$$

应用定理 6.12 能得到下面的图的边团扩展的生成树计数公式。

推论 6.6 设 G 是有 n 个顶点和 m 条边的连通图,并且 $\widetilde{G}$ 表示将 G 的每条边 $e\in E(G)$ 替换为团 Q_e 得到的图,则

$$|T(\widetilde{G})| = 2^{m-n+1} \prod_{e\in E(G)} |Q_e|^{|Q_e|-3} \sum_{T\in T(G)} \prod_{e\in E(T)} |Q_e|$$

证明 当 $m=1$ 时结论显然成立,我们只考虑 $m>1$ 的情况。注意到 $\{Q_e\}_{e\in E(G)}$ 是 $\widetilde{G}$ 的一个团划分并且 $\{u\in V(\widetilde{G}):|S_u|>1\}=\{u\in V(G):d_u(G)>1\}$。令 G_0 为将 G 的所有悬挂点删去得到的图,则 G_0 的每个生成树有 $n-|P(G)|-1$ 条边,其中 $P(G)$ 是 G 的悬挂边的集合。由定理 6.12 可得

$$|T(\widetilde{G})| = \frac{2^{m-|P(G)|} \prod_{e\in E(G)} |Q_e|^{|Q_e|-2} \prod_{e\in P(G)} |Q_e|}{\prod_{e\in E(G)} |Q_e|} \sum_{T\in T(G_0)} \prod_{e\in E(T)} \frac{|Q_e|}{2}$$

$$= 2^{m-n+1} \prod_{e\in E(G)} |Q_e|^{|Q_e|-3} \sum_{T\in T(G)} \prod_{e\in E(T)} |Q_e| \qquad \square$$

由推论 6.6 能得到下面的结果。

推论 6.7 设 $\widetilde{G}$ 是将连通 G 的一条边 $e\in E(G)$ 替换为团 K_s 得到的图,则

$$|T(\widetilde{G})| = s^{s-2}|T(G)| - s^{s-3}(s-2)|T(G-e)|$$

证明 令 $n=|V(G)|, m=|E(G)|$,由推论 6.6 可得

$$|T(\widetilde{G})| = 2^{m-n+1}2^{-(m-1)}s^{s-3}(2^{n-1}|T(G-e)|+2^{n-2}s|T_e(G)|)$$

$$= s^{s-3}(2|T(G-e)|+s|T_e(G)|)$$

其中 $T_e(G)\subseteq T(G)$ 是包含边 e 的生成树集合。由 $|T_e(G)|=|T(G)|-|T(G-e)|$ 可得

$$|T(\widetilde{G})| = s^{s-2}|T(G)| - s^{s-3}(s-2)|T(G-e)| \qquad \square$$

应用推论 6.7 可以得到扇图的生成树个数。

例 6.8 扇图 $F_n=K_1\vee P_n$ 是一个孤立点 K_1 和一个道路 P_n 的联图。注意到将 F_{n-1} 的一条边替换为 K_3 能得到 F_n。由推论 6.7 可得

$$|T(F_n)| = 3|T(F_{n-1})| - |T(F_{n-2})|$$

求解这个递推关系可得

$$|T(F_n)| = 5^{-\frac{1}{2}}\left[\left(\frac{3+\sqrt{5}}{2}\right)^n - \left(\frac{3-\sqrt{5}}{2}\right)^n\right]$$

由引理 6.1 和定理 6.10 可得到点加权图的定向生成树计数的如下团划分公式。

定理 6.13　设 G 是一个点加权图，并且每个顶点 $u \in V(G)$ 的权是一个不定元 w_u。对于 G 的一个团划分，有

$$\kappa(G,w) = \frac{\sum_{u \in V(G)} w_u \prod_{u \in V(G)} \left(\sum_{Q_i \in S_u} d_{Q_i}\right)}{\prod_{i=1}^{r} d_{Q_i}^2} \sum_{T \in T(\Omega(\varepsilon))} \prod_{Q_iQ_j \in E(T)} \frac{d_{Q_i} d_{Q_j} w_{\kappa(Q_i,Q_j)}}{\sum_{Q_u \in S_{\kappa(Q_i,Q_j)}} d_{Q_u}}$$

其中，$d_{Q_i} = \sum_{u \in Q_i} w_u$，并且 $\kappa(Q_i,Q_j) \in Q_i \cap Q_j$ 是 Q_i 和 Q_j 的唯一公共点。

6.5　图运算的生成树

在定理 6.6 中取 $w_{ue}=1$ 可得到超图的关联图的生成树计数的如下公式。

定理 6.14　设 H 是一个连通的超图，则

$$|T(I_H)| = \prod_{e \in E(H)} |e| \sum_{T \in T(H_{(2)})} \prod_{uv \in E(T)} \left(\sum_{\{u,v\} \subseteq e \in E(H)} |e|^{-1}\right)$$

每条边恰好包含 k 个顶点的超图称为 k 一致超图。一个 $2\text{-}(v,k,\lambda)$ 设计可以看作一个顶点数为 v、度为 $r=\dfrac{\lambda(v-1)}{k-1}$ 的 k 一致正则超图，并且存在常数 λ 使得任意两点 $x,y \in V(H)$ 均满足 $|\{e \in E(H): x,y \in e\}| = \lambda$。

例 6.9　设 H 是一个 $2\text{-}(v,k,\lambda)$ 设计对应的超图。由定理 6.14 可得

$$|T(I_H)| = k^{b-v+1}\lambda^{v-1}v^{v-2}$$

其中，$b=\dfrac{\lambda v(v-1)}{k(k-1)}$。

定理 6.14 可推出如下公式。

推论 6.8　设 H 是有 n 个顶点和 m 条边的 k 一致线性超图，则

$$|T(I_H)| = k^{m-n+1}|T(H_{(2)})|$$

将图 G 的每条边替换为 P_3 得到的图称为 G 的细分图，记为 $S(G)$。细分图 $S(G)$ 可以看作图 G 的关联图，故由推论 6.8 可得到细分图的生成树计数的如

下公式。

推论 6.9 设 G 是有 n 个顶点和 m 条边的图,则

$$|T(S(G))|=2^{m-n+1}|T(G)|$$

应用图谱方法能得到正则图 G 和它的线图$\mathcal{L}(G)$的生成树个数之间有如下关系。

定理 6.15 设 G 是有 n 个顶点和 m 条边的 d 正则图,则

$$|T(\mathcal{L}(G))|=2^{m-n+1}d^{m-n-1}|T(G)|$$

半正则图的线图的生成树个数之间有如下公式。

定理 6.16 设 G 是具有参数$(n_1,n_2,r_1,r_2)(n_1\leqslant n_2)$ 的连通半正则图,则

$$|T(\mathcal{L}(G))|=\frac{m-n}{m}\frac{(r_1+r_2)^{m-n+1}}{(r_1-1)(r_2-1)-1}\left(\frac{r_1}{r_2}\right)^{n_2-n_1}|T(G)|$$

其中 $m=n_1r_1=n_2r_2,n=n_1+n_2$。

对于正则 G 的细分图 $S(G)$,它的线图的生成树个数有如下公式。

定理 6.17 设 G 是有 n 个顶点和 m 条边的 d 正则图,则

$$|T(\mathcal{L}(S(G)))|=d^{m-n-1}(d+2)^{m-n+1}|T(G)|$$

2013 年,晏卫根给出了一类非正则线图的生成树计数的如下公式。

定理 6.18 设 G 是有 $n+s$ 个顶点和 $m+s$ 条边的连通图,其中 n 个顶点的度为 k,s 个顶点的度为 1。线图$\mathcal{L}(G)$的生成树个数为

$$|T(\mathcal{L}(G))|=2^{m-n+1}k^{m+s-n-1}|T(G)|$$

2017 年,董峰明和晏卫根给出了一般线图的生成树个数的如下公式。

定理 6.19 设 G 是一个连通图,则

$$|T(\mathcal{L}(G))|=\prod_{i\in V(G)}d_i(G)^{d_i(G)-2}\sum_{T\in T(G)}\prod_{uv\in E(G)\setminus E(T)}\frac{d_u(G)+d_v(G)}{d_u(G)d_v(G)}$$

2018 年,龚和林和金贤安给出了线图的生成树个数的如下等价公式。

定理 6.20 设 G 是一个连通图,则

$$|T(\mathcal{L}(G))|=\frac{\prod_{\{u,v\}\in E(G)}(d_u(G)+d_v(G))}{\prod_{i\in V(G)}d_i(G)^2}\sum_{T\in T(G)}\prod_{uv\in T(T)}\frac{d_u(G)d_v(G)}{d_u(G)+d_v(G)}$$

下面是加权线图的生成树计数公式,它是定理 6.9 的特殊情形。

定理 6.21 令$\{w_e\}_{e\in E(G)}$为连通图 G 边集上的不定元,并且线图$\mathcal{L}(G)$的权由$\{w_e\}_{e\in E(G)}$导出,则

$$t(\mathcal{L}(G),w)=\frac{\prod_{\{u,v\}\in E(G)} w_{uv}(d_u(G)+d_v(G))}{\prod_{i\in V(G)} d_i(G)^2}\sum_{T\in T(G)}\prod_{uv\in E(T)}\frac{w_{uv}d_u(G)d_v(G)}{d_u(G)+d_v(G)}$$

其中，$d_i(G)=\sum_{j\in V(G)} w_{ij}(G)$。

证明 线图$\mathcal{L}(G)$可看作图 G 的交图。由定理 6.9 可得到 $t(\mathcal{L}(G),w)$的表达式。 □

注 对于图 G 的一个顶点 u，所有与 u 关联的边形成$\mathcal{L}(G)$的一个团，并且所有这样的团是$\mathcal{L}(G)$的一个自然的团划分。故定理 6.21 的公式也可以由定理 6.10 推出。

将图 G 的每条边上插入一个新的顶点，然后将 G 的邻接边上对应的新插入的顶点连边，得到的图称为 G 的中图，记为 $M(G)$。中图 $M(G)$ 的顶点集为 $V(G)\cup E(G)$，它的边集是线图$\mathcal{L}(G)$和细分图 $S(G)$ 的边集的并。

半正则二部图的中图的生成树个数有如下公式。

定理 6.22 设 G 是具有参数(n_1,n_2,q_1+1,q_2+1)的连通半正则图，则

$$|T(M(G))|=(q_1+2)^{n_2-1}(q_2+2)^{n_1-1}(q_1+q_2+4)^{|E(G)|-n_1-n_2+1}|T(G)|$$

正则图的中图的生成树个数有如下公式。

定理 6.23 设 G 是有 n 个顶点和 m 条边的 d 正则图，则

$$|T(M(G))|=2^{m-n+1}(d+1)^{m-1}|T(G)|$$

下面是一般中图的生成树个数公式。

定理 6.24 设 G 是一个连通图，则

$$|T(M(G))|=\frac{\prod_{\{u,v\}\in E(G)}(f_u+f_v)}{\prod_{i\in V(G)} f_i}\sum_{T\in T(G)}\prod_{uv\in E(T)}\frac{f_uf_v}{f_u+f_v}$$

其中，$f_u=d_u(G)+1$。

下面是加权中图的生成树个数公式，它是定理 6.9 的特殊情形。

定理 6.25 设$\{w_u\}_{u\in V(G)}$和$\{w_e\}_{e\in E(G)}$分别是连通图 G 的顶点集和边集上的不定元，并且 $M(G)$ 的权由$\{w_u\}_{u\in V(G)}$和$\{w_e\}_{e\in E(G)}$导出，则

$$t(M(G),w)=\frac{\prod_{u\in V(G)} w_u\prod_{\{u,v\}\in E(G)} w_{uv}(f_u+f_v)}{\prod_{i\in V(G)} f_i}\sum_{T\in T(G)}\prod_{uv\in E(T)}\frac{w_{uv}f_uf_v}{f_u+f_v}$$

其中，$f_i=w_i+\sum_{j\in V(G)} w_{ij}(G)$。

证明 设 H 是顶点集为 $V(H)=V(G)$、边集为 $E(H)=E(G)\cup\{\{u\}:u\in$

$V(G)\}$的线性超图。注意到$M(G)$是H的交图。由定理6.9可得到$t(M(G),w)$的表达式。 □

注 对于图G的一个顶点u,点u以及所有与u关联的边形成$M(G)$的一个团,并且所有这样的团是$M(G)$的一个自然的团划分。故定理6.25的公式也可以由定理6.10推出。

图G的全图$\mathcal{T}(G)$具有顶点集$V(\mathcal{T}(G))=V(G)\cup E(G)$,并且$\mathcal{T}(G)$的两个顶点邻接当且仅当它们在图$G$中邻接或关联。线图与中图的生成树计数研究自然引导我们考虑全图的生成树计数问题。下面给出全图的生成树个数公式。

定理6.26 设$\{1,\cdots,n\}$是图G的顶点集。对任意$p,q\in\{1,\cdots,n\}$,有

$$|T(\mathcal{T}(G))|=\frac{(-1)^{p+q}\det(\boldsymbol{F}(p,q))}{\prod\limits_{u\in V(G)}(d_u(G)+1)}\prod_{uv\in E(G)}(d_u(G)+d_v(G)+2)$$

其中,$\boldsymbol{F}=\boldsymbol{L}_{\widetilde{G}}(\boldsymbol{D}_G+\boldsymbol{I})^{-1}\boldsymbol{L}_G+\boldsymbol{L}_G+\boldsymbol{L}_{\widetilde{G}}$,$\widetilde{G}$是在$G$的每条边$uv\in E(G)$赋予权值$w_{uv}(\widetilde{G})=\dfrac{(d_u(G)+1)(d_v(G)+1)}{d_u(G)+d_v(G)+2}$得到的加权图。

证明 对于$u\in V(G)$,令$Q_u=\{u\}\cup\{e:u\in e\in E(G)\}$,则$\{Q_u\}_{u\in V(G)}$是$\mathcal{T}(G)$中边分离的团。对于$\mathcal{T}(G)$中所有$Q_u$连续执行推论6.1中的局部变换(在推论6.1中取$U=Q_u$),可得到加权图$H$使得

$$t(H,w)=|T(\mathcal{T}(G))|\prod_{u\in V(G)}|Q_u|^2=|T(\mathcal{T}(G))|\prod_{u\in V(G)}(d_u(G)+1)^2 \tag{6.4}$$

并且H的拉普拉斯矩阵为

$$\boldsymbol{L}_H=\begin{pmatrix}\boldsymbol{C} & \boldsymbol{O} & -\boldsymbol{B}^{\mathrm{T}}\\ \boldsymbol{O} & \boldsymbol{L}_G+\boldsymbol{D}_G+\boldsymbol{I} & -(\boldsymbol{D}_G+\boldsymbol{I})\\ -\boldsymbol{L} & -(\boldsymbol{D}_G+\boldsymbol{I}) & (\boldsymbol{D}_G+\boldsymbol{I})^2\end{pmatrix}$$

其中,$\boldsymbol{C}$是对角元为$C_{ee}=d_u(G)+d_v(G)+2(e=uv\in E(G))$的$|E(G)|$阶对角矩阵;$\boldsymbol{B}$是一个$n\times|E(G)|$矩阵,其元素$(\boldsymbol{B})_{ie}=d_i(G)+1$如果点$i$和边$e$关联,其他元素元素为零。

拉普拉斯矩阵$\boldsymbol{L}_H$中$\boldsymbol{C}$的Schur补为

$$\boldsymbol{S}=\begin{pmatrix}\boldsymbol{L}_G+\boldsymbol{D}_G+\boldsymbol{I} & -(\boldsymbol{D}_G+\boldsymbol{I})\\ -(\boldsymbol{D}_G+\boldsymbol{I}) & (\boldsymbol{D}_G+\boldsymbol{I})^2\end{pmatrix}-\begin{pmatrix}\boldsymbol{O}\\ -\boldsymbol{B}\end{pmatrix}\boldsymbol{C}^{-1}(\boldsymbol{O}\quad -\boldsymbol{B}^{\mathrm{T}})=\begin{pmatrix}\boldsymbol{L}_G+\boldsymbol{D}_G+\boldsymbol{I} & -(\boldsymbol{D}_G+\boldsymbol{I})\\ -(\boldsymbol{D}_G+\boldsymbol{I}) & \boldsymbol{L}_{\widetilde{G}}+\boldsymbol{D}_G+\boldsymbol{I}\end{pmatrix}$$

其中，$\widetilde{G}$ 是在 G 的每条边 $uv\in E(G)$ 赋予权值 $w_{uv}(\widetilde{G})=\dfrac{(d_u(G)+1)(d_v(G)+1)}{d_u(G)+d_v(G)+2}$ 得到的加权图。令 $G(\boldsymbol{S})$ 为拉普拉斯矩阵等于 $\boldsymbol{S}$ 的 Schur 补加权图。由命题 6.1 可得

$$t(H,w)=\det(\boldsymbol{C})t(G(\boldsymbol{S}),w)=t(G(\boldsymbol{S}),w)\prod_{uv\in E(G)}(d_u(G)+d_v(G)+2) \tag{6.5}$$

对任意 $p\in V(\widetilde{G})$，$q\in V(G)$，由定理 6.1 可得

$$t(G(\boldsymbol{S}),w)=(-1)^{n+p+q}\det(\boldsymbol{S}(n+p,q))$$

令 $\boldsymbol{S}_0=\begin{pmatrix}-(\boldsymbol{D}_G+\boldsymbol{I}) & \boldsymbol{L}_G+\boldsymbol{D}_G+\boldsymbol{I}\\ \boldsymbol{L}_{\widetilde{G}}+\boldsymbol{D}_G+\boldsymbol{I} & -(\boldsymbol{D}_G+\boldsymbol{I})\end{pmatrix}$，则

$$\det(\boldsymbol{S}(n+p,q))=(-1)^{n(n-1)}\det(\boldsymbol{S}_0(n+p,n+q))$$

并且

$$t(G(S),w)=(-1)^{n+p+q}\det(\boldsymbol{S}_0(n+p,n+q)) \tag{6.6}$$

$\boldsymbol{S}_0$ 中$-(\boldsymbol{D}_G+\boldsymbol{I})$的 Schur 补为

$$\begin{aligned}\boldsymbol{F}&=-(\boldsymbol{D}_G+\boldsymbol{I})+(\boldsymbol{L}_{\widetilde{G}}+\boldsymbol{D}_G+\boldsymbol{I})(\boldsymbol{D}_G+\boldsymbol{I})^{-1}(\boldsymbol{L}_G+\boldsymbol{D}_G+\boldsymbol{I})\\&=\boldsymbol{L}_{\widetilde{G}}(\boldsymbol{D}_G+\boldsymbol{I})^{-1}\boldsymbol{L}_G+\boldsymbol{L}_G+\boldsymbol{L}_{\widetilde{G}}\end{aligned}$$

由定理 1.48 可得

$$\begin{aligned}\det(\boldsymbol{S}_0(n+p,n+q))&=\det(-(\boldsymbol{D}_G+\boldsymbol{I}))\det(\boldsymbol{F}(p,q))\\&=(-1)^n\det(\boldsymbol{F}(p,q))\prod_{u\in V(G)}(d_u(G)+1)\end{aligned}$$

由式(6.6)可得

$$t(G(\boldsymbol{S}),w)=(-1)^{p+q}\det(\boldsymbol{F}(p,q))\prod_{u\in V(G)}(d_u(G)+1) \tag{6.7}$$

由式(6.4)、式(6.5)和式(6.7)可得

$$\begin{aligned}|T(\mathcal{T}(G))|&=\left(\prod_{u\in V(G)}(d_u(G)+1)^{-2}\right)t(H,w)\\&=\frac{(-1)^{p+q}\det(F(p,q))}{\prod_{u\in V(G)}(d_u(G)+1)}\prod_{uv\in E(G)}(d_u(G)+d_v(G)+2)\end{aligned}$$ □

下面是正则图的全图的生成树个数公式。

推论 6.10　设 G 是有 n 个顶点和 m 条边的 d 正则图，则

$$|T(\mathcal{T}(G))| = 2^{m-n+1}(d+1)^{m-n}\left(\prod_{i=1}^{n-1}(\mu_i(G)+d+3)\right)|T(G)|$$

证明 由于 G 是 d 正则图，定理 6.26 中的矩阵 $\boldsymbol{L}_{\tilde{G}}$ 和 $\boldsymbol{F}$ 分别为

$$\boldsymbol{L}_{\tilde{G}} = \frac{d+1}{2}\boldsymbol{L}_G, \boldsymbol{F} = (d+1)^{-1}\boldsymbol{L}_{\tilde{G}}\boldsymbol{L}_G + \boldsymbol{L}_G + \boldsymbol{L}_{\tilde{G}} = \frac{1}{2}\boldsymbol{L}_G^2 + \frac{d+3}{2}\boldsymbol{L}_G$$

设 $\mu_1 = \mu_1(G) \geqslant \cdots \geqslant \mu_{n-1} = \mu_{n-1}(G) > 0$ 是 $\boldsymbol{L}_G$ 的所有非零特征值，则 $\boldsymbol{F}$ 的所有非零特征值为

$$\frac{1}{2}\mu_i^2 + \frac{d+3}{2}\mu_i \quad (i=1,\cdots,n-1)$$

由定理 6.26 可知，行列式 $\det(\boldsymbol{F}(p,p))$ 的取值和点 p 的选择无关。因此

$$\prod_{i=1}^{n-1}\left(\frac{1}{2}\mu_i^2 + \frac{d+3}{2}\mu_i\right) = \sum_{p=1}^{n}\det(\boldsymbol{F}(p,p)) = n\det(\boldsymbol{F}(p,p))$$

由定理 6.1 可得

$$\det(\boldsymbol{F}(p,p)) = \frac{1}{n}\prod_{i=1}^{n-1}\left(\frac{1}{2}\mu_i^2 + \frac{d+3}{2}\mu_i\right) = 2^{-(n-1)}\left[\prod_{i=1}^{n-1}(\mu_i+d+3)\right]|T(G)|$$

由定理 6.26 可得

$$\begin{aligned}|T(\mathcal{T}(G))| &= \frac{\det(\boldsymbol{F}(p,p))}{(d+1)^n}[2(d+1)]^m \\ &= 2^{m-n+1}(d+1)^{m-n}\left[\prod_{i=1}^{n-1}(\mu_i+d+3)\right]|T(G)|\end{aligned}$$ □

例 6.10 设 $K_{1,n}$ 是 n 条边的星，则

$$|T(\mathcal{T}(K_{1,n}))| = 3(2n+3)^{n-1}$$

证明 星 $G = K_{1,n}$ 的拉普拉斯矩阵可表示为

$$\boldsymbol{L}_G = \begin{pmatrix} \boldsymbol{I} & -\boldsymbol{j}_n \\ -\boldsymbol{j}_n^{\mathrm{T}} & n \end{pmatrix}$$

其中，$\boldsymbol{j}_n$ 表示元素都取 1 的 n 维列向量。定理 6.26 中定义的加权图 $\widetilde{G}$ 的拉普拉斯矩阵可表示为

$$\boldsymbol{L}_{\tilde{G}} = \begin{pmatrix} \dfrac{2(n+1)}{n+3}\boldsymbol{I} & -\dfrac{2(n+1)}{n+3}\boldsymbol{j}_n \\ -\dfrac{2(n+1)}{n+3}\boldsymbol{j}_n^{\mathrm{T}} & \dfrac{2n(n+1)}{n+3} \end{pmatrix}$$

经计算，定理 6.26 中的矩阵 $\boldsymbol{F}$ 等于

$$F=L_{\widetilde{G}}\begin{pmatrix}2^{-1}I & O\\ O & (n+1)^{-1}\end{pmatrix}L_G+L_G+L_{\widetilde{G}}=\begin{pmatrix}\frac{4n+6}{n+3}I+\frac{2}{n+3}J_n & -\frac{6(n+1)}{n+3}j_n\\ -\frac{6(n+1)}{n+3}j_n^{\mathrm{T}} & \frac{6n(n+1)}{n+3}\end{pmatrix}$$

其中，J_n 表示元素都取 1 的 n 阶方阵。由定理 6.26 可得

$$|\mathrm{T}(\mathcal{T}(K_{1,n}))|=\det\left(\frac{4n+6}{n+3}I+\frac{2}{n+3}J_n\right)2^{-n}(n+1)^{-1}(n+3)^n$$
$$=\frac{6(n+1)}{n+3}\left(\frac{4n+6}{n+3}\right)^{n-1}2^{-n}(n+1)^{-1}(n+3)^n=3(2n+3)^{n-1}\qquad\square$$

设 G 是具有 n 个顶点的图。将 G 的每个顶点 $u\in V(G)$ 替换为一个图 H_u 得到一个点扩展图 $G[H_1,\cdots,H_n]$，并且对任意 $x\in V(H_u)$ 和任意 $y\in V(H_v)$，x,y 在点扩展图中邻接当且仅当 $\{u,v\}\in E(G)$。例如，如果 $G,\overline{H_1},\cdots,\overline{H_n}$ 是完全图，则 $G[H_1,\cdots,H_n]$ 是完全多部图。

下面是 $G[H_1,\cdots,H_n]$ 的生成树个数公式。

定理 6.27　设 $G,H_1,\cdots,H_n$ 是连通图，且 $G_0=G[H_1,\cdots,H_n]$，则

$$|T(G_0)|=\prod_{u\in V(G)}\frac{\prod_{i=1}^{m_u-1}\left(\mu_i(H_u)+\sum_{v\in N_G(u)}m_v\right)}{m_u}\sum_{T\in T(G)}\prod_{uv\in E(T)}m_um_v\qquad(6.8)$$

其中，$m_u=|V(H_u)|$。

证明　对于 $e=\{u,v\}\in E(G)$，令 $Q_e=V(H_u)\cup V(H_v)$，$w_e=m_u+m_v$。对于 G_0 中所有顶点子集 Q_e，连续执行推论 6.1 中的局部变换（在推论 6.1 中取 $U=Q_u$）可得到加权图 H 使得

$$t(H,w)=|T(G_0)|\prod_{e\in E(G)}|Q_e|^2=|T(G_0)|\prod_{e\in E(G)}w_e^2\qquad(6.4)$$

并且 H 的拉普拉斯矩阵为 $L_H=\begin{pmatrix}C & -B^{\mathrm{T}}\\ -B & E\end{pmatrix}$，其中 C 是对角元为 $C_{ee}=w_e^2$ 的 $|E(G)|$ 阶对角矩阵，$E=\mathrm{diag}(E_1,\cdots,E_n)$ 是一个对角块矩阵使得

$$E_i=L_{H_i}-d_i(G)(m_iI-J_{m_i})+\left(\sum_{i\in e}w_e\right)I=L_{H_i}+\left(\sum_{v\in N_G(i)}m_v\right)I+d_i(G)J_{m_i}$$

B 是一个 $\left(\sum_{i=1}^{n}m_i\right)\times|\mathrm{E}(G)|$ 矩阵，其元素 $(B)_{ie}=w_e$ 如果 $i\in V(H_u)$ 且 u 与 e 在 G 中关联，其他元素为零。

令 j_m 表示全 1 的 m 维列向量，经计算可得

$$\det(\boldsymbol{E}_u) = \sum_{u\in e} w_e \prod_{i=1}^{m_u-1}\left(\mu_i(H_u) + \sum_{v\in N_G(u)} m_v\right), \boldsymbol{j}_{m_u}^{\mathrm{T}}\boldsymbol{E}_u^{-1}\boldsymbol{j}_{m_u} = \frac{m_u}{\sum\limits_{i\in e} w_e} \tag{6.9}$$

$\boldsymbol{L}_H$ 中 $\boldsymbol{E}$ 的 Schur 补为 $\boldsymbol{S}=\boldsymbol{C}-\boldsymbol{B}^{\mathrm{T}}\boldsymbol{E}^{-1}\boldsymbol{B}$。对 G 的任意两条边 e 和 f,经计算可得

$$(\boldsymbol{B}^{\mathrm{T}}\boldsymbol{E}^{-1}\boldsymbol{B})_{ef} = \begin{cases} 0 & e\cap f=\varnothing \\ w_e w_f \boldsymbol{j}_{m_k}^{\mathrm{T}}\boldsymbol{E}_k^{-1}\boldsymbol{j}_{m_k} = \dfrac{m_k w_e w_f}{\sum\limits_{e\ni k} w_e} & e\cap f=\{k\} \end{cases}$$

对于 $e\cap f=\{k\}$,我们对线图$\mathcal{L}(G)$的边 ef 赋予权值 $\dfrac{m_k w_e w_f}{\sum\limits_{e\ni k} w_e}$。那么 $\boldsymbol{S}$ 是加权线图$\mathcal{L}(G)$的拉普拉斯矩阵。由命题 6.1 可得

$$t(H,w) = \det(\boldsymbol{E})t(\mathcal{L}(G),w) = \prod_{u\in V(G)} \det(\boldsymbol{E}_u) \sum_{T\in T(\mathcal{L}(G))} \prod_{ef\in E(T)} \frac{m_{k(e,f)} w_e w_f}{\sum\limits_{e\ni\kappa(e,f)} w_e} \tag{6.10}$$

其中,$\kappa(e,f)$ 表示 e 和 f 的唯一公共点。注意到$\mathcal{L}(G)=\Omega(G)$是图 G 的交图。在定理 6.6 中,取 $w_{ue}=m_u w_e$ 可得

$$\prod_{u\in V(G)}\left(m_u \sum_{e\ni u} w_e\right) \sum_{T\in T(\mathcal{L}(G))} \prod_{ef\in E(T)} \frac{m_{k(e,f)} w_e w_f}{\sum\limits_{e\ni k(e,f)} w_e} = \prod_{e\in E(G)} w_e^2 \sum_{T\in T(G)} \prod_{uv\in E(T)} m_u m_v \tag{6.11}$$

由式(6.8)至式(6.11)可得到$|T(G_0)|$的表达式。 □

如果对每个顶点 $u\in V(G)$ 都取 $H_u=H$,则 $G[H_1,\cdots,H_n]$称为图 G 和图 H 的字典积,记为 $G[H]$。由定理 6.27 可得到以下两个推论。

推论 6.11 设 $G_0=G[H_1,\cdots,H_n]$,其中 $G,H_1,\cdots,H_n$ 是连通图。如果对每个 $u\in V(G)$ 均有$|V(H_u)|=m$,则

$$|T(G_0)| = m^{n-2}\left[\prod_{u\in V(G)}\prod_{i=1}^{m-1}(\mu_i(H_u) + md_u(G))\right]|T(G)|$$

推论 6.12 设 G 和 H 分别是 n 个顶点和 m 个顶点的连通图,则

$$|T(G[H])| = m^{n-2}\left[\prod_{u\in V(G)}\prod_{i=1}^{m-1}(\mu_i(H) + md_u(G))\right]|T(G)|$$

如果 $G=K_2$,则 $G[H_1,H_2]=H_1\vee H_2$ 是 H_1 和 H_2 的联图。由定理 6.27 能推出如下公式。

推论 6.13　设 H_1 和 H_2 分别是 m_1 个顶点和 m_2 个顶点的图,则

$$|T(H_1 \vee H_2)| = \prod_{i=1}^{m_1-1}(\mu_i(H_1) + m_2)\prod_{i=1}^{m_2-1}(\mu_i(H_2) + m_1)$$

例 6.11　如果 $H_1 = K_{m_1}, \cdots, H_n = K_{m_n}$ 都是完全图,则 $G_0 = G[H_1, \cdots, H_n]$ 也被称为 G 的团扩展。$H_i = K_{m_i}$ 的拉普拉斯特征值为

$$\mu_1(H_i) = \cdots = \mu_{m_i-1}(H_i) = m_i, \mu_{m_i}(H_i) = 0$$

由定理 6.27 可得

$$|T(G_0)| = \prod_{u \in V(G)} \frac{\left(m_u + \sum_{v \in N_G(u)} m_v\right)^{m_u-1}}{m_u} \sum_{T \in T(G)} \prod_{uv \in E(T)} m_u m_v$$

如果 $m_1 = \cdots = m_n = m$,则

$$|T(G_0)| = m^{mn-2}\left(\prod_{u \in V(G)}(d_u(G) + 1)^{m-1}\right)|T(G)|$$

下面给出广义线图的生成树个数公式。

定理 6.28　设 $\hat{H} = H(a_1, \cdots, a_n)$,其中 H 是 n 个顶点的连通图,则

$$|T(\mathcal{L}(\hat{H}))| = \prod_{i \in V(H)} b_i^{a_i-2}(b_i - 2)^{a_i} \prod_{\{u,v\} \in E(H)} (b_u + b_v) \sum_{T \in T(H)} \prod_{uv \in E(T)} \frac{b_u b_v}{b_u + b_v}$$

其中,$b_i = d_i(H) + 2a_i$。

证明　令 $b_i = d_i(H) + 2a_i$, $i = 1, \cdots, n$。对于 $u \in V(\hat{H})$ 和与 u 关联的 $e \in E(\hat{H})$,我们对关联图 $I_{\hat{H}}$ 的边 ue 赋予权值 w_{ue} 使得

$$w_{ue} = \begin{cases} b_u & u \in V(H) \\ -2 & u \in V(\hat{H}) \setminus V(H) \end{cases}$$

注意到$\mathcal{L}(\hat{H})$和交图 $\Omega(\hat{H})$ 有同样的顶点集,并且将 $\hat{H}$ 的每个花瓣替换为悬挂边即得到 2-section 图 $\hat{H}_{(2)}$。由定理 6.6 可得

$$\begin{aligned} t(I_{\hat{H}}, w) &= \prod_{i \in V(\hat{H})} \alpha_i \sum_{T \in T(\Omega(\hat{H}))} \prod_{ef \in E(T)} \sum_{u \in e \cap f} \frac{w_{ue} w_{uf}}{\alpha_u} \\ &= \prod_{e \in E(\hat{H})} \alpha_e \sum_{T \in T(\hat{H}_{(2)})} \prod_{uv \in E(T)} \sum_{\{u,v\} \subseteq e \in E(\hat{H})} \frac{w_{ue} w_{ve}}{\alpha_e} \end{aligned}$$

其中

$$\alpha_i = \sum_{i \in f \in E(\hat{H})} w_{if} = \begin{cases} b_i^2 & i \in V(H) \\ -4 & i \in V(\hat{H}) \setminus V(H) \end{cases}$$

$$\alpha_e = \sum_{i \in V(\hat{H}), i \in e} w_{ie} = \begin{cases} b_u + b_v & e = uv \in E(H) \\ b_u - 2 & e = uv \in E(\hat{H}), v \in V(\hat{H}) \setminus V(H) \end{cases}$$

那么

$$\prod_{i \in V(\hat{H})} \alpha_i = (-4)^{\sum_{i=1}^{n} a_i} \prod_{i \in V(H)} b_i^2$$

$$\prod_{e \in E(\hat{H})} \alpha_e = \prod_{i \in V(H)} (b_i - 2)^{a_i} \prod_{uv \in E(H)} (b_u + b_v)$$

并且

$$t(\Omega(\hat{H}), w)(-4)^{\sum_{i=1}^{n} a_i} \prod_{i \in V(H)} b_i^2 = t(\hat{H}_{(2)}, w) \prod_{i \in V(H)} (b_i - 2)^{a_i} \prod_{uv \in E(H)} (b_u + b_v) \tag{6.12}$$

其中 $\Omega(\hat{H})$ 和 $\hat{H}_{(2)}$ 有如下边权

$$w_{ef}(\Omega(\hat{H})) = \sum_{u \in e \cap f} \frac{w_{ue} w_{uf}}{\alpha_u}, w_{uv}(\hat{H}_{(2)}) = \sum_{\{u,v\} \subseteq e \in E(\hat{H})} \frac{w_{ue} w_{ve}}{\alpha_e}$$

对于 $ef \in E(\Omega(\hat{H}))$，有

$$\sum_{u \in e \cap f} \frac{w_{ue} w_{uf}}{\alpha_u} = \begin{cases} 1, & |e \cap f| = 1 \\ 0, & |e \cap f| = 2 \end{cases}$$

因此

$$t(\Omega(\hat{H}), w) = |T(\mathcal{L}(\hat{H}))| \tag{6.13}$$

对于 $uv \in E(\hat{H}_{(2)})$，有

$$\sum_{\{u,v\} \subseteq e \in E(\hat{H})} \frac{w_{ue} w_{ve}}{\alpha_e} = \begin{cases} \dfrac{b_u b_v}{b_u + b_v} & e = uv \in E(H) \\ \dfrac{-4b_u}{b_u - 2} & e = uv \in E(\hat{H}), v \in V(\hat{H}) \setminus V(H) \end{cases}$$

如果 $e = uv \in E(\hat{H})$ 并且 $v \in V(\hat{H}) \setminus V(H)$，则 e 是 $\hat{H}_{(2)}$ 的一个悬挂边。故 $\hat{H}_{(2)}$ 的每个生成树可以由 G 的一个生成树加 $\sum_{i=1}^{n} a_i$ 个悬挂边得到。因此

$$t(\hat{H}_{(2)}, w) = \prod_{i \in V(G)} \left(\frac{-4b_i}{b_i - 2}\right)^{a_i} \sum_{T \in T(H)} \prod_{uv \in E(T)} \frac{b_u b_v}{b_u + b_v} \tag{6.14}$$

由式(6.12)至式(6.14)可得到 $|T(\mathcal{L}(\hat{H}))|$ 的表达式。 □

由定理 6.28 可得到如下公式。

推论 6.14　设 $\hat{H}=H(a_1,\cdots,a_n)$，其中 H 是有 n 个顶点和 m 条边的连通图。如果存在整数 b 使得 $d_i(H)+2a_i=b\ (i=1,\cdots,n)$，则

$$|T(\mathcal{L}(\hat{H}))|=2^{m-n+1}b^{m-n-1+a}(b-2)^a|T(H)|$$

其中，$a=a_1+\cdots+a_n$。

习　题

1. 设 G 是有 n 个顶点的图，证明 G 的生成树个数等于 $\frac{1}{n^2}\det(\boldsymbol{L}_G+\boldsymbol{J})$，其中 $\boldsymbol{J}$ 是全 1 矩阵。

2. 求完全 p 部图 $K_{n_1,\cdots,n_p}$ 的生成树个数。

3. 证明定理 6.15。

第 7 章　图的电阻距离

图的电阻距离是一种图距离，在图的随机游走、网络中心性和化学等方面有重要应用。本章介绍了图的电阻距离和电阻矩阵的一些基本性质。

7.1　电阻距离的计算

对于一个连通图 G，在 G 的每条边放置一个单位电阻，形成一个与 G 对应的电阻网络 N。N 中节点间的等效电阻称为图 G 中顶点间的电阻距离。我们通常用 $r_{ij}(G)$ 表示图 G 中顶点 i,j 之间的电阻距离。对于结构非常简单的图，其电阻距离可直接由电阻的串并联法则得到。例如，图 2.1 中顶点 3 和 5 之间有三个长度为 1,2,3 的边不交的路构成并联，因此 3 和 5 之间的电阻距离为

$$r_{35}(G)=\frac{1}{1+\frac{1}{2}+\frac{1}{3}}=\frac{6}{11}$$

图的电阻距离满足如下性质：

(1) 非负性：$r_{ij}(G)\geqslant 0$ 且 $r_{ij}(G)=0\Leftrightarrow i=j$。

(2) 对称性：$r_{ij}(G)=r_{ji}(G)$。

(3) 三角不等式：$r_{ij}(G)+r_{jk}(G)\geqslant r_{ik}(G)$。

因此电阻距离是图上的距离函数。

令 $d_{uv}(G)$ 表示连通图 G 中顶点 u 和 v 之间的最短路距离。由电阻的串并联法则不难看出，电阻距离与最短路距离满足如下关系。

定理 7.1　设图 G 是一个连通图，则 $r_{uv}(G)\leqslant d_{uv}(G)$，取等号当且仅当 u 和 v 之间仅有一条道路。

具有割点的图的电阻距离有如下化简公式。

定理 7.2　设 u 是连通图 G 的割点且 $G-u$ 有 t 个连通分支 $G_1,\cdots,G_t$。

(1)对任意 $v_1,v_2\in V(G_i)(1\leqslant i\leqslant t)$,有

$$r_{v_1v_2}(G)=r_{v_1v_2}(G_i)$$

(2)对任意 $v_1\in V(G_i),v_2\in V(G_j)(1\leqslant i\leqslant j\leqslant t)$,有

$$r_{v_1v_2}(G)=r_{v_1u}(G)+r_{uv_2}(G)$$

令 $(\boldsymbol{A})_{ij}$ 表示矩阵 $\boldsymbol{A}$ 的 (i,j) 位置元素。图的电阻距离有如下广义逆公式。

定理 7.3　设 G 为一个连通图,则

$$\begin{aligned}r_{uv}(G)&=(\boldsymbol{L}_G^{(1)})_{uu}+(\boldsymbol{L}_G^{(1)})_{vv}-(\boldsymbol{L}_G^{(1)})_{uv}-(\boldsymbol{L}_G^{(1)})_{vu}\\&=(\boldsymbol{L}_G^{\#})_{uu}+(\boldsymbol{L}_G^{\#})_{vv}-2(\boldsymbol{L}_G^{\#})_{uv}\\&=(\boldsymbol{L}_G^{+})_{uu}+(\boldsymbol{L}_G^{+})_{vv}-2(\boldsymbol{L}_G^{+})_{uv}\end{aligned}$$

注　由于拉普拉斯矩阵 $\boldsymbol{L}_G$ 是对称的,因此 $\boldsymbol{L}_G^{\#}=\boldsymbol{L}_G^{+}$,并且 $\boldsymbol{L}_G^{\#}=\boldsymbol{L}_G^{+}$ 是 $\boldsymbol{L}_G$ 的一个实对称的{1}-逆。故定理 7.3 中后两个公式是第一个{1}-逆公式的特殊情况。

1997 年,Kirkland 等人给出了拉普拉斯矩阵群逆的如下表达式。

定理 7.4　设 G 是具有 n 个顶点的连通图,则

$$\boldsymbol{L}_G^{\#}=\frac{\boldsymbol{e}^{\mathrm{T}}\boldsymbol{Me}}{n^2}\boldsymbol{J}+\begin{pmatrix}\boldsymbol{M}-\dfrac{1}{n}\boldsymbol{MJ}-\dfrac{1}{n}\boldsymbol{JM} & -\dfrac{1}{n}\boldsymbol{Me}\\ -\dfrac{1}{n}\boldsymbol{e}^{\mathrm{T}}\boldsymbol{M} & 0\end{pmatrix}$$

其中,$\boldsymbol{M}=(\boldsymbol{L}_n)^{-1}$,$\boldsymbol{L}_n$ 是将 $\boldsymbol{L}_G$ 删去最后一行和最后一列得到的主子阵。

对于图 G 的一个顶点 u,令 $\boldsymbol{L}_G(u)$ 表示将 $\boldsymbol{L}_G$ 中 u 对应的行列删去得到的主子阵。利用 $\boldsymbol{L}_G(u)$ 可以构造 $\boldsymbol{L}_G$ 的{1}-逆。

引理 7.1　设 G 是具有 n 个顶点的连通图,则 $\begin{pmatrix}\boldsymbol{L}_G(u)^{-1} & \boldsymbol{O}\\ \boldsymbol{O} & \boldsymbol{O}\end{pmatrix}\in\mathbb{R}^{n\times n}$ 是 $\boldsymbol{L}_G$ 的一个对称{1}-逆,其中 u 是 $\boldsymbol{L}_G$ 的最后一行对应的顶点。

证明　假设 $\boldsymbol{L}_G=\begin{pmatrix}\boldsymbol{L}_G(u) & \boldsymbol{x}\\ \boldsymbol{x}^{\mathrm{T}} & d_u\end{pmatrix}$,其中 d_u 是 u 的度。由于 G 连通,因此 $\boldsymbol{L}_G$ 是不可约奇异 $\boldsymbol{M}$ 矩阵并且 $\boldsymbol{L}_G(u)$ 非奇异。由定理 1.47 可得

$$\mathrm{rank}(\boldsymbol{L}_G)=\mathrm{rank}(\boldsymbol{L}_G(u))+\mathrm{rank}(d_u-\boldsymbol{x}^{\mathrm{T}}\boldsymbol{L}_G(u)^{-1}\boldsymbol{x})=n-1$$

由 $\mathrm{rank}(\boldsymbol{L}_G(u))=n-1$ 可得 $d_u=\boldsymbol{x}^{\mathrm{T}}\boldsymbol{L}_G(u)^{-1}\boldsymbol{x}$。因此

$$\boldsymbol{L}_G\begin{pmatrix}\boldsymbol{L}_G(u)^{-1} & \boldsymbol{O}\\ \boldsymbol{O} & \boldsymbol{O}\end{pmatrix}\boldsymbol{L}_G=\begin{pmatrix}\boldsymbol{I} & \boldsymbol{O}\\ \boldsymbol{x}^{\mathrm{T}}\boldsymbol{L}_G(u)^{-1} & \boldsymbol{O}\end{pmatrix}\begin{pmatrix}\boldsymbol{L}_G(u) & \boldsymbol{x}\\ \boldsymbol{x}^{\mathrm{T}} & d_u\end{pmatrix}=\boldsymbol{L}_G$$

故$\begin{pmatrix} \boldsymbol{L}_G(u)^{-1} & \boldsymbol{O} \\ \boldsymbol{O} & \boldsymbol{O} \end{pmatrix}$是$\boldsymbol{L}_G$的一个对称{1}-逆。 □

由引理 7.1 和定理 7.3 可得到电阻距离的如下行列式公式。

定理 7.5 设 G 是一个连通图，$\boldsymbol{L}_G(i,j)$ 是将 $\boldsymbol{L}_G$ 中 i,j 两点对应的两行两列删去得到的主子阵，则

$$r_{ij}(G)=\frac{\det(\boldsymbol{L}_G(i,j))}{t(G)}$$

其中，$t(G)$ 是图 G 的生成树个数。

2003 年，肖文俊和 Gutman 通过拉普拉斯矩阵的秩 1 扰动给出了电阻距离的如下公式。

定理 7.6 设 G 是具有 n 个顶点和 m 条边的连通图，则

$$\begin{aligned} r_{ij}(G)&=\left(\boldsymbol{L}_G+\frac{1}{n}\boldsymbol{J}\right)^{-1}_{ii}+\left(\boldsymbol{L}_G+\frac{1}{n}\boldsymbol{J}\right)^{-1}_{jj}-2\left(\boldsymbol{L}_G+\frac{1}{n}\boldsymbol{J}\right)^{-1}_{ij} \\ &=\left(\boldsymbol{L}_G+\frac{1}{2m}\boldsymbol{D}_G\boldsymbol{J}\boldsymbol{D}_G\right)^{-1}_{ii}+\left(\boldsymbol{L}_G+\frac{1}{2m}\boldsymbol{D}_G\boldsymbol{J}\boldsymbol{D}_G\right)^{-1}_{jj}-2\left(\boldsymbol{L}_G+\frac{1}{2m}\boldsymbol{D}_G\boldsymbol{J}\boldsymbol{D}_G\right)^{-1}_{ij} \end{aligned}$$

其中，$\boldsymbol{J}$ 是元素全为 1 的 n 阶方阵。

二部图的电阻距离也可以通过无符号拉普拉斯矩阵的广义逆来计算。

定理 7.7 设 G 是连通的二部图，则以下结论成立：

(1) 如果 $d_{uv}(G)$ 是奇数，则

$$r_{uv}(G)=(Q_G^{(1)})_{uu}+(Q_G^{(1)})_{vv}+(Q_G^{(1)})_{uv}+(Q_G^{(1)})_{vu}$$

(2) 如果 $d_{uv}(G)$ 是偶数，则

$$r_{uv}(G)=(Q_G^{(1)})_{uu}+(Q_G^{(1)})_{vv}-(Q_G^{(1)})_{uv}-(Q_G^{(1)})_{vu}$$

证明 由于 G 是二部图，它的邻接矩阵具有分块形式$\begin{pmatrix} \boldsymbol{O} & \boldsymbol{B} \\ \boldsymbol{B}^{\mathrm{T}} & \boldsymbol{O} \end{pmatrix}$。假设 $\boldsymbol{Q}_G=\begin{pmatrix} \boldsymbol{D}_1 & \boldsymbol{B} \\ \boldsymbol{B}^{\mathrm{T}} & \boldsymbol{D}_2 \end{pmatrix}$，则 $\boldsymbol{L}_G=\begin{pmatrix} \boldsymbol{D}_1 & -\boldsymbol{B} \\ -\boldsymbol{B}^{\mathrm{T}} & \boldsymbol{D}_2 \end{pmatrix}$。因此

$$\boldsymbol{Q}_G=\begin{pmatrix} \boldsymbol{I} & \boldsymbol{O} \\ \boldsymbol{O} & -\boldsymbol{I} \end{pmatrix}\begin{pmatrix} \boldsymbol{D}_1 & -\boldsymbol{B} \\ -\boldsymbol{B}^{\mathrm{T}} & \boldsymbol{D}_2 \end{pmatrix}\begin{pmatrix} \boldsymbol{I} & \boldsymbol{O} \\ \boldsymbol{O} & -\boldsymbol{I} \end{pmatrix}$$

并且

$$\boldsymbol{Q}_G^{(1)}=\begin{pmatrix} \boldsymbol{I} & \boldsymbol{O} \\ \boldsymbol{O} & -\boldsymbol{I} \end{pmatrix}\begin{pmatrix} \boldsymbol{D}_1 & -\boldsymbol{B} \\ -\boldsymbol{B}^{\mathrm{T}} & \boldsymbol{D}_2 \end{pmatrix}^{(1)}\begin{pmatrix} \boldsymbol{I} & \boldsymbol{O} \\ \boldsymbol{O} & -\boldsymbol{I} \end{pmatrix}$$

对于 G 的两个顶点 u,v,如果 $d_G(u,v)$ 是奇数,则 u,v 在 G 的二划分中属于不同的顶点集。如果 $d_G(u,v)$ 是偶数,则 u,v 在 G 的二划分中属于相同的顶点集。由定理 7.3 可知(1)和(2)成立。 □

设 G 是一个连通图,它的拉普拉斯矩阵可以分块表示为 $\boldsymbol{L}_G=\begin{pmatrix}\boldsymbol{L}_1 & \boldsymbol{L}_2\\ \boldsymbol{L}_2^{\mathrm{T}} & \boldsymbol{L}_3\end{pmatrix}$,其中 $\boldsymbol{L}_1$ 是方阵。由于 $\boldsymbol{L}_G$ 是一个不可约奇异 $\boldsymbol{M}$ 矩阵,因此 $\boldsymbol{L}_1$ 是非奇异的。由于 Schur 补 $\boldsymbol{S}=\boldsymbol{L}_3-\boldsymbol{L}_2^{\mathrm{T}}\boldsymbol{L}_1^{-1}\boldsymbol{L}_2$ 是对称的,因此 $\boldsymbol{S}^{\#}$ 存在并且也是对称的。我们用 $V(\boldsymbol{L}_1)$ 和 $V(\boldsymbol{L}_3)$ 分别表示子块 $\boldsymbol{L}_1$ 和 $\boldsymbol{L}_3$ 对应的顶点集。下面给出 G 的电阻距离的分块计算公式。

定理 7.8　设 $\boldsymbol{L}_G=\begin{pmatrix}\boldsymbol{L}_1 & \boldsymbol{L}_2\\ \boldsymbol{L}_2^{\mathrm{T}} & \boldsymbol{L}_3\end{pmatrix}$（$\boldsymbol{L}_1$ 是方阵）是连通图 G 的拉普拉斯矩阵,并且令 $\boldsymbol{S}=\boldsymbol{L}_3-\boldsymbol{L}_2^{\mathrm{T}}\boldsymbol{L}_1^{-1}\boldsymbol{L}_2$, $T=\boldsymbol{L}_1^{-1}+\boldsymbol{L}_1^{-1}\boldsymbol{L}_2 S^{\#}\boldsymbol{L}_2^{\mathrm{T}}\boldsymbol{L}_1^{-1}$。图 G 的电阻距离表示如下:

(1)对任意 $u,v\in V(\boldsymbol{L}_3)$,有

$$r_{uv}(G)=(\boldsymbol{S}^{\#})_{uu}+(\boldsymbol{S}^{\#})_{vv}-2(\boldsymbol{S}^{\#})_{uv}$$

(2)对任意 $u\in V(\boldsymbol{L}_1)$, $v\in V(\boldsymbol{L}_3)$,有

$$r_{uv}(G)=(\boldsymbol{T})_{uu}+(\boldsymbol{S}^{\#})_{vv}+2(\boldsymbol{L}_1^{-1}\boldsymbol{L}_2\boldsymbol{S}^{\#})_{uv}$$

(3)对任意 $u,v\in V(\boldsymbol{L}_1)$,有

$$r_{uv}(G)=(\boldsymbol{T})_{uu}+(\boldsymbol{T})_{vv}-2(\boldsymbol{T})_{uv}$$

证明　令 $\boldsymbol{M}=\begin{pmatrix}\boldsymbol{T} & -\boldsymbol{L}_1^{-1}\boldsymbol{L}_2\boldsymbol{S}^{\#}\\ -\boldsymbol{S}^{\#}\boldsymbol{L}_2^{\mathrm{T}}\boldsymbol{L}_1^{-1} & \boldsymbol{S}^{\#}\end{pmatrix}$。直接计算可得

$$\boldsymbol{L}_G\boldsymbol{M}=\begin{pmatrix}\boldsymbol{I} & \boldsymbol{O}\\ \boldsymbol{L}_2^{\mathrm{T}}\boldsymbol{L}_1^{-1}-\boldsymbol{S}\boldsymbol{S}^{\#}\boldsymbol{L}_2^{\mathrm{T}}\boldsymbol{L}_1^{-1} & \boldsymbol{S}\boldsymbol{S}^{\#}\end{pmatrix}$$

$$\boldsymbol{L}_G\boldsymbol{M}\boldsymbol{L}_G=\begin{pmatrix}\boldsymbol{L}_1 & \boldsymbol{L}_2\\ \boldsymbol{L}_2^{\mathrm{T}} & \boldsymbol{L}_2^{\mathrm{T}}\boldsymbol{L}_1^{-1}\boldsymbol{L}_2+\boldsymbol{S}\boldsymbol{S}^{\#}\boldsymbol{S}\end{pmatrix}=\begin{pmatrix}\boldsymbol{L}_1 & \boldsymbol{L}_2\\ \boldsymbol{L}_2^{\mathrm{T}} & \boldsymbol{L}_2^{\mathrm{T}}\boldsymbol{L}_1^{-1}\boldsymbol{L}_2+\boldsymbol{S}\end{pmatrix}=\boldsymbol{L}_G$$

因此 $\boldsymbol{M}$ 是 $\boldsymbol{L}_G$ 的一个对称的{1}-逆。由定理 7.3 可知(1)~(3)成立。 □

例 7.1　图 G 的电阻矩阵 $\boldsymbol{R}_G$ 是指 (i,j) 位置元素等于 $r_{ij}(G)$ 的矩阵。图 2.1 中 G 的电阻矩阵为

$$\boldsymbol{R}_G=\begin{pmatrix} 0 & \frac{8}{11} & \frac{10}{11} & \frac{13}{11} & \frac{8}{11} \\ \frac{8}{11} & 0 & \frac{8}{11} & \frac{13}{11} & \frac{10}{11} \\ \frac{10}{11} & \frac{8}{11} & 0 & \frac{7}{11} & \frac{6}{11} \\ \frac{13}{11} & \frac{13}{11} & \frac{7}{11} & 0 & \frac{7}{11} \\ \frac{8}{11} & \frac{10}{11} & \frac{6}{11} & \frac{7}{11} & 0 \end{pmatrix}$$

证明 图 2.1 中图 G 的拉普拉斯矩阵为

$$\boldsymbol{L}_G=\begin{pmatrix} 2 & -1 & 0 & 0 & -1 \\ -1 & 2 & -1 & 0 & 0 \\ 0 & -1 & 3 & -1 & -1 \\ 0 & 0 & -1 & 2 & -1 \\ -1 & 0 & -1 & -1 & 3 \end{pmatrix}$$

将 $\boldsymbol{L}_G$ 划分为 $\boldsymbol{L}_G=\begin{pmatrix} \boldsymbol{L}_1 & \boldsymbol{L}_2 \\ \boldsymbol{L}_2^{\mathrm{T}} & \boldsymbol{L}_3 \end{pmatrix}$，其中 $\boldsymbol{L}_1=\begin{pmatrix} 2 & -1 & 0 \\ -1 & 2 & -1 \\ 0 & -1 & 3 \end{pmatrix}$，$\boldsymbol{L}_2=\begin{pmatrix} 0 & -1 \\ 0 & 0 \\ -1 & -1 \end{pmatrix}$，$\boldsymbol{L}_3=\begin{pmatrix} 2 & -1 \\ -1 & 3 \end{pmatrix}$。经计算，$\boldsymbol{L}_1$ 对应的 Schur 补矩阵为

$$\boldsymbol{S}=\boldsymbol{L}_3-\boldsymbol{L}_2^{\mathrm{T}}\boldsymbol{L}_1^{-1}\boldsymbol{L}_2=\begin{pmatrix} 2 & -1 \\ -1 & 3 \end{pmatrix}-\begin{pmatrix} 0 & 0 & -1 \\ -1 & 0 & -1 \end{pmatrix}\begin{pmatrix} \frac{5}{7} & \frac{3}{7} & \frac{1}{7} \\ \frac{3}{7} & \frac{6}{7} & \frac{2}{7} \\ \frac{1}{7} & \frac{2}{7} & \frac{3}{7} \end{pmatrix}\begin{pmatrix} 0 & -1 \\ 0 & 0 \\ -1 & -1 \end{pmatrix}$$

$$=\begin{pmatrix} \frac{11}{7} & -\frac{11}{7} \\ -\frac{11}{7} & \frac{11}{7} \end{pmatrix}$$

因此

$$S^{\#}=\begin{pmatrix}\frac{7}{44} & -\frac{7}{44}\\ -\frac{7}{44} & \frac{7}{44}\end{pmatrix}$$

$$L_1^{-1}L_2S^{\#}=\begin{pmatrix}\frac{5}{7} & \frac{3}{7} & \frac{1}{7}\\ \frac{3}{7} & \frac{6}{7} & \frac{2}{7}\\ \frac{1}{7} & \frac{2}{7} & \frac{3}{7}\end{pmatrix}\begin{pmatrix}0 & -1\\ 0 & 0\\ -1 & -1\end{pmatrix}\begin{pmatrix}\frac{7}{44} & -\frac{7}{44}\\ -\frac{7}{44} & \frac{7}{44}\end{pmatrix}=\begin{pmatrix}\frac{5}{44} & -\frac{5}{44}\\ \frac{3}{44} & -\frac{3}{44}\\ \frac{1}{44} & -\frac{1}{44}\end{pmatrix}$$

定理 7.8 中的矩阵 $\boldsymbol{T}$ 为

$$\begin{aligned}\boldsymbol{T}&=L_1^{-1}+L_1^{-1}L_2S^{\#}L_2^{\mathrm{T}}L_1^{-1}\\ &=\begin{pmatrix}\frac{5}{7} & \frac{3}{7} & \frac{1}{7}\\ \frac{3}{7} & \frac{6}{7} & \frac{2}{7}\\ \frac{1}{7} & \frac{2}{7} & \frac{3}{7}\end{pmatrix}+\begin{pmatrix}\frac{5}{44} & -\frac{5}{44}\\ \frac{3}{44} & -\frac{3}{44}\\ \frac{1}{44} & -\frac{1}{44}\end{pmatrix}\begin{pmatrix}0 & 0 & -1\\ -1 & 0 & -1\end{pmatrix}\begin{pmatrix}\frac{5}{7} & \frac{3}{7} & \frac{1}{7}\\ \frac{3}{7} & \frac{6}{7} & \frac{2}{7}\\ \frac{1}{7} & \frac{2}{7} & \frac{3}{7}\end{pmatrix}\\ &=\begin{pmatrix}\frac{35}{44} & \frac{21}{44} & \frac{7}{44}\\ \frac{21}{44} & \frac{39}{44} & \frac{13}{44}\\ \frac{7}{44} & \frac{13}{44} & \frac{19}{44}\end{pmatrix}\end{aligned}$$

由定理 7.8 可得

$$R_G=\begin{pmatrix}0 & \frac{8}{11} & \frac{10}{11} & \frac{13}{11} & \frac{8}{11}\\ \frac{8}{11} & 0 & \frac{8}{11} & \frac{13}{11} & \frac{10}{11}\\ \frac{10}{11} & \frac{8}{11} & 0 & \frac{7}{11} & \frac{6}{11}\\ \frac{13}{11} & \frac{13}{11} & \frac{7}{11} & 0 & \frac{7}{11}\\ \frac{8}{11} & \frac{10}{11} & \frac{6}{11} & \frac{7}{11} & 0\end{pmatrix}$$ □

对于图 G 的一个顶点 i,令 d_i 表示 i 的度,$\Gamma(i)$ 表示 i 在 G 中所有邻点的集合。下面给出电阻距离的一些局部和法则。

定理 7.9 设 G 是具有 n 个顶点的连通图,则

$$\sum_{i<j,ij\in E(G)} r_{ij}(G)=n-1$$

$$\sum_{i\in V(G)} d_i^{-1}\sum_{j,k\in\Gamma(i)} r_{jk}(G)=n-2$$

定理 7.10 设 G 是一个连通图,则以下命题成立:

(1)对任意 $i,j\in V(G)$,有

$$d_i r_{ij}(G)+\sum_{k\in\Gamma(i)}(r_{ki}(G)-r_{kj}(G))=2$$

(2)对任意 $i\in V(G)$,有

$$d_i^{-1}\sum_{k,l\in\Gamma(i)} r_{kl}(G)=\sum_{k\in\Gamma(i)} r_{ki}(G)-1$$

由上述定理可得到如下推论。

推论 7.1 设 G 是一个连通图。对任意 $i,j\in V(G)$,有

$$r_{ij}(G)=d_i^{-1}\Big(1+\sum_{k\in\Gamma(i)} r_{kj}(G)-d_i^{-1}\sum_{k,l\in\Gamma(i)} r_{kl}(G)\Big)$$

对于 $i\in V(G)$,令 $Kf_i(G)=\sum_{j\in V(G)} r_{ij}(G)$ 表示点 i 到其他所有顶点的电阻距离加和。在网络中心性的研究中,$Kf_i(G)$的倒数也被称为点 i 的信息中心性,是一类经典的中心性度量指标。我们可以利用图的拉普拉斯矩阵的群逆给出 $Kf_i(G)$的如下公式。

定理 7.11 设 G 是一个具有 n 个顶点的连通图,则

$$Kf_i(G)=n(\boldsymbol{L}_G^{\#})_{ii}+\mathrm{tr}(\boldsymbol{L}_G^{\#}),\quad i=1,\cdots,n$$

证明 由定理 7.3 可知

$$Kf_i(G)=\sum_{j=1}^{n} r_{ij}(G)=\sum_{j=1}^{n}[(\boldsymbol{L}_G^{\#})_{ii}+(\boldsymbol{L}_G^{\#})_{jj}-2(\boldsymbol{L}_G^{\#})_{ij}]$$

$$=n(\boldsymbol{L}_G^{\#})_{ii}+tr(\boldsymbol{L}_G^{\#})-2\sum_{j=1}^{n}(\boldsymbol{L}_G^{\#})_{ij}$$

由引理 1.10 可知

$$Kf_i(G)=n(\boldsymbol{L}_G^{\#})_{ii}+\mathrm{tr}(\boldsymbol{L}_G^{\#})$$ □

由上述定理可得到如下推论。

推论 7.2 对于连通图 G 的任意两点 i 和 j,有 $Kf_i(G)\leqslant Kf_j(G)$ 当且仅当 $(\boldsymbol{L}_G^{\#})_{ii}\leqslant(\boldsymbol{L}_G^{\#})_{jj}$。

将图 G 的每条边上插入一个新的点得到的图称为 G 的细分图,记为 $S(G)$。

下面我们用 G 的电阻距离给出 $S(G)$ 的电阻距离计算公式。

定理 7.12　设 G 是一个连通图，则 $S(G)$ 的电阻距离表示如下：

(1) 对任意 $u,v\in V(G)$，有

$$r_{uv}(S(G))=2r_{uv}(G)$$

(2) 对任意 $e=ij\in E(G)$，$k\in V(G)$，有

$$r_{ek}(S(G))=\frac{1}{2}+r_{ik}(G)+r_{jk}(G)-\frac{1}{2}r_{ij}(G)$$

(3) 对任意 $e=ij,f=uv\in E(G)\ (e\neq f)$，有

$$r_{ef}(S(G))=1+\frac{1}{2}[r_{iu}(G)+r_{iv}(G)+r_{ju}(G)+r_{jv}(G)-r_{ij}(G)-r_{uv}(G)]$$

证明　细分图 $S(G)$ 的拉普拉斯矩阵可以分块表示为

$$\boldsymbol{L}_{S(G)}=\begin{pmatrix}2\boldsymbol{I} & -\boldsymbol{B}^{\mathrm{T}}\\ -\boldsymbol{B} & \boldsymbol{D}_G\end{pmatrix}$$

其中，$\boldsymbol{B}$ 是 G 的点边关联矩阵。由于 $\boldsymbol{Q}_G=\boldsymbol{B}\boldsymbol{B}^{\mathrm{T}}$，因此 $2\boldsymbol{I}$ 对应的补为

$$\boldsymbol{D}_G-\frac{1}{2}\boldsymbol{B}\boldsymbol{B}^{\mathrm{T}}=\boldsymbol{D}_G-\frac{1}{2}\boldsymbol{Q}_G=\frac{1}{2}\boldsymbol{L}_G$$

由定理 7.8 知(1)成立。

由推论 7.1 知(2)和(3)成立。 □

定理 7.13　设 G 是一个连通的 d 正则图。对任意 $e=ij,f=uv\in E(G)\ (e\neq f)$，线图 $\mathcal{L}(G)$ 中 e,f 之间的电阻距离为

$$r_{ef}(\mathcal{L}(G))=d^{-1}+(2d)^{-1}[r_{iu}(G)+r_{iv}(G)+r_{ju}(G)+r_{jv}(G)-r_{ij}(G)-r_{uv}(G)]$$

证明　$S(G)$ 的拉普拉斯矩阵可以分块表示为

$$\boldsymbol{L}_{S(G)}=\begin{pmatrix}d\boldsymbol{I} & -\boldsymbol{B}\\ -\boldsymbol{B}^{\mathrm{T}} & 2\boldsymbol{I}\end{pmatrix}$$

其中，$\boldsymbol{B}$ 是 G 的点边关联矩阵。由于 $\boldsymbol{B}^{\mathrm{T}}\boldsymbol{B}=2\boldsymbol{I}+\boldsymbol{A}_{\mathcal{L}(G)}$，因此

$$2\boldsymbol{I}-\boldsymbol{d}^{-1}\boldsymbol{B}^{\mathrm{T}}\boldsymbol{B}=d^{-1}[(2d-2)\boldsymbol{I}-\boldsymbol{A}_{\mathcal{L}(G)}]=d^{-1}\boldsymbol{L}_{\mathcal{L}(G)}$$

对任意 $e,f\in E(G)$，由定理 7.8 可得

$$r_{ef}(S(G))=dr_{ef}(\mathcal{L}(G))$$

由定理 7.12 可证明结论成立。 □

下面给出联图的电阻距离公式。

定理 7.14　设 G_1 和 G_2 分别为具有 n_1 和 n_2 个顶点的图，则

(1) 对任意 $i\in V(G_1)$，$j\in V(G_2)$，有

$$r_{ij}(G_1 \vee G_2) = (\boldsymbol{L}_{G_1}+n_2\boldsymbol{I})_{ii}^{-1}+(\boldsymbol{L}_{G_2}+n_1\boldsymbol{I})_{jj}^{-1}-\frac{1}{n_1n_2}$$

(2)对任意 $i,j\in V(G_1)$,有

$$r_{ij}(G_1 \vee G_2) = (\boldsymbol{L}_{G_1}+n_2\boldsymbol{I})_{ii}^{-1}+(\boldsymbol{L}_{G_1}+n_2\boldsymbol{I})_{jj}^{-1}-2(\boldsymbol{L}_{G_1}+n_2\boldsymbol{I})_{ij}^{-1}$$

(3)对任意 $i,j\in V(G_2)$,有

$$r_{ij}(G_1 \vee G_2) = (\boldsymbol{L}_{G_2}+n_1\boldsymbol{I})_{ii}^{-1}+(\boldsymbol{L}_{G_2}+n_1\boldsymbol{I})_{jj}^{-1}-2(\boldsymbol{L}_{G_2}+n_1\boldsymbol{I})_{ij}^{-1}$$

证明 联图 $G_1 \vee G_2$ 的拉普拉斯矩阵可以分块表示为

$$\boldsymbol{L}_{G_1\vee G_2}=\begin{pmatrix}\boldsymbol{L}_{G_1}+n_2\boldsymbol{I} & -\boldsymbol{J}\\ -\boldsymbol{J} & \boldsymbol{L}_{G_2}+n_1\boldsymbol{I}\end{pmatrix}$$

Schur 补 $\boldsymbol{S}=\boldsymbol{L}_{G_1}+n_2\boldsymbol{I}-\boldsymbol{J}(\boldsymbol{L}_{G_2}+n_1\boldsymbol{I})^{-1}\boldsymbol{J}$。由 $(\boldsymbol{L}_{G_2}+n_1\boldsymbol{I})\boldsymbol{J}=n_1\boldsymbol{J}$ 可得

$$\boldsymbol{J}(\boldsymbol{L}_{G_2}+n_1\boldsymbol{I})^{-1}\boldsymbol{J}=\frac{n_2}{n_1}\boldsymbol{J}$$

因此 $\boldsymbol{S}=\boldsymbol{L}_{G_1}+n_2\boldsymbol{I}-\frac{n_2}{n_1}\boldsymbol{J}$。经计算可得

$$\begin{aligned}\left(\boldsymbol{S}+\frac{n_2}{n_1}\boldsymbol{J}\right)\left(\boldsymbol{S}^{\#}+\frac{1}{n_1n_2}\boldsymbol{J}\right)&=\boldsymbol{S}\boldsymbol{S}^{\#}+\frac{1}{n_1n_2}\boldsymbol{S}\boldsymbol{J}+\frac{n_2}{n_1}\boldsymbol{J}\boldsymbol{S}^{\#}+\frac{1}{n_1^2}\boldsymbol{J}^2\\&=\boldsymbol{I}-\frac{1}{n_1}\boldsymbol{J}+\boldsymbol{O}+\boldsymbol{O}+\frac{1}{n_1}\boldsymbol{J}=\boldsymbol{I}\end{aligned}$$

故

$$(\boldsymbol{L}_{G_1}+n_2\boldsymbol{I})^{-1}\left(\boldsymbol{S}+\frac{n_2}{n_1}\boldsymbol{J}\right)^{-1}=\boldsymbol{S}^{\#}+\frac{1}{n_1n_2}\boldsymbol{J}$$

$$\boldsymbol{S}^{\#}=(\boldsymbol{L}_{G_1}+n_2\boldsymbol{I})^{-1}-\frac{1}{n_1n_2}\boldsymbol{J}$$

由定理 1.52 可得

$$(\boldsymbol{L}_{G_1\vee G_2})^{(1)}=\begin{pmatrix}(\boldsymbol{L}_{G_1}+n_2\boldsymbol{I})^{-1}-\frac{1}{n_1n_2}\boldsymbol{J} & \boldsymbol{O}\\ \boldsymbol{O} & (\boldsymbol{L}_{G_2}+n_1\boldsymbol{I})^{-1}\end{pmatrix}$$

对任意 $i\in V(G_1)$,$j\in V(G_2)$,由定理 7.3 可得

$$r_{ij}(G_1 \vee G_2) = (\boldsymbol{L}_{G_1}+n_2\boldsymbol{I})_{ii}^{-1}+(\boldsymbol{L}_{G_2}+n_1\boldsymbol{I})_{jj}^{-1}-\frac{1}{n_1n_2}$$

因此(1)成立。

对任意 $i,j\in V(G_1)$,由定理 7.3 可得

$$r_{ij}(G_1 \vee G_2)=(\boldsymbol{L}_{G_1}+n_2\boldsymbol{I})_{ii}^{-1}+(\boldsymbol{L}_{G_1}+n_2\boldsymbol{I})_{jj}^{-1}-2(\boldsymbol{L}_{G_1}+n_2\boldsymbol{I})_{ij}^{-1}$$

因此(2)成立。

对任意 $i,j\in V(G_2)$，由定理 7.3 可得

$$r_{ij}(G_1 \vee G_2)=(\boldsymbol{L}_{G_2}+n_1\boldsymbol{I})_{ii}^{-1}+(\boldsymbol{L}_{G_2}+n_1\boldsymbol{I})_{jj}^{-1}-2(\boldsymbol{L}_{G_2}+n_1\boldsymbol{I})_{ij}^{-1}$$

因此(3)成立。 □

7.2　图的基尔霍夫型指标

连通图 G 的基尔霍夫指标 $Kf(G)$ 是指 G 中所有不同点对间的电阻距离之和，即

$$Kf(G)=\sum_{\{i,j\}\subseteq V(G)} r_{ij}(G)$$

令 $\boldsymbol{e}$ 表示全 1 列向量。首先给出基尔霍夫指标的广义逆公式。

定理 7.15　设 G 是具有 n 个顶点的连通图，则

$$Kf(G)=n\mathrm{tr}(\boldsymbol{L}_G^{(1)})-\boldsymbol{e}^{\mathrm{T}}\boldsymbol{L}_G^{(1)}\boldsymbol{e}=n\mathrm{tr}(\boldsymbol{L}_G^{\#})=n\sum_{i=1}^{n-1}\frac{1}{\mu_i(G)}$$

证明　由定理 7.3 可得

$$\begin{aligned}Kf(G)&=\sum_{u<v}[(\boldsymbol{L}_G^{(1)})_{uu}+(\boldsymbol{L}_G^{(1)})_{vv}-(\boldsymbol{L}_G^{(1)})_{uv}-(\boldsymbol{L}_G^{(1)})_{vu}]\\&=n\mathrm{tr}(\boldsymbol{L}_G^{(1)})-\boldsymbol{e}^{\mathrm{T}}\boldsymbol{L}_G^{(1)}\boldsymbol{e}\end{aligned}$$

注意到 $\boldsymbol{L}_G^{\#}$ 是 $\boldsymbol{L}_G$ 的 $\{1\}$-逆，由引理 1.10 和定理 1.42 可得

$$Kf(G)=n\mathrm{tr}(\boldsymbol{L}_G^{\#})=n\sum_{i=1}^{n-1}\frac{1}{\mu_i(G)}$$ □

接下来给出基尔霍夫指标的分块计算公式。

定理 7.16　设 $\boldsymbol{L}_G=\begin{pmatrix}\boldsymbol{L}_1 & \boldsymbol{L}_2\\ \boldsymbol{L}_2^{\mathrm{T}} & \boldsymbol{L}_3\end{pmatrix}$（$\boldsymbol{L}_1$ 是方阵）是连通图 G 的拉普拉斯矩阵，并且令 $\boldsymbol{S}=\boldsymbol{L}_3-\boldsymbol{L}_2^{\mathrm{T}}\boldsymbol{L}_1^{-1}\boldsymbol{L}_2$，$\boldsymbol{T}=\boldsymbol{L}_1^{-1}+\boldsymbol{L}_1^{-1}\boldsymbol{L}_2\boldsymbol{S}^{\#}\boldsymbol{L}_2^{\mathrm{T}}\boldsymbol{L}_1^{-1}$。图 G 的基尔霍夫指标为

$$Kf(G)=n\mathrm{tr}(\boldsymbol{T})+n\mathrm{tr}(\boldsymbol{S}^{\#})-\boldsymbol{e}^{\mathrm{T}}\boldsymbol{T}\boldsymbol{e}$$

此外如果存在 c_1,c_2 使得 $\boldsymbol{L}_2\boldsymbol{e}=c_1\boldsymbol{e}$ 并且 $\boldsymbol{L}_2^{\mathrm{T}}\boldsymbol{e}=c_2\boldsymbol{e}$，则

$$Kf(G)=n\mathrm{tr}(\boldsymbol{T})+n\mathrm{tr}(\boldsymbol{S}^{\#})+c_1^{-1}|V(\boldsymbol{L}_1)|$$

证明　令 $\boldsymbol{M}=\begin{pmatrix}\boldsymbol{T} & -\boldsymbol{L}_1^{-1}\boldsymbol{L}_2\boldsymbol{S}^{\#}\\ -\boldsymbol{S}^{\#}\boldsymbol{L}_2^{\mathrm{T}}\boldsymbol{L}_1^{-1} & \boldsymbol{S}^{\#}\end{pmatrix}$。直接计算可得

$$L_G M=\begin{pmatrix} I & O \\ L_2^{\mathrm{T}}L_1^{-1}-SS^{\#}L_2^{\mathrm{T}}L_1^{-1} & SS^{\#}\end{pmatrix}$$

$$L_G M L_G=\begin{pmatrix} L_1 & L_2 \\ L_2^{\mathrm{T}} & L_2^{\mathrm{T}}L_1^{-1}L_2+SS^{\#}S\end{pmatrix}=\begin{pmatrix} L_1 & L_2 \\ L_2^{\mathrm{T}} & L_2^{\mathrm{T}}L_1^{-1}L_2+S\end{pmatrix}=L_G$$

因此 M 是 L_G 的一个对称的{1}-逆。由定理 7.15 可得

$$Kf(G)=n\mathrm{tr}(T)+n\mathrm{tr}(S^{\#})-e^{\mathrm{T}}Te-e^{\mathrm{T}}S^{\#}e+2e^{\mathrm{T}}L_1^{-1}L_2S^{\#}e$$

由 $L_G e=0$ 可得

$$L_1e+L_2e=0,L_2^{\mathrm{T}}e+L_3e=0$$

因此

$$Se=L_3e-L_2^{\mathrm{T}}L_1^{-1}L_2e=L_3e+L_2^{\mathrm{T}}L_1^{-1}L_1e=0$$

由引理 1.10 可得 $S^{\#}e=0$。故

$$Kf(G)=n\mathrm{tr}(T)+n\mathrm{tr}(S^{\#})-e^{\mathrm{T}}Te$$

接下来考虑 $L_2e=c_1e$ 并且 $L_2^{\mathrm{T}}e=c_2e$ 的情况。由于 G 是连通的,因此 $c_1\neq 0$。由 $L_Ge=0$ 可知

$$L_1e=-L_2e=-c_1e,L_1^{-1}e=-c_1^{-1}e,S^{\#}L_2^{\mathrm{T}}L_1^{-1}e=-c_1^{-1}c_2S^{\#}e=0$$

此时

$$e^{\mathrm{T}}Te=e^{\mathrm{T}}(L_1^{-1}+L_1^{-1}L_2S^{\#}L_2^{\mathrm{T}}L_1^{-1})e=e^{\mathrm{T}}L_1^{-1}e=-c_1^{-1}|V(L_1)|$$

因此

$$Kf(G)=n\mathrm{tr}(T)+n\mathrm{tr}(S^{\#})-e^{\mathrm{T}}Te=n\mathrm{tr}(T)+n\mathrm{tr}(S^{\#})+c_1^{-1}|V(L_1)|$$ □

2007 年,陈海燕和张福基定义了图的乘法度基尔霍夫指标,即

$$Kf^*(G)=\sum_{\{i,j\}\subseteq V(G)} d_id_jr_{ij}(G)$$

2012 年,I. Gutman 等人定义了图的加法度基尔霍夫指标,即

$$Kf^+(G)=\sum_{\{i,j\}\subseteq V(G)}(d_i+d_j)r_{ij}$$

下面给出这两种度基尔霍夫指标的广义逆公式。

定理 7.17 设 G 是具有 n 个顶点和 m 条边的连通图,则

$$Kf^*(G)=2m\mathrm{tr}(D_GL_G^{(1)})-\pi^{\mathrm{T}}L_G^{(1)}\pi=2m\mathrm{tr}(D_GL_G^{\#})-\pi^{\mathrm{T}}L_G^{\#}\pi$$

$$Kf^+(G)=n\mathrm{tr}(D_GL_G^{\#})+\frac{2m}{n}Kf(G)$$

其中,D_G 是 G 的顶点度构成的对角阵;$\pi=(d_1,\cdots,d_n)^{\mathrm{T}}$ 是 G 的顶点度构成的列向量。

证明　由定理 7.3 可得

$$Kf^*(G)=\frac{1}{2}\sum_{i,j=1}^{n}d_id_j((\boldsymbol{L}_G^{(1)})_{ii}+(\boldsymbol{L}_G^{(1)})_{jj}-(\boldsymbol{L}_G^{(1)})_{ij}-(\boldsymbol{L}_G^{(1)})_{ji})$$

$$=\frac{1}{2}\sum_{i=1}^{n}d_i\sum_{j=1}^{n}(d_j(\boldsymbol{L}_G^{(1)})_{ii}+d_j(\boldsymbol{L}_G^{(1)})_{jj})-\sum_{i,j=1}^{n}d_id_j(\boldsymbol{L}_G^{(1)})_{ij}$$

$$=\frac{1}{2}\sum_{i=1}^{n}d_i(2m(\boldsymbol{L}_G^{(1)})_{ii}+\mathrm{tr}(\boldsymbol{D}_G\boldsymbol{L}_G^{(1)}))-\boldsymbol{\pi}^{\mathrm{T}}\boldsymbol{L}_G^{(1)}$$

$$=2m\mathrm{tr}(\boldsymbol{D}_G\boldsymbol{L}_G^{(1)})-\boldsymbol{\pi}^{\mathrm{T}}\boldsymbol{L}_G^{(1)}\boldsymbol{\pi}$$

由于 $\boldsymbol{L}_G^{\#}$ 是 $\boldsymbol{L}_G$ 的{1}-逆,因此

$$Kf^*(G)=2m\mathrm{tr}(\boldsymbol{D}_G\boldsymbol{L}_G^{\#})-\boldsymbol{\pi}^{\mathrm{T}}\boldsymbol{L}_G^{\#}\boldsymbol{\pi}$$

由定理 7.3 可得

$$Kf^+(G)=\frac{1}{2}\sum_{i,j=1}^{n}(d_i+d_j)((\boldsymbol{L}_G^{\#})_{ii}+(\boldsymbol{L}_G^{\#})_{jj}-2(\boldsymbol{L}_G^{\#})_{ij})$$

$$=\frac{1}{2}\sum_{i,j=1}^{n}(d_i+d_j)((\boldsymbol{L}_G^{\#})_{ii}+(\boldsymbol{L}_G^{\#})_{jj})-\sum_{i,j=1}^{n}(d_i+d_j)(\boldsymbol{L}_G^{\#})_{ij}$$

由引理 1.10 可知,$\boldsymbol{L}_G^{\#}$ 的所有行和与列和均为零。因此

$$\sum_{i,j=1}^{n}(d_i+d_j)(\boldsymbol{L}_G^{\#})_{ij}=0$$

并且

$$Kf^+(G)=\frac{1}{2}\sum_{i,j=1}^{n}(d_i+d_j)[(\boldsymbol{L}_G^{\#})_{ii}+(\boldsymbol{L}_G^{\#})_{jj}]=n\mathrm{tr}(\boldsymbol{D}_G\boldsymbol{L}_G^{\#})+2m\mathrm{tr}(\boldsymbol{L}_G^{\#})$$

由定理 7.15 可得

$$Kf^+(G)=n\mathrm{tr}(\boldsymbol{D}_G\boldsymbol{L}_G^{\#})+\frac{2m}{n}Kf(G)$$ □

周波和 Trinajstić 给出了关于 $Kf^*(G)$ 和 $Kf(G)$ 的如下不等式。

定理 7.18　设 G 是具有 n 个顶点和 m 条边的连通图,并且 Δ 和 δ 分别为 G 的最大和最小度,则

$$\frac{2m\delta}{n}Kf(G)\leqslant Kf^*(G)\leqslant\frac{2m\Delta}{n}Kf(G)$$

两侧不等式取等号的充分必要条件均为 G 正则。

关于 $Kf^+(G)$ 和 $Kf(G)$ 有如下不等式。

定理 7.19　设 G 是具有 n 个顶点和 m 条边的连通图,并且 Δ 和 δ 分别为 G 的最大和最小度,则

$$\left(\delta+\frac{2m}{n}\right)Kf(G)\leqslant Kf^{+}(G)\leqslant\left(\Delta+\frac{2m}{n}\right)Kf(G)$$

两侧不等式取等号的充分必要条件均为 G 正则。

证明 由定理 7.17 知

$$Kf^{+}(G)=n\mathrm{tr}(\boldsymbol{D}_G\boldsymbol{L}_G^{\#})+\frac{2m}{n}Kf(G)$$

由定理 7.4 可知 $\boldsymbol{L}_G^{\#}$ 的对角元素均为正数。由定理 7.15 可得

$$\left(\delta+\frac{2m}{n}\right)Kf(G)\leqslant Kf^{+}(G)\leqslant\left(\Delta+\frac{2m}{n}\right)Kf(G)$$

两侧不等式取等号的充分必要条件均为 G 正则。 □

细分图的基尔霍夫指标具有如下表达式。

定理 7.20 设 G 是具有 n 个顶点和 m 条边的连通图，则

$$Kf(S(G))=2Kf(G)+Kf^{+}(G)+\frac{1}{2}Kf^{*}(G)+\frac{m^2-n^2+n}{2}$$

正则图的线图的基尔霍夫指标具有如下表达式。

定理 7.21 设 G 是具有 n 个顶点的连通 d 正则连通图，则

$$Kf(\mathcal{L}(G))=\frac{d}{2}Kf(G)+\frac{(d-2)n^2}{8}$$

半正则图的线图的基尔霍夫指标有如下计算公式。

定理 7.22 设 G 是具有参数$(n_1,n_2,r_1,r_2)(n_1\geqslant n_2)$的半正则连通图，则

$$Kf(\mathcal{L}(G))=\frac{m}{n}Kf(G)+\frac{m(m-n)}{r_1+r_2}-(n_1-n_2)^2$$

证明 设 $\lambda_1,\cdots,\lambda_{n_2}$ 是邻接矩阵 $\boldsymbol{A}_G$ 的前 n_2 大特征值。由于 G 是二部图，$\boldsymbol{L}_G$ 和 $\boldsymbol{Q}_G$ 有相同的谱。由定理 3.20 可知，$\boldsymbol{L}_G$ 的特征值为

$$0,r_1+r_2,r_1^{(n_1-n_2)},\frac{r_1+r_2\pm\sqrt{(r_1-r_2)^2+4\lambda_i^2}}{2},\quad i=2,\cdots,n_2 \tag{7.1}$$

由例 2.3 可知，$\mathcal{L}(G)$的拉普拉斯特征值为

$$0,(r_1+r_2)^{(n_1r_1-n_1-n_2+1)},r_2^{(n_1-n_2)},\frac{r_1+r_2\pm\sqrt{(r_1-r_2)^2+4\lambda_i^2}}{2},\quad i=2,\cdots,n_2 \tag{7.2}$$

由式(7.1)、式(7.2)和定理 7.15 可得

$$Kf(\mathcal{L}(G)) = \frac{m(m-n+1)}{r_1+r_2} + \frac{m(n_1-n_2)}{r_2} +$$

$$\sum_{i=2}^{n_2} \frac{2m}{r_1+r_2+\sqrt{(r_1-r_2)^2+4\lambda_i^2}} +$$

$$\sum_{i=2}^{n_2} \frac{2m}{r_1+r_2-\sqrt{(r_1-r_2)^2+4\lambda_i^2}}$$

$$Kf(G) = \frac{n}{r_1+r_2} + \frac{n(n_1-n_2)}{r_1} + \sum_{i=2}^{n_2} \frac{2n}{r_1+r_2+\sqrt{(r_1-r_2)^2+4\lambda_i^2}} +$$

$$\sum_{i=2}^{n_2} \frac{2n}{r_1+r_2-\sqrt{(r_1-r_2)^2+4\lambda_i^2}}$$

由以上等式得到

$$Kf(\mathcal{L}(G)) = \frac{m}{n}Kf(G) + \frac{m(m-n)}{r_1+r_2} + m(n_1-n_2)\left(\frac{1}{r_2}-\frac{1}{r_1}\right)$$

$$= \frac{m}{n}Kf(G) + \frac{m(m-n)}{r_1+r_2} - (n_1-n_2)^2$$

□

7.3　图的电阻矩阵

以顶点间的最短路距离为元素形成了图的距离矩阵。距离矩阵的谱性质研究源于 1971 年 Graham 和 Pollack 的工作。

定理 7.23　设 T 是 n 个顶点的树,则 T 的距离矩阵 $\boldsymbol{D}$ 的行列式为

$$\det(\boldsymbol{D}) = (-1)^{n-1}(n-1)2^{n-2}$$

定理 7.24　设 T 是 n 个顶点的树,则 T 的距离矩阵 $\boldsymbol{D}$ 有 1 个正特征值和 $n-1$ 个负特征值。

Graham 和 Lovász 证明了树的距离矩阵的逆是拉普拉斯矩阵和一个秩 1 矩阵的线性组合。

定理 7.25　设 T 是 n 个顶点的树,$\boldsymbol{D}$ 是 T 的距离矩阵,则

$$\boldsymbol{D}^{-1} = -\frac{1}{2}\boldsymbol{L}_G + \frac{1}{2(n-1)}\boldsymbol{\tau}\boldsymbol{\tau}^{\mathrm{T}}$$

其中,$\boldsymbol{\tau} = (2-d_1(\boldsymbol{T}),\cdots,2-d_n(\boldsymbol{T}))^{\mathrm{T}}$。

Merris 给出了树的距离矩阵特征值和拉普拉斯特征值的如下交错不等式。

定理 7.26 设 T 是具有 n 个顶点的树，$\boldsymbol{D}$ 是 T 的距离矩阵，则

$$0>-\frac{2}{\mu_1(T)}\geqslant\lambda_2(D)\geqslant-\frac{2}{\mu_2(T)}\geqslant\cdots\geqslant-\frac{2}{\mu_{n-1}(T)}\geqslant\lambda_n(D)$$

对于有 n 个顶点的连通图 G，其电阻矩阵定义为 $\boldsymbol{R}_G=(r_{ij}(G))_{n\times n}$。由于电阻距离是图的距离函数，因此电阻矩阵是一种新型的"距离矩阵"。图的电阻矩阵与拉普拉斯矩阵具有如下关系。

引理 7.2 对任意连通图 G，有 $\boldsymbol{L}_G\boldsymbol{R}_G\boldsymbol{L}_G=-2\boldsymbol{L}_G$。

由于树的电阻矩阵等于它的距离矩阵，因此下面的交错不等式将定理 7.26 推广到一般图。

定理 7.27 设 G 是具有 n 个顶点的连通图，则

$$0>-\frac{2}{\mu_1(G)}\geqslant\lambda_2(\boldsymbol{R}_G)\geqslant-\frac{2}{\mu_2(G)}\geqslant\cdots\geqslant-\frac{2}{\mu_{n-1}(G)}\geqslant\lambda_n(\boldsymbol{R}_G)$$

证明 存在正交阵 $\boldsymbol{P}$ 使得

$$\boldsymbol{L}_G=\boldsymbol{P}\begin{pmatrix}\boldsymbol{\Delta}&\boldsymbol{O}\\\boldsymbol{O}&\boldsymbol{O}\end{pmatrix}\boldsymbol{P}^{\mathrm{T}}$$

其中，$\boldsymbol{\Delta}$ 是对角元素为 $\mu_1(G),\cdots,\mu_{n-1}(G)$ 的对角矩阵。设 $\boldsymbol{R}=\boldsymbol{P}\begin{pmatrix}\boldsymbol{X}_1&\boldsymbol{X}_2\\\boldsymbol{X}_2^{\mathrm{T}}&\boldsymbol{X}_3\end{pmatrix}\boldsymbol{P}^{\mathrm{T}}$，其中，$\boldsymbol{X}_1$ 是一个 $n-1$ 阶方阵。由引理 7.2 可知

$$\boldsymbol{\Delta}\boldsymbol{X}_1\boldsymbol{\Delta}=-2\boldsymbol{\Delta},\boldsymbol{X}_1=-2\boldsymbol{\Delta}^{-1}$$

由于 $\boldsymbol{X}_1=-2\boldsymbol{\Delta}^{-1}$ 是 $\begin{pmatrix}\boldsymbol{X}_1&\boldsymbol{X}_2\\\boldsymbol{X}_2^{\mathrm{T}}&\boldsymbol{X}_3\end{pmatrix}$ 的主子阵，根据实对称矩阵特征值的交错性质可知

$$0>-\frac{2}{\mu_1(G)}\geqslant\lambda_2(\boldsymbol{R}_G)\geqslant-\frac{2}{\mu_2(G)}\geqslant\cdots\geqslant-\frac{2}{\mu_{n-1}(G)}\geqslant\lambda_n(\boldsymbol{R}_G)$$ □

下面是定理 7.24 的推广。

定理 7.28 设 G 是具有 n 个顶点的连通图，则 $\boldsymbol{R}_G$ 有 1 个正特征值和 $n-1$ 个负特征值。

证明 由定理 7.27 可知结论成立。 □

应用上述定理可得到图的基尔霍夫指标与度基尔霍夫指标的如下不等式。

定理 7.29 设 G 是一个连通图，则

$$Kf^{+}(G)\geqslant2\sqrt{Kf(G)Kf^{*}(G)}$$

取等号当且仅当 G 正则。

证明　令 $\boldsymbol{j}=(1,1,\cdots,1)^{\mathrm{T}}$，$\boldsymbol{\pi}=(d_1,\cdots,d_n)^{\mathrm{T}}$，其中 $d_1,\cdots,d_n$ 是 G 的度序列。令 $\boldsymbol{R}_G$ 为 G 的电阻矩阵。经计算有

$$\boldsymbol{j}^{\mathrm{T}}\boldsymbol{R}_G\boldsymbol{j} = \sum_{i,j=1}^{n} r_{ij}(G) = 2Kf(G)$$

$$\boldsymbol{\pi}^{\mathrm{T}}\boldsymbol{R}_G\boldsymbol{\pi} = \sum_{i,j=1}^{n} d_i d_j r_{ij}(G) = 2Kf^{*}(G)$$

$$\boldsymbol{j}^{\mathrm{T}}\boldsymbol{R}_G\boldsymbol{\pi} = \sum_{i,j=1}^{n} d_j r_{ij}(G) = \sum_{\{i,j\}\subseteq V(G)} (d_i + d_j) r_{ij}(G) = Kf^{+}(G)$$

由定理 1.11 和定理 7.28 可得

$$(Kf^{+}(G))^2 \geqslant 4Kf(G)Kf^{*}(G)$$

取等号当且仅当 G 正则。　□

令 $\boldsymbol{J}_{n\times n}$ 表示 n 阶全 1 矩阵。下面定理的(3)和(5)分别是定理 7.25 和定理 7.23 的推广。

定理 7.30　设 G 是具有 n 个顶点的连通图，令

$$\boldsymbol{X}=\left(\boldsymbol{L}_G+\frac{1}{n}\boldsymbol{J}_{n\times n}\right)^{-1}$$

$$\widetilde{\boldsymbol{X}}=\mathrm{diag}((X)_{11},\cdots,(X)_{nn})$$

$$\boldsymbol{\tau}=(\tau_1,\cdots,\tau_n)^{\mathrm{T}}$$

其中，$\tau_i = 2 - \sum_{ij\in E(G)} r_{ij}(G)$。那么以下命题成立：

(1) $\boldsymbol{\tau}=\boldsymbol{L}_G\widetilde{\boldsymbol{X}}\boldsymbol{e}+\dfrac{2}{n}\boldsymbol{e}$，其中 $\boldsymbol{e}$ 是全 1 列向量。

(2) $\boldsymbol{R}_G=\widetilde{\boldsymbol{X}}\boldsymbol{J}_{n\times n}+\boldsymbol{J}_{n\times n}\widetilde{\boldsymbol{X}}-2\boldsymbol{X}$。

(3) $\boldsymbol{R}_G$ 非奇异并且

$$\boldsymbol{R}_G^{-1}=-\frac{1}{2}\boldsymbol{L}_G+(\boldsymbol{\tau}^{\mathrm{T}}\boldsymbol{T}\boldsymbol{R}_G\boldsymbol{\tau})^{-1}\boldsymbol{\tau}\boldsymbol{\tau}^{\mathrm{T}}$$

(4) $\boldsymbol{L}_G^{+}=\boldsymbol{L}_G^{\#}=\boldsymbol{X}-\dfrac{1}{n}\boldsymbol{J}_{n\times n}$。

(5) 电阻矩阵的行列式为

$$\det(\boldsymbol{R}_G)=(-1)^{n-1}2^{n-3}\frac{\boldsymbol{\tau}^{\mathrm{T}}\boldsymbol{R}_G\boldsymbol{\tau}}{t(G)}$$

其中，$t(G)$ 是 G 的生成树个数。

电阻矩阵所有行和都相当的图称为电阻平衡图。

命题 7.1 设 G 是具有 n 个顶点的连通图,则

$$\lambda_1(\boldsymbol{R}_G) \geqslant \frac{2Kf(G)}{n}$$

取等号当且仅当 G 是电阻平衡的。

证明 令 $\boldsymbol{e}$ 是全 1 列向量,则

$$\lambda_1(\boldsymbol{R}_G) \geqslant \frac{\boldsymbol{e}^{\mathrm{T}}\boldsymbol{R}_G\boldsymbol{e}}{\boldsymbol{e}^{\mathrm{T}}\boldsymbol{e}} = \frac{2Kf(G)}{n}$$

取等号当且仅当 $\boldsymbol{R}_G\boldsymbol{e}=\lambda_1(\boldsymbol{R}_G)\boldsymbol{e}$,即 G 是电阻平衡的。 □

下面利用电阻矩阵给出电阻平衡图的一些等价条件。

定理 7.31 设 G 是具有 n 个顶点的连通图,则以下命题等价:

(1) G 是电阻平衡的。

(2) $\boldsymbol{R}_G$ 的谱半径为 $\lambda_1(\boldsymbol{R}_G)=\dfrac{2Kf(G)}{n}$。

(3) $\boldsymbol{R}_G$ 的谱为

$$\lambda_1(\boldsymbol{R}_G)=\frac{2Kf(G)}{n}, \lambda_i(\boldsymbol{R}_G)=-\frac{2}{\mu_{i-1}(G)}, \quad i=2,\cdots,n$$

(4) $(\boldsymbol{L}_G^{\#})_{11}=\cdots=(\boldsymbol{L}_G^{\#})_{nn}$。

(5) $\left(\boldsymbol{L}_G+\dfrac{1}{n}\boldsymbol{J}_{n\times n}\right)^{-1}$ 的所有对角元素都相等。

(6) 对每个 $i\in V(G)$,有

$$\sum_{ij\in E(G)} r_{ij}(G) = 2 - \frac{2}{n}$$

证明 由命题 7.1 可知 (1)⇔(2)。

(3)⇒(2) 显然,下证 (2)⇒(3)。$\boldsymbol{R}_G$ 的迹为

$$\sum_{i=1}^{n} \lambda_i(\boldsymbol{R}_G) = \frac{2Kf(G)}{n} + \sum_{i=2}^{n} \lambda_i(\boldsymbol{R}_G) = 0$$

由定理 7.27 和定理 7.15 可知

$$\lambda_i(R_G)=-\frac{2}{\mu_{i-1}(G)}, \quad i=2,\cdots,n$$

由定理 7.11 可知 (1)⇔(4),由定理 7.30 可知 (4)⇔(5)⇔(6)。 □

通路正则图包括了点传递图和距离正则图,这些图都是电阻平衡的。

定理 7.32 连通的通路正则图是电阻平衡的。

证明　对于通路正则 G,$\boldsymbol{L}_G^{\#}$ 是 $\boldsymbol{A}_G$ 的多项式并且 $\boldsymbol{L}_G^{\#}$ 的对角元素都相等。由定理 7.31 可知 G 是电阻平衡的。□

图 G 的电阻矩阵的特征值称为 G 的电阻特征值,下面我们刻画具有较少相异电阻特征值的图。

定理 7.33　如果连通图 G 有两个相异电阻特征值,则 G 是完全图。

证明　设 $\lambda_1>\lambda_2$ 是 G 的两个相异的电阻特征值。由于 $\boldsymbol{R}_G$ 是不可约非负矩阵,因此 λ_1 是单特征值。故 $\boldsymbol{R}_G-\lambda_2\boldsymbol{I}$ 是秩为 1 的矩阵。由于 $\boldsymbol{R}_G$ 的对角元素均为零,因此

$$\boldsymbol{R}_G-\lambda_2\boldsymbol{I}=-\lambda_2\boldsymbol{J}_{n\times n},\boldsymbol{R}_G=\lambda_2(\boldsymbol{I}-\boldsymbol{J}_{n\times n})$$

此时 G 是电阻平衡的。由定理 7.31 可知,$\boldsymbol{L}_G$ 仅有一个非零特征值,此时 G 是完全图。□

定理 7.34　如果电阻平衡图 G 有三个相异电阻特征值,则 G 是强正则的。

证明　由定理 7.31 可知,$\boldsymbol{L}_G$ 有两个非零特征值。设 $\mu_1>\mu_2>0$ 是 $\boldsymbol{L}_G$ 的两个非零特征值。由于 $(\boldsymbol{L}-\mu_1\boldsymbol{I})(\boldsymbol{L}-\mu_2\boldsymbol{I})$ 是秩为 1 的矩阵并且所有行和都为 $\mu_1\mu_2$,因此

$$(\boldsymbol{L}-\mu_1\boldsymbol{I})(\boldsymbol{L}-\mu_2\boldsymbol{I})=\frac{\mu_1\mu_2}{n}\boldsymbol{J}_{n\times n}$$

$$\boldsymbol{L}_G^2-(\mu_1+\mu_2)\boldsymbol{L}+\mu_1\mu_2\boldsymbol{I}=\frac{\mu_1\mu_2}{n}\boldsymbol{J}_{n\times n}$$

上式左右都乘上 $\boldsymbol{L}_G^{\#}$ 可得

$$\boldsymbol{L}_G-(\mu_1+\mu_2)\left(\boldsymbol{I}-\frac{1}{n}\boldsymbol{J}_{n\times n}\right)+\mu_1\mu_2\boldsymbol{L}_G^{\#}=0$$

由定理 7.31 可知,G 是正则的。由于 $\boldsymbol{L}_G$ 有两个非零特征值,因此 G 是强正则的。□

下面应用电阻距离和电阻矩阵的性质刻画图的强正则性。

定理 7.35　设 G 是直径至少为 2 的连通正则图,则 G 是强正则的当且仅当所有邻接点对间的电阻距离相同并且所有非邻接点对间的电阻距离相同。

证明　假设 G 有 n 个顶点和 m 条边,我们需要证明 G 是强正则的当且仅当存在 c_1,c_2 使得

$$\boldsymbol{R}_G=c_1\boldsymbol{A}_G+c_2(\boldsymbol{J}_{n\times n}-\boldsymbol{I}-\boldsymbol{A}_G)\tag{7.3}$$

如果 G 是强正则的,则式(7.3)成立。

如果式(7.3)成立,则由定理 7.9 可得 $c_1=\dfrac{n-1}{m}$。对任意 $i\in V(G)$,有

$$\sum_{ij \in E(G)} r_{ij}(G) = \frac{(n-1)k}{m} = 2 - \frac{2}{n}$$

其中,k 是 G 的度。由定理 7.31 可知,存在 c_0 使得 $c_0 = X_{11} = \cdots = X_{nn}$,其中 $\boldsymbol{X} = \left(\boldsymbol{L}+\frac{1}{n}\boldsymbol{J}_{n\times n}\right)^{-1} = \left(k\boldsymbol{I}+\frac{1}{n}\boldsymbol{J}_{n\times n}-\boldsymbol{A}_G\right)^{-1}$。由定理 7.30 和式(7.3)可得

$$\boldsymbol{R}_G = 2c_0\boldsymbol{J}_{n\times n} - 2\boldsymbol{X} = c_2(\boldsymbol{J}_{n\times n}-\boldsymbol{I}) + (c_1-c_2)\boldsymbol{A}_G$$

$$2c_0\boldsymbol{J}_{nxn}\boldsymbol{X}^{-1} - 2\boldsymbol{I} = c_2(\boldsymbol{J}_{n\times n}-\boldsymbol{I})\boldsymbol{X}^{-1} + (c_1-c_2)\boldsymbol{A}_G\boldsymbol{X}^{-1}$$

由于 G 正则,由上式可知,存在 a_1,a_2,a_3 使得

$$(c_1-c_2)\boldsymbol{A}_G^2 + a_1\boldsymbol{A}_G = a_2\boldsymbol{I} + a_3\boldsymbol{J}_{n\times n} \tag{7.4}$$

如果 $c_1=c_2$,则 $\boldsymbol{R}_G = c_1(\boldsymbol{J}_{n\times n}-\boldsymbol{I})$。此时 $\boldsymbol{R}_G$ 有两个相异特征值,由定理 7.33 知 G 是完全图,与 G 的直径至少为 2 矛盾。故 $c_1 \neq c_2$。由式(7.4)可知,对任意邻接点对 $i,j \in V(G)$,$(\boldsymbol{A}_G^2)_{ij}$ 是常数,对任意非邻接点对 $i,j \in V(G)$,$(\boldsymbol{A}_G^2)_{ij}$ 也是常数。因此 G 是强正则的。 □

下面我们证明电阻矩阵可以完全决定图的结构,即两个具有相同电阻矩阵的图一定同构。

定理 7.36 对任意连通图 G,G 的结构可由电阻矩阵 $\boldsymbol{R}_G$ 唯一确定。

证明 由引理 7.1 可知

$$\boldsymbol{L}_G^{(1)} = \begin{pmatrix} \boldsymbol{L}_{(u)}{}^{-1} & \boldsymbol{O} \\ \boldsymbol{O} & \boldsymbol{O} \end{pmatrix}$$

其中,u 是 $\boldsymbol{L}_G$ 最后一行对应的顶点。如果已知 $\boldsymbol{R}_G$ 的元素,则由定理 7.3 可得到 $\boldsymbol{L}_G(u)^{-1}$ 的所有元素,即 $\boldsymbol{L}_G$ 可由 $\boldsymbol{R}_G$ 唯一确定。因此 G 的结构可由 $\boldsymbol{R}_G$ 唯一确定。 □

令 $\boldsymbol{R}_G(u)$ 表示将电阻矩阵 $\boldsymbol{R}_G$ 中顶点 u 对应的行列删去得到的主子阵。下面我们证明在一定条件下 $\boldsymbol{R}_G(u)$ 可以完全决定图 G 的结构,即如果 $\boldsymbol{R}_G(u) = \boldsymbol{R}_H(v)$ 且 $d_u>1$,则 G 和 H 同构。

定理 7.37 设 G 是一个连通图,如果 u 是 G 的一个度大于 1 的点,则 G 的结构可由 $\boldsymbol{R}_G(u)$ 唯一确定。

证明 不妨设 $\boldsymbol{L}_G$ 第一行对应顶点 u,最后一行对应顶点 v。由引理 7.1 可知

$$\boldsymbol{L}_G^{(1)} = \begin{pmatrix} \boldsymbol{L}(v)^{-1} & \boldsymbol{O} \\ \boldsymbol{O} & \boldsymbol{O} \end{pmatrix}$$

假设 $\boldsymbol{L}(v)=\begin{pmatrix} d_u & \boldsymbol{L}_2 \\ \boldsymbol{L}_2^{\mathrm{T}} & \boldsymbol{L}_3 \end{pmatrix}$，其中 d_u 是顶点 u 的度。令 $\boldsymbol{S}=\boldsymbol{L}_3-d_u^{-1}\boldsymbol{L}_2^{\mathrm{T}}\boldsymbol{L}_2$，由定理 1.51 可得

$$\boldsymbol{L}_G^{(1)}=\begin{pmatrix} \boldsymbol{L}_{(v)}{}^{-1} & \boldsymbol{O} \\ \boldsymbol{O} & \boldsymbol{O} \end{pmatrix}=\begin{pmatrix} \boldsymbol{d}_u^{-1}+\boldsymbol{d}_u^{-2}\boldsymbol{L}_2\boldsymbol{S}^{-1}\boldsymbol{L}_2^{\mathrm{T}} & -d_u^{-1}\boldsymbol{L}_2\boldsymbol{S}^{-1} & \boldsymbol{O} \\ -d_u^{-1}\boldsymbol{S}^{-1}\boldsymbol{L}_2^{\mathrm{T}} & \boldsymbol{S}^{-1} & \boldsymbol{O} \\ \boldsymbol{O} & \boldsymbol{O} & \boldsymbol{O} \end{pmatrix}$$

如果已知 $\boldsymbol{R}_G(u)$ 的元素，则由定理 7.3 可得到 $\boldsymbol{S}^{-1}$ 的所有元素，即 $\boldsymbol{S}$ 可由 $\boldsymbol{R}_G(u)$ 唯一确定。由于 $d_u>1$ 并且 $\boldsymbol{S}=\boldsymbol{L}_3-d_u^{-1}\boldsymbol{L}_2^{\mathrm{T}}\boldsymbol{L}_2$，因此以下陈述成立：

(1) 对于任意 $i\in V(G)\setminus\{u,v\}$，如果 $(\boldsymbol{S})_{ii}$ 不是整数，则 i 和 u 邻接，如果 $(\boldsymbol{S})_{ii}$ 是整数，则 i 和 u 不邻接。此外 i 的度为 $d_i=\lceil(\boldsymbol{S})_{ii}\rceil$，其中 $\lceil(\boldsymbol{S})_{ii}\rceil$ 是大于或等于 $(S)_{ii}$ 的最小整数。

(2) 存在 $i\in V(G)\setminus\{u,v\}$ 使得 i 和 u 邻接并且 $d_u=(\lceil(\boldsymbol{S})_{ii}\rceil-(\boldsymbol{S})_{ii})^{-1}$。

(3) 对任意 $i,j\in V(G)\setminus\{u,v\}$，如果 $(\boldsymbol{S})_{ij}\leqslant -1$，则 i 和 j 邻接，如果 $(\boldsymbol{S})_{ij}>-1$，则 i 和 j 非邻接。

由 (1)～(3) 可知，图 G 的结构可由 $\boldsymbol{S}$ 唯一确定。由于 $\boldsymbol{S}$ 可由 $\boldsymbol{R}_G(u)$ 唯一确定，因此 $\boldsymbol{R}_G(u)$ 可以完全确定 G 的结构。　□

注　上述定理中的条件“u 是度大于 1 的点”是必要的，因为存在两个非同构的连通图 G,H 使得 $G-u$ 和 $H-v$ 同构，其中 u,v 分别是 G 和 H 的悬挂点。

如果一个匹配覆盖 G 的所有点，则该匹配称为 G 的完美匹配。对于 G 的两个顶点子集 V_1 和 V_2，令 $E(V_1,V_2)=\{ij\in E(G):i\in V_1,j\in V_2\}$。下面我们证明在一定条件下 G 的生成树个数可由电阻矩阵的部分元素唯一确定。

定理 7.38　设连通图 G 具有点集划分 $V(G)=V_1\cup V_2\cup\{u\}$，并且 $G-u$ 存在唯一的完美匹配 M 满足 $M\subseteq E(V_1,V_2)$。令 $\boldsymbol{R}_G=\begin{pmatrix} \boldsymbol{R}_1 & \boldsymbol{R}_3 & \boldsymbol{a}_1 \\ \boldsymbol{R}_3^{\mathrm{T}} & \boldsymbol{R}_2 & \boldsymbol{a}_2 \\ \boldsymbol{a}_1^{\mathrm{T}} & \boldsymbol{a}_2^{\mathrm{T}} & \boldsymbol{0} \end{pmatrix}$，其中 $\boldsymbol{R}_1$ 和 $\boldsymbol{R}_2$ 分别是对应 V_1 和 V_2 的主子阵。G 的生成树个数 $t(G)$ 可由 $\boldsymbol{a}_1,\boldsymbol{a}_2$ 和 $\boldsymbol{R}_3$ 唯一确定。

证明　不妨设 $\boldsymbol{L}_G$ 最后一行对应顶点 u。由引理 7.1 可知

$$\boldsymbol{L}_G^{(1)}=\begin{pmatrix} \boldsymbol{L}_G(u)^{-1} & \boldsymbol{O} \\ \boldsymbol{O} & \boldsymbol{O} \end{pmatrix}$$

由于 $G-u$ 存在唯一的完美匹配 M 满足 $M\subseteq E(V_1,V_2)$，因此 $\boldsymbol{L}(u)$ 可分块表示为 $\boldsymbol{L}(u)=\begin{pmatrix}\boldsymbol{L}_1 & \boldsymbol{L}_3\\ \boldsymbol{L}_3^{\mathrm{T}} & \boldsymbol{L}_2\end{pmatrix}$，其中，$\boldsymbol{L}_3$ 是上三角矩阵，$\boldsymbol{L}_1$ 和 $\boldsymbol{L}_2$ 分别是对应 V_1 和 V_2 的主子阵。令 $\boldsymbol{S}=\boldsymbol{L}_2-\boldsymbol{L}_3^{\mathrm{T}}\boldsymbol{L}_1^{-1}\boldsymbol{L}_3$，由定理 1.51 可得

$$\boldsymbol{L}_G^{(1)}=\begin{pmatrix}\boldsymbol{L}_{(u)}^{-1} & \boldsymbol{O}\\ \boldsymbol{O} & \boldsymbol{O}\end{pmatrix}=\begin{pmatrix}\boldsymbol{L}_1^{-1}+\boldsymbol{L}_1^{-1}\boldsymbol{L}_3\boldsymbol{S}^{-1}\boldsymbol{L}_3^{\mathrm{T}}\boldsymbol{L}_1^{-1} & -\boldsymbol{L}_1^{-1}\boldsymbol{L}_3\boldsymbol{S}^{-1} & \boldsymbol{O}\\ -\boldsymbol{S}^{-1}\boldsymbol{L}_3^{\mathrm{T}}\boldsymbol{L}_1^{-1} & \boldsymbol{S}^{-1} & \boldsymbol{O}\\ \boldsymbol{O} & \boldsymbol{O} & \boldsymbol{O}\end{pmatrix}$$

如果 $\boldsymbol{a}_1,\boldsymbol{a}_2$ 已知，那么由定理 7.3 可得到 $\boldsymbol{L}(u)^{-1}$ 的所有对角元素。如果 $\boldsymbol{R}_3$ 已知，那么由定理 7.3 可得到矩阵 $\boldsymbol{A}=-\boldsymbol{L}_1^{-1}\boldsymbol{L}_3\boldsymbol{S}^{-1}$ 的所有元素。因此行列式

$$\det(\boldsymbol{A})=\det(-\boldsymbol{L}_3)[\det(\boldsymbol{L}_1)\det(\boldsymbol{S})]^{-1}$$

可由 $\boldsymbol{a}_1,\boldsymbol{a}_2$ 和 $\boldsymbol{R}_3$ 唯一确定。由于 $-\boldsymbol{L}_3$ 是对角元素全为 1 的上三角阵，因此

$$\det(\boldsymbol{A})=[\det(\boldsymbol{L}_1)\det(\boldsymbol{S})]^{-1}$$

由矩阵树定理可得

$$t(G)=\det(\boldsymbol{L}(u))=\det(\boldsymbol{L}_1)\det(\boldsymbol{S})$$

因此 $t(G)$ 可由 $\boldsymbol{a}_1,\boldsymbol{a}_2$ 和 $\boldsymbol{R}_3$ 唯一确定。 □

7.4 生成树均衡图

如果图 G 中包含一条边 e 的生成树个数与边 e 的选择无关，则称图 G 是生成树均衡图。显然不连通图、树和边传递图都是生成树均衡图。

令 $t(G)$ 表示 G 的生成树个数，$t(G,e)$ 表示包含 G 的边 e 的生成树个数。下面用电阻距离给出生成树均衡图的判定条件。

定理 7.39 设 G 是有 n 个顶点和 m 条边的连通图，则以下命题等价：

(1) G 是生成树均衡图；

(2) 对任意 $ij,uv\in E(G)$，均有 $t(G-ij)=t(G-uv)$；

(3) 对任意 $ij,uv\in E(G)$，均有 $\det(\boldsymbol{L}_G(i,j))=\det(\boldsymbol{L}_G(u,v))$；

(4) 对任意 $ij,uv\in E(G)$，均有 $r_{ij}=r_{uv}$；

(5) 每条边 $ij\in E(G)$ 均满足 $r_{ij}=\dfrac{n-1}{m}$；

(6) G 的所有块 $\boldsymbol{B}_1,\cdots,\boldsymbol{B}_s(s\geq 1)$ 都是生成树均衡的，并且

$$\frac{|V(\boldsymbol{B}_i)|-1}{|E(\boldsymbol{B}_i)|}=\frac{n-1}{m}\quad(i=1,\cdots,s)$$

证明　对于每条边 $ij\in E(G)$ 均有 $t(G)=t(G-ij)+t(G,ij)$，因此(1)⇔(2)。

对每条边 $ij\in E(G)$，由定理 3.14 可知行列式 $\det(\boldsymbol{L}_G(i,j))$ 等于分离 i,j 两点的生成 2 森林的个数，它等于包含边 ij 的生成树个数。因此(1)和(3)等价。

由定理 7.5 可知(3)和(4)等价。

由定理 7.9 可知(4)和(5)等价。

对任意 $uv\in E(\boldsymbol{B}_i)$，均有 $r_{uv}(\boldsymbol{B}_i)=r_{uv}(G)$。故(5)和(6)等价。　□

对于两个不交图 G 和 H，它们的黏结 $G\cdot H$ 是将 G 的一个顶点与 H 的一个顶点合并为一个点得到的图。由定理 7.39 的(6)可得到如下推论。

推论 7.3　设 G 和 H 是两个连通的生成树均衡图并且 $\frac{|V(G)|-1}{|E(G)|}=\frac{|V(H)|-1}{|E(H)|}$，则 $G\cdot H$ 是生成树均衡图。

设连通图 G 的直径为 D，邻接矩阵为 $\boldsymbol{A}$。给定一个整数 $m\leqslant D$。对于距离不超过 m 的任意点对 u,v，如果 $(\boldsymbol{A}^l)_{uv}$ 仅与 u,v 之间的距离有关，则称 G 是 m 通路正则图。

Godsil 证明了 1 通路正则图是生成树均衡图。下面我们通过图的电阻距离证明这个结论。

定理 7.40　1 通路正则图是生成树均衡图。

证明　设 G 是 n 个顶点度为 d 的 1 通路正则图。对任意 $i,j\in V(G)$，由定理 7.3 可得

$$r_{ij}(G)=((d\boldsymbol{I}-\boldsymbol{A})^{\#})_{ii}+((d\boldsymbol{I}-\boldsymbol{A})^{\#})_{jj}-2((d\boldsymbol{I}-\boldsymbol{A})^{\#})_{ij}$$

其中 $\boldsymbol{A}$ 是 G 的邻接矩阵。由于 $(d\boldsymbol{I}-\boldsymbol{A})^{\#}$ 是 $\boldsymbol{A}$ 的多项式且 G 是 1 通路正则图，因此 $(d\boldsymbol{I}-\boldsymbol{A})^{\#}$ 的对角元素都相等，并且对每条边 $ij\in E(G)$，元素 $((d\boldsymbol{I}-\boldsymbol{A})^{\#})_{ij}$ 是一个常数。故对每条边 $ij\in E(G)$，电阻距离 $r_{ij}(G)$ 是一个常数。由定理 7.39 可知 G 是生成树均衡图。　□

通过克罗内克积可以由小的生成树均衡图构造大的生成树均衡图。

定理 7.41　设 G_1 和 G_2 是两个 1 通路正则图，则 $G_1\otimes G_2$ 是生成树均衡图。

证明　设 $\boldsymbol{A}_1$ 和 $\boldsymbol{A}_2$ 分别是 G_1 和 G_2 的邻接矩阵，则 $\boldsymbol{A}_1\otimes\boldsymbol{A}_2$ 是 $G_1\otimes G_2$ 的邻接矩阵并且 $(\boldsymbol{A}_1\otimes\boldsymbol{A}_2)^l=\boldsymbol{A}_1^l\otimes\boldsymbol{A}_2^l$。对于两个顶点 $(u_1,u_2),(v_1,v_2)\in V(G_1\otimes G_2)$，有

$$((\boldsymbol{A}_1\otimes\boldsymbol{A}_2)^l)_{(u_1,u_2),(v_1,v_2)}=(\boldsymbol{A}_1^l)_{u_1,v_1}(\boldsymbol{A}_2^l)_{u_2,v_2}$$

因此 $G_1\otimes G_2$ 也是 1 通路正则图。由定理 7.40 可知 $G_1\otimes G_2$ 是生成树均衡图。 □

下面给出正则图的线图是生成树均衡图的充分必要条件。

定理 7.42 设 G 是一个连通的正则图,则线图$\mathcal{L}(G)$是生成树均衡图当且仅当对任意两个邻接的边 $ij,jk\in E(G)$,电阻距离 $r_{ik}(G)$是一个常数。

证明 对任意两个邻接的边 $e=ij,f=jk\in E(G)$,由定理 7.13 可得

$$r_{ef}(\mathcal{L}(G))=d^{-1}+(2d)^{-1}r_{ik}(G)$$

其中,d 是正则图 G 的度。由定理 7.39 可知,线图$\mathcal{L}(G)$是生成树均衡图当且仅当 $r_{ik}(G)$是一个常数。 □

如果正则 G 的线图是生成树均衡图,则 G 满足如下条件。

定理 7.43 设 G 是一个连通的正则图。如果线图$\mathcal{L}(G)$是生成树均衡的,则 G 是完全图或是不含三角形的生成树均衡图。

证明 对任意两个邻接的顶点 i 和 j,由推论 7.1 可得

$$r_{ij}(G)=d^{-1}\left(1+\sum_{k\in N(i)}r_{kj}(G)-d^{-1}\sum_{\{k,l\}\subseteq N(i)}r_{kl}(G)\right) \tag{7.5}$$

其中,d 是正则图 G 的顶点度;$N(i)$表示点 i 的邻点的集合。

如果线图$\mathcal{L}(G)$是生成树均衡的,则定理 7.42 和式(7.5)可知,对每条边 $ij\in E(G)$,电阻距离 $r_{ij}(G)$是常数。由定理 7.39 可知 G 是生成树均衡的。

假设图 G 有三个顶点构成一个三角形。由于 G 和$\mathcal{L}(G)$是生成树均衡的,根据定理 7.42 和定理 7.39 可知,存在一个常数 c 使得对任意 $j,k,l\in N(i)$ 均有

$$c=r_{ij}(G)=r_{kl}(G)$$

由式(7.5)可得

$$dc=1+(d-1)c-\frac{d-1}{2}c$$

$$c=\frac{2}{d+1}=r_{ij}(G)=\frac{n-1}{m}$$

其中 $n=|V(G)|$;$m=|E(G)|$。由 $2m=nd$ 可得 $n=d+1$。因此如果 G 有三角形,则 G 是完全图。 □

下面我们给出一类生成树均衡的正则线图。

推论 7.4 设 G 是不含三角形的 2 通路正则图,则线图$\mathcal{L}(G)$是生成树均衡的。

证明　设 $n=|V(G)|$ 并且 G 的度为 d。对任意 $i,j\in V(G)$，由定理 7.3 可得

$$r_{ij}(G)=((d\boldsymbol{I}-\boldsymbol{A})^{\#})_{ii}+((d\boldsymbol{I}-\boldsymbol{A})^{\#})_{jj}-2((d\boldsymbol{I}-\boldsymbol{A})^{\#})_{ij}$$

其中，$\boldsymbol{A}$ 是 G 的邻接矩阵。由于 $(d\boldsymbol{I}-\boldsymbol{A})^{\#}$ 是 $\boldsymbol{A}$ 的多项式且 $\boldsymbol{A}^k$ 的所有对角元素都相等，因此 $(d\boldsymbol{I}-\boldsymbol{A})^{\#}$ 的所有对角元素都相等。由于 G 是不含三角形的 2 通路正则图，因此对任意两个邻接的边 $ij,jk\in E(G)$，元素 $(\boldsymbol{A}^k)_{ik}$ 是常数，即 $((d\boldsymbol{I}-\boldsymbol{A})^{\#})_{ik}$ 是常数。因此对任意两个邻接的边 $ij,jk\in E(G)$，电阻距离

$$r_{ik}(G)=((d\boldsymbol{I}-\boldsymbol{A})^{\#})_{ii}+((d\boldsymbol{I}-\boldsymbol{A})^{\#})_{kk}-2((d\boldsymbol{I}-\boldsymbol{A})^{\#})_{ik}$$

是常数。由定理 7.42 可知线图 $\mathcal{L}(G)$ 是生成树均衡的。□

设 G 是有 n 个顶点、m 条边和 c 个连通分支的可平面图。可平面 G 的对偶图 G^* 也是一个可平面图，G^* 的顶点、边和面分别对应 G 的面、边和顶点。由欧拉公式可知，G 有 $m-n+c+1$ 个面，即 G^* 有 $m-n+c+1$ 个顶点。对于 G 的边 $e\in E(G)$，令 e^* 表示对偶图 G^* 中对应的边。下面是 G^* 生成树均衡的充分必要条件。

定理 7.44　设 G 是一个可平面图，则 G^* 是生成树均衡的当且仅当 G 的所有连通分支 $G_1,\cdots,G_s(s\geqslant 1)$ 是生成树均衡的并且

$$\frac{|V(G_1)|-1}{|E(G_1)|}=\cdots=\frac{|V(G_s)|-1}{|E(G_s)|}$$

证明　首先考虑 G 连通的情况。令 $n=|V(G)|$，则 $n-1$ 条边的集合 $\{e_1,\cdots,e_{n-1}\}$ 形成 G 的生成树当且仅当边集 $E(G^*)\setminus\{e_1^*,\cdots,e_{n-1}^*\}$ 形成 G^* 的生成树。故对每条边 $e\in E(G)$ 均有 $t(G,e)=t(G^*-e^*)$。由定理 7.39 可知，G^* 是生成树均衡的当且仅当 G 是生成树均衡的。

当 G 不连通时，假设 G 有 $s>1$ 个连通分支 $G_1,\cdots,G_s$。令 u 是 G^* 中对应的 G 的无界外部面的顶点，则 u 是 G^* 的割点并且 $G^*-u=(G_1^*-u)\cup\cdots\cup(G_s^*-u)$。故 $G_1^*,\cdots,G_s^*$ 是 G^* 的所有块。由定理 7.39 可知，G^* 是生成树均衡的当且仅当 $G_1^*,\cdots,G_s^*$ 是生成树均衡的并且 $\frac{|V(G_1^*)|-1}{|E(G_1^*)|}=\cdots=\frac{|V(G_s^*)|-1}{|E(G_s^*)|}$，即 $G_1,\cdots,G_s$ 是生成树均衡的并且 $\frac{|V(G_1)|-1}{|E(G_1)|}=\cdots=\frac{|V(G_s)|-1}{|E(G_s)|}$。□

习　　题

1. 证明定理 7.6。

2. 证明定理 7.20。

3. 证明定理 7.21。

4. 证明引理 7.2。

参考文献

[1] ALON N. The Shannon capacity of a union[J]. Combinatorica, 1998, 18: 301–310.

[2] BAI H. The Grone–Merris conjecture[J]. Trans. Amer. Math. Soc., 2011, 363: 4463–4474.

[3] BAPAT R B. Graphs and Matrices[M]. London: Springer, 2010.

[4] BELL F K, ROWLINSON P. On the multiplicities of graph eigenvalues[J]. Bull. London Math. Soc., 2003(3): 401–408.

[5] BEN-ISRAEL A, GREVILLE T N E. Generalized inverses: Theory and applications[M]. 2nd ed. New York: Springer, 2003.

[6] BERMAN A, PLEMMONS R J. Nonnegative Matrices in the Mathematical Sciences[M]. New York: Acad. Press, 1979.

[7] BERMAN A, ZHANG X D. On the spectral radius of graphs with cut vertices [J]. J. Combin. Theory Ser. B, 2001, 83: 233–240.

[8] BOHMAN T. A limit theorem for the Shannon capacities of odd cycles. II [J]. Proc. Amer. Math. Soc. 2003, 131: 3559–3569.

[9] BOULET R. Disjoint unions of complete graphs characterized by their Laplacian spectrum[J]. Electron. J. Linear Algebra, 2009, 18: 773–783.

[10] BOZZO E, FRANCESCHET M. Resistance distance, closeness, and betweenness[J]. Social Networks, 2013, 35: 460–469.

[11] BROUWER A E, HAEMERS W H. A lower bound for the Laplacian eigenvalues of a graph–proof of a conjecture by Guo[J]. Linear Algebra Appl., 2008, 429: 2131–2135.

[12] BROUWER A E, HAEMERS W H. Spectra of graphs[M]. New York: Springer, 2012.

[13] BRUALDI R A. Matrices eigenvalues, and directed graphs[J]. Linear and

Multilinear Algebra, 1982,11:143-165.

[14] BU C J, ZHANG X, ZHOU J. A note on the multiplicities of graph eigenvalues[J]. Linear Algebra Appl. ,2014,442 :69-74.

[15] BU C J, ZHOU J. Starlike trees whose maximum degree exceed 4 are determined by their Q-spectra[J]. Linear Algebra Appl. ,2012,436:143-151.

[16] BU C J, ZHOU J. Signless Laplacian spectral characterization of the cones over some regular graphs [J]. Linear Algebra Appl. , 2012, 436: 3634-3641.

[17] CáMARA M, HAEMERS W H. Spectral characterizations of almost complete graphs[J]. Discrete Appl. Math. ,2014,176:19-23.

[18] CHAIKEN S. A combinatorial proof of the all minors matrix tree theorem [J]. SIAM J. Algebraic Discrete Methods,1982,3:319-329.

[19] CHEN H. Random walks and the effective resistance sum rules[J]. Discrete Appl. Math. ,2010,158:1691-1700.

[20] CHEN H, ZHANG F J. Resistance distance and the normalized Laplacian spectrum[J]. Discrete Appl. Math. 2007,155:654-661.

[21] CHUNGF R K, LANGLANDS R P. A combinatorial Laplacian with vertex weights[J]. J. Combin. Theory Ser. A ,1996,75:316-327.

[22] CIOABǍ S M, GREGORY D A, NIKIFOROV V. Extreme eigenvalues of nonregular graphs[J]. J. Combin. Theory Ser. B, 2007,97:483-486.

[23] CIOABǍ S M, HAEMERS W H, VERMETTE J, et al. The graphs with all but two eigenvalues equal to ±1[J]. J. Algebraic Combin,2015,41:887-897.

[24] CVETKOVIĆ D, LEPOVIĆ M. Cospectral graphs with least eigenvalue at least -2[J]. Publ. Inst. Math. ,2005,78:51-63.

[25] CVETKOVIĆ D,ROWLINSON P, SIMĆ S. An introduction to the theory of graph spectra[M]. Cambridge:Cambridge University Press, 2010.

[26] CVETKOVIĆ D, SIMIĆ S. Towards a spectral theory of graphs based on the signless Laplacian, II[J]. Linear Algebra Appl. ,2010,432 :2257-2272.

[27] DAM E R V, HAEMERS W H. Which graphs are determined by their spectrum? [J]. Linear Algebra Appl. ,2003,373:241-272.

[28] DAS K C. On conjectures involving second largest signless Laplacian eigenvalue of graphs[J]. Linear Algebra Appl,2010,432:3018-3029.

[29] DELSARTE P. An algebraic approach to the association schemes of coding theory[J]. Philips Res. Rep. Suppl. ,1973, 10:97.

[30] DONG F M, YAN W G. Expression for the number of spanning trees of line graphs of arbitrary connected graphs[J]. J. Graph Theory, 2017,85:74-93.

[31] DOOB M, CVETKOVIĆ D. On spectral characterizations and embedding of graphs[J]. Linear Algebra Appl. , 1979,27:17-26.

[32] DOOB M, HAEMERS W H. The complement of the path is determined by its spectrum[J]. Linear Algebra Appl. , 2002,356:57-65.

[33] ELLIS D, FILMUS Y, FRIEDGUT E. Triangle - intersecting families of graphs[J]. J. Eur. Math. Soc. ,2012,14:841-885.

[34] ELLIS D, FRIEDGUT E, PILPEL H. Intersecting families of permutations [J]. J. Amer. Math. Soc. ,2011,24:649-682.

[35] ERDÖS P,KO C, RADO R. Intersection theorems for systems of finite sets [J]. Quart. J. Math. Oxford Ser. , 1961,12:313-320.

[36] ESTRADA E, RODRíGUEZ-VELáZQUEZ J A. Subgraph centrality in complex networks[J]. Phys. Rev. E. , 2005,71:056103.

[37] FALLAT S, FAN Y Z. Bipartiteness and the least eigenvalue of signless Laplacian of graphs[J]. Linear Algebra Appl. , 2012,436:3254-3267.

[38] FIEDLER M. Algebraic connectivity of graphs[J]. Czech. Math. J. , 1973, 23:298-305.

[39] FRANKL P, WILSON R M. The Erdös - Ko - Rado theorem for vector spaces[J]. J. Combin. Theory Ser. A,1986,43:228-236.

[40] FRIEDGUT E. On the measure of intersecting families, uniqueness and stability[J]. Combinatorica, 2008,28:503-528.

[41] GAO X, LUO Y, LIU W. Kirchhoff index in line, subdivision and total graphs of a regular graph[J]. Discrete Appl. Math. , 2012,160:560-565.

[42] GHORBANI E. Spanning trees and even integer eigenvalues of graphs[J]. Discrete Math,2014,324:62-67.

[43] GODSIL C D. Equiarboreal graphs[J]. Combinatorica,1981,1:163-167.

[44] GODSIL C D,NEWMAN M W. Eigenvalue bounds for independent sets[J]. J. Combin. Theory Ser. B, 2008,98:721-734.

[45] GODSIL C D, Royle G. Algebraic graph theory[M]. New York:Springer, 2001.

[46] GONG H, JIN X. A simple formula for the number of spanning trees of line graphs[J]. J. Graph Theory, 2018, 88:294-301.

[47] GRAHAM R L, LOVÁSZ L. Distance matrix polynomials of trees[J]. Adv. Math, 1978, 29:60-88.

[48] GRAHAM R L, POLLACK H O . On the addressing problem for loop switching[J]. Bell System Technical Journal, 1971, 50:2495-2519.

[49] GRONE R, MERRIS R. The Laplacian spectrum of a graph, Ⅱ[J]. SIAM J. Discrete Math, 1994, 7:221-229.

[50] GUO J M. On the third largest Laplacian eigenvalue of a graph[J]. Linear and Multilinear Algebra, 2007, 55:93-102.

[51] GUTMAN I, FENG L, YU G. Degree resistance distance of unicyclic graphs [J]. Trans. Combin., 2012, 1:27-40.

[52] HARANT J, RICHTER S. A new eigenvalue bound for independent sets [J]. Discrete Math, 2015, 338:1763-1765.

[53] HOFFMAN A J. On eigenvalues and colourings of graphs[M]. New York: Acad. Press, 1970.

[54] HOFFMAN A J. Eigenvalues and partitionings of the edges of a graph[J]. Linear Algebra Appl. 1972, 5 :137-146.

[55] KIRKLAND S J, MOLITIERNO J J, NEUMANN M. et al. On graphs with equal algebraic and vertex connectivity[J]. Linear Algebra Appl, 2002, 341: 45-56.

[56] KIRKLAND S, NEUMANN M, SHADER B. Distances in weighted trees and group inverse of Laplacian matrices[J]. SIAM J. Matrix Anal. Appl., 1997, 18: 827-841.

[57] KLEIN D J, RANDIĆ M. Resistance distance[J]. J. Math. Chem., 1993, 12:81-95.

[58] LEPOVIĆ M, GUTMAN I. No starlike trees are cospectral[J]. Discrete Math., 2002, 242:291-295.

[59] LI J S, ZHANG X D. On the Laplacian eigenvalues of a graph[J]. Linear Algebra Appl, 1998, 285:305-307.

[60] LIN Y, SHU J, MENG Y. Laplacian spectrum characterization of extensions of vertices of wheel graphs and multi-fan graphs[J]. Comput. Math. Ap-

pl. , 2010,60: 2003–2008.

[61] LINT J H V. Notes on Egoritsjev's proof of the van der Waerden conjecture [J]. Linear Algebra Appl. ,1981,39:1–8.

[62] LIU X, WANG S. Laplacian spectral characterization of some graph products [J]. Linear Algebra Appl. ,2012,437:1749–1759.

[63] LOVÁSZ L. On the Shannon capacity of a graph[J]. IEEE Trans. Inform. Theory, 1979,25:1–7.

[64] LU M, LIU H, TIAN F. Laplacian spectral bounds for clique and independence numbers of graphs[J]. J. Combin. Theory Ser. B, 2007,97:726–732.

[65] MERRIS R. The distance spectrum of a tree[J]. J. Graph Theory, 1990, 14:365–369.

[66] MOTZKIN T S, STRAUS E G. Maxima for graphs and a new proof of a theorem of Turán[J]. Canadian J. Math. ,1965,17:533–540.

[67] NIKIFOROV V. Some inequalities for the largest eigenvalue of a graph[J]. Combin. Probab. Comput, 2002,11:179–189.

[68] OMIDI G R, TAJBAKHSH K. Starlike trees are determined by their Laplacian spectrum[J]. Linear Algebra Appl. ,2007,422:654–658.

[69] PIRZADA S, GANIE H A, GUTMAN I. On Laplacian–energy–like invariant and Kirchhoff index[J]. MATCH Commun. Math. Comput. Chem. , 2015,73: 41–59.

[70] ROWLINSON P. On multiple eigenvalues of trees[J]. Linear Algebra Appl. , 2010,432:3007–3011.

[71] SCHRIJVER A. A comparison of the Delsarte and Lovász bounds[J]. IEEE Trans. Inform. Theory ,1979,25:425–429.

[72] SHANNON C E. The zero–error capacity of a noisy channel[J]. IRE Trans. Inform. Theory, 1956,2:8–19.

[73] SUN L Z, WANG W Z, ZHOU J, et al. Some results on resistance distances and resistance matrices[J]. Linear and Multilinear Algebra,2015,63:523–533.

[74] WANG J F, BELARDO F, HUANG Q X, et al. On the two largest Q–eigenvalues of graphs[J]. Discrete Math. ,2010,310:2858–2866.

[75] WANG W, XU C X. On the spectral charactrization of T–shape trees[J]. Linear Algebra Appl. ,2006,414:492–501.

[76] WILF H S. The eigenvalues of a graph and its chromatic number[J]. J. London Math. Soc., 1967,42:330-332.

[77] XIAO W J, GUTMAN I. On resistance matrices[J]. MATCH Commun. Math. Comput. Chem., 2003,49:67-81.

[78] YAN W G. On the number of spanning trees of some irregular line graphs [J]. J. Combin. Theory Ser. A, 2013,120: 1642-1648.

[79] YAN W G. Enumeration of spanning trees of middle graphs[J]. Appl. Math. Comput., 2017,307: 239-243.

[80] YANG Y J. The Kirchhoff index of subdivisions of graphs[J]. Discrete Appl. Math., 2014,171:153-157.

[81] ZHANG F J, CHEN Y C, CHEN Z B. Clique-inserted graphs and spectral dynamics of clique-inserting[J]. J. Math. Anal. Appl., 2009,349:211-225.

[82] ZHANG X D, LUO R. The spectral radius of triangle-free graphs[J]. Australas. J. Comb., 2002,26:33-39.

[83] ZHOU B, TRINAJSTIĆ N. On resistance-distance and Kirchhoff index[J]. J. Math. Chem., 200946:283-289.

[84] ZHOU J. Unified bounds for the independence number of graphs[J]. Canadian J. Math., DOI:10.4153/S0008414X23000822.

[85] ZHOU J, BU C J. Spectral characterization of line graphs of starlike trees [J]. Linear and Multilinear Algebra, 2013,61:1041-1050.

[86] ZHOU J, BU C J. The enumeration of spanning tree of weighted graphs[J]. J. Algebraic Combin., 2021,54:75-108.

[87] ZHOU J, BU C J. Eigenvalues and clique partitions of graphs[J]. Adv. Appl. Math., 2021,129:102220.

[88] ZHOU J, SUN L Z, BU C J. Resistance characterizations of equiarboreal graphs, Discrete Math., 2017,340:2864-2870.

[89] ZHOU J, SUN L Z, WANG W Z, et al. Line star sets for Laplacian eigenvalues[J]. Linear Algebra Appl., 2014,440:164-176.

[90] ZHOU J, WANG W Z, BU C J. On the resistance matrix of a graph[J]. Electron. J. Combin., 2016,23:1-10.

[91] ZHU D. On upper bounds for Laplacian graph eigenvalues[J]. Linear Algebra Appl., 2010,432:2764-2772.